VORLESUNGEN ÜBER THEORETISCHE MIKROBIOLOGIE

DR. AUGUST RIPPEL

O. PROFESSOR UND DIREKTOR DES INSTITUTS
FÜR LANDWIRTSCHAFTLICHE BAKTERIOLOGIE
AN DER UNIVERSITÄT GÖTTINGEN

BERLIN
VERLAG VON JULIUS SPRINGER
1927

ISBN-13: 978-3-642-98297-2   e-ISBN-13: 978-3-642-99108-0
DOI: 10.1007/978-3-642-99108-0

Vorwort.

Herausgabe und Durchführung des vorliegenden Buches bedürfen einer Erklärung.

Es sind in den letzten Jahren eine ganze Anzahl bakteriologischer Bücher erschienen, so daß das vorliegende überflüssig erscheinen könnte. Tatsächlich ist auch seine Herausgabe deshalb wesentlich hinausgeschoben worden, obwohl der Plan dazu schon seit 3 Jahren bestand. Jedoch habe ich inzwischen die Überzeugung gewonnen, daß bisher noch kein Buch vorhanden ist, das die Absicht des vorliegenden völlig erfüllt. Bei meinen Vorlesungen, die von Naturwissenschaftlern, Chemikern, Landwirten, Pharmazeuten besucht werden, empfand ich stets den Mangel eines Buches, das in knapper aber systematisch aufgebauter Form den Studierenden einen Einblick in die Zusammenhänge des Gebietes verschaffen soll. Es macht sich das für die Göttinger Verhältnisse, da Landwirtschaftliche Bakteriologie selbständiges Promotionsfach ist, besonders fühlbar.

Wenn das Gesagte aber auch hinsichtlich der Morphologie der Bakterien durch die vorhandenen und zum Teil ausgezeichneten einschlägigen Bücher erfüllt ist, so trifft das nicht zu für die Physiologie. Hier fehlt u. a. fast stets der Stoffwechsel der Pilze. Es ist aber heute nicht mehr gut möglich, die Ernährungsphysiologie der Bakterien, insbesondere den Betriebsstoffwechsel, darzustellen, ohne die grundlegenden Erfahrungen z. B. über die Alkoholgärung der Hefe in breitestem Maße heranzuziehen, ganz abgesehen von den sonstigen großen Ähnlichkeiten zwischen Bakterien und Pilzen. So kann es sich also nicht um eine „Bakteriologie", sondern nur um eine „Mikrobiologie" handeln, wenn dieser Begriff allerdings auch noch weiter über den Inhalt dieses Buches hinausgreift.

Aber dieses Verfahren bedingt einen großen Übelstand: Es ist natürlich nicht möglich, die Pilze in gleicher Weise eingehend zu behandeln wie die Bakterien, vor allem nicht in morphologischer Hinsicht. Es mußte hier vielmehr Beschränkung auferlegt werden, so daß nur eine kurze Beschreibung derjenigen Pilztypen aufgenommen wurde, die gärungsphysiologisch wichtig sind.

Wer Botanik gehört hat, empfindet ja auch diese Lücke nicht
sonderlich, während er dort von den Bakterien im allgemeinen
nur wenig erfährt; für den Chemiker, den Nichtbiologen, dürften
die kurzen Hinweise vollauf genügen. Schließlich enthält ja
auch der Titel „Vorlesungen über" nicht den Begriff der absoluten
Vollständigkeit, sondern läßt die Möglichkeit einer Auswahl nach
wünschenswert erscheinenden Gesichtspunkten offen. Der Begriff „theoretisch" soll andeuten, daß angewandte Gebiete, wie
etwa die gesamte Bodenbakteriologie, nur im notwendigen theoretischen Zusammenhange kurz gestreift sind, wie ich die Bodenbakteriologie auch in einer gesonderten Vorlesung behandele.

Das Buch ist als Leitfaden für Vorlesung und Praktikum zum
Gebrauch für Studierende gedacht. Es konnte daher auf Beigabe
von Abbildungen, vornehmlich im Interesse des Preises, verzichtet
werden. Auch Literaturhinweise mußten unterbleiben, da einigermaßen Vollständigkeit darin, wenn sie überhaupt Zweck haben
sollten, den Umfang allzusehr vermehrt hätte. Eine weitere Schwierigkeit liegt darin, daß auf diesem Gebiet ganz besonders stark
die Unsicherheit unserer heutigen Kenntnisse hervortritt. Es
kann hier nicht in dem Maße, wie das sonst möglich ist, dem
Studierenden ein fester Stamm absolut gesicherter Erkenntnis
übermittelt werden. Das läßt sich aber nicht vermeiden und hat
andererseits den Vorteil, ihn zu selbständiger Kritik anzuregen.
Nach Möglichkeit ist also versucht, nicht nur eine Anschauung
zu bringen und auch da, wo die persönliche Auffassung mehr in
den Vordergrund tritt, andere wenigstens anzudeuten.

Dem Zweck des Buches entsprechend ist größter Wert auf
Übersichtlichkeit gelegt, was, abgesehen vom Voraussetzen des
Inhaltes der einzelnen Abschnitte als Ganzes vor Beginn, im einzelnen vor jedem Abschnitt weiter durch Einsetzen der Stich-
worte an den Rand zu erreichen gesucht wurde. Ein Sachregister
konnte infolgedessen wegfallen. Doch ist ein Register der Erklärung nichtdeutscher Fachausdrücke angefügt, da der bedauer-
liche Mangel an humanistischer Bildung unter den Studierenden
immer mehr zutage tritt, insofern als von der Oberrealschule
kommenden Studierenden die Fachausdrücke ganz besondere
Schwierigkeiten bereiten.

Es würde mich freuen, wenn die vorliegende Darstellung des
immer mehr das Interesse der verschiedensten Disziplinen ge-
winnenden Grenzgebietes auch über den engen Rahmen der
Göttinger Verhältnisse hinaus einigen Nutzen stiften würde.

Göttingen, im April 1927.

AUGUST RIPPEL.

Inhaltsverzeichnis.

Inhaltsverzeichnis.

1. Allgemeines.

Bedeutung der Mikroorganismen. Geschichtliches. Allgemeine Kulturmethoden.

Die hier in ihren Grundzügen dargestellte theoretische Mikrobiologie hat zum Gegenstand den Bau und die Eigenschaften der in Frage kommenden Mikroorganismen, vornehmlich der Bakterien und Pilze mit der im Vorwort gemachten Einschränkung hinsichtlich der letztgenannten, ohne Rücksicht auf die praktische Bedeutung, welche vielen der durch sie ausgelösten Vorgänge zukommt. Sie gibt also im allgemeinen Rahmen des lebenden Geschehens das Prinzipielle, das seinerseits in mannigfacher Weise auf die Bedürfnisse des Menschen angewendet wird.

Es sind, wenn wir hier zunächst von der selbstverständlichen wissenschaftlichen Bedeutung der Mikroorganismen, die durch die späteren Darlegungen ja genügend beleuchtet werden wird, absehen, ausgedehnte Gebiete angewandter Biologie, die hier in Frage kommen: Bakterien und Pilze sind diejenigen Organismen, denen im Kreislauf der Stoffe die Aufgabe zugefallen ist, das von den grünen Pflanzen aus der Kohlensäure der Luft und anorganischen Salzen aufgebaute organische Material wieder zu (anorganischen) Verbindungen abzubauen, die von neuem diesen Kreislauf antreten können, die organischen Stoffe zu mineralisieren. Die Landwirtschaft ist derjenige Zweig menschlicher Tätigkeit, deren Ausübung vollständig auf diese abbauende Tätigkeit der Mikroorganismen in Boden und Wasser angewiesen ist. Es wird z. B. dadurch jährlich aus organischem Material etwa so viel Kohlensäure regeneriert, wie von den grünen Pflanzen aus der Atmosphäre gezogen wird. Ein Fehlen dieser Regeneration würde bei gleichbleibender Assimilation zur Folge haben, daß in einigen 30 Jahren der Kohlensäurevorrat der Erde erschöpft wäre.

In den Gärungsgewerben, bei der Alkohol- und Essigsäurefabrikation, bei der Verarbeitung von Milch und Molkereiprodukten, bei der Röste von Gespinstpflanzen, der Fermentation von Tabak usw. sind es Bakterien und Pilze, welche die gewünschten Vorgänge durchführen oder wenigstens erheblich an ihnen beteiligt sind. In unerwünschter Weise ferner greifen diese Organismen durch Zerstören von organischer Substanz in den menschlichen Haushalt ein: Jedes Haltbarmachen von Nahrungs- und Futtermitteln bedingt irgendeine Methode, das organische Material vor ihrem Angriff zu schützen, sei es durch Trocknen, Konzentrieren, Sterilisieren bzw. Pasteurisieren, durch Zusatz von Chemikalien oder indem man, wie bei den Einsäuerungsverfahren, durch Mikroorganismentätigkeit erzeugte organische Säuren (Milchsäure) als Schutz gegen Fäulniserreger benutzt.

Auch die noch lebenden Organismen bieten Angriffspunkte: Als Erreger von menschlichen und tierischen parasitären Erkrankungen haben vornehmlich Bakterien, als Erreger pflanzlicher Erkrankungen Pilze ungeheuere Bedeutung. Es liegt in der Natur der Sache, daß gerade die Leben und Gedeihen des Menschen bedrohenden parasitären Erkrankungen besondere Beachtung fanden: Die medizinische Bakteriologie hat sich zu einem ausgedehnten Zweig theoretischer und angewandter Biologie entwickelt, wobei leider vielfach der Zusammenhang mit den Fragen allgemeiner Natur verlorengegangen ist.

Geschichtliches. Bei dieser oft sehr sinnfälligen Äußerung der Lebenstätigkeit der Mikroorganismen konnte es nicht ausbleiben, daß der Mensch, auch ohne tiefere Kenntnisse zu besitzen, unbewußt die Vorgänge beobachten und ausbeuten lernte, welche die Wirkung dieser Tätigkeit sind. Es gibt wohl kaum eine noch so primitive Völkerschaft, die nicht die Bereitung irgendeines alkoholischen Getränkes verstünde; auch die Verwendung von Sauerteig (mit Milchsäurebakterien und alkoholbildenden Hefen) und ähnlichem beim Brotbacken ist uralt. Schon bei den Römern war die bodenverbessernde Wirkung von Leguminosen bekannt, ohne daß jene natürlich etwas von Stickstoffbindung wußten. In einem seiner 3 Bände über Landwirtschaft vermutete VARRO, ein römischer Schriftsteller, daß Krankheiten der Menschen durch kleine unsichtbare Lebewesen verursacht würden, die durch die Atmungswege in den Körper dringen. Die malariaverseuchten Gegenden Oberitaliens gaben hierzu ein ständiges Beobachtungsmaterial (wenn hier die Ansteckung allerdings auch anders verläuft).

Den ersten Fortschritt brachte die Erfindung des Mikroskopes. KIRCHER soll im 17. Jahrhundert zuerst Bakterien gesehen haben. Die erste Abbildung gab ANTON VAN LEUWENHOEK 1683; er bildet schon, nach Beobachtungen an dem Belag der Zähne, alle 3 Grundformen (Coccus, Stäbchen, Spirillum) ab und beobachtete auch bereits Bewegung. Die noch heute gebräuchlichen Namen Bacillus, Spirillum, Vibrio führte FRIEDRICH MÜLLER 1786 ein. Zahlreiche Mikroorganismen wurden dann von dem eifrigen Erforscher der mikroskopischen Welt EHRENBERG beschrieben. Endlich gab 1870 Ferdinand COHN zum ersten Male der engeren Gruppe von Mikroorganismen den Namen Bakterien.

Man untersuchte früher insbesondere faulende Flüssigkeiten, vor allem sog. Infuse, Aufgüsse von Wasser auf organisches Material. Die völlige Unkenntnis von der Herkunft der in diesen Infusen beobachteten Organismen führte zu der Annahme der Urzeugung, des Entstehens lebender Organismen aus faulendem toten, organischen Material. Obwohl z. B. bereits Ende des 18. Jahrh. SPALLANZANI die abtötende Wirkung höherer Temperatur auf die Entwicklung von Mikroorganismen gezeigt hatte, wurde das immer wieder auftauchende Märchen der Urzeugung erst 1862 durch LOUIS PASTEUR endgültig zerstört, nachdem von ihm einwandfrei gezeigt worden war, daß die verschiedenen Gärungserscheinungen auf die Wirkung von Mikroorganismen zurückzuführen sind. JUSTUS VON LIEBIG war es wohl zu einem erheblichen Teil zuzuschreiben, daß diese Anschauung sich nicht früher durchsetzen konnte: Er hielt die Hefe bei der alkoholischen Gärung für durchaus nebensächlich und glaubte, daß die Zuckerspaltung durch katalytisch wirkende faulende organische Substanz bewirkt werde, wie es ähnlich schon WILLIS und STAHL im 17. Jahrhundert angenommen hatten.

PASTEURS grundlegende Entdeckung war dadurch möglich, daß es ihm gelang, die betreffenden Mikroorganismen künstlich fortzuzüchten. Diese Kulturmöglichkeit brachte ungeahnte Fortschritte.

Eine weitere Etappe in unserer Kenntnis brachte dann BUCHNERS Entdeckung 1897: Während bisher eine Durchführung der Alkoholgärung nur mit lebender Hefe gelungen war, zeigte er, daß man das betreffende Agens, das Enzym, durch Zerreiben der Hefezellen mit Quarzsand gewinnen und unabhängig von der eigentlichen Lebenstätigkeit der Zelle zur Wirkung gelangen lassen könne. Wenn man will, so kann man darin eine gewisse Annäherung an LIEBIGS Vorstellungen sehen, nur daß natürlich der lebende Organismus unter allen Umständen als Produzent des Enzyms vorhanden sein muß. Die neuesten Untersuchungen von WILLSTÄTTER, v. EULER u. a. führten dann unsere Kenntnisse auf diesem Wege bahnbrechend weiter, während die Untersuchungen von NEUBERG u. a. die Probleme mehr nach der chemischen Seite aufrollten und zahlreiche Forscher uns mit einer Fülle von biologischen und physiologischen Einzelheiten bekannt machten. Im folgenden ist bei wichtigen Punkten auf die jeweiligen Forscher hingewiesen. So war allmählich der Weg geebnet worden, der zum erfolgreichen Studium der Mikroorganismen, ihrer Enzyme und der durch diese bewirkten chemischen Veränderungen der organischen Substanzen führen konnte.

Allgemeine Kulturmethoden. Wir wenden uns nunmehr zur Besprechung der Kultur der Mikroorganismen. Der wesentlichste Punkt hierbei war, abgesehen von der Kulturmöglichkeit unter gewollten Bedingungen selbst, der, eine Reinkultur zu erhalten, also eine Kultur, in der nur der eine gewünschte Organismus vorhanden ist. Als man gelernt hatte, eine Kulturflüssigkeit keimfrei zu machen und keimfrei zu halten (über Sterilisation s. unter Temperatur S. 73), war die letzte Bedingung hierzu erfüllt. Pasteur und Hansen benutzten zunächst das Verdünnungsverfahren. Es besteht darin, daß man aus einer gärenden Flüssigkeit, die den gewünschten Organismus ja überwiegend enthält (Anhäufungskultur), etwas in einen Kolben mit neuer steriler Nährflüssigkeit hineinbringt, von dieser wieder etwas, nach gutem Umschütteln, in einen dritten Kolben usw. Wenn man nun diese Verdünnung lange genug fortgesetzt hat, wird der Fall eintreten, daß etwa in 2 cm³ Flüssigkeit, die man weiter impft, nur 1 Zelle des gewünschten Organismus vorhanden ist. Impft man nun in diesem Augenblick mit je 1 cm³ dieser Verdünnung etwa 10 Kolben, so wird in 5 Kolben Wachstum und Gärung eintreten, während die 5 anderen steril bleiben. Man kann dann mit einiger Wahrscheinlichkeit annehmen, daß man in den 5 ersten Kolben 5 Reinkulturen vor sich hat. Diese Methode kommt auch manchmal zur Zählung von Mikroorganismen in Betracht, wenn andere Methoden versagen (S. 9).

Natürlich kann dies Verfahren keine absolute Sicherheit geben hinsichtlich der Gewinnung einer Reinkultur. Einen neuen wesentlichen Fortschritt brachte dann die Einführung fester Nährböden durch Robert Koch 1876. Zuerst wurde Gelatine verwendet, die ja in der Wärme flüssig ist, in der Kälte erstarrt. Man bringt in die eben noch flüssige warme (selbstverständlich sterilisierte) Gelatine ein wenig der Flüssigkeit, in der sich der gesuchte Organismus befindet und in der man die Zellen durch Schütteln gut verteilt hat. Dabei können aus dieser ersten Beimpfung wieder andere sterile Gelatinemengen geimpft, also die Bakterien weiter verdünnt werden. Dann gießt man die Gelatine auf eine sterile ebene Platte aus, worauf überall da, wo eine Zelle hingekommen ist, Wachstum und Vermehrung eintritt: Es bilden sich schließlich makroskopisch sichtbare Kolonien, von denen man zur weiteren Kultur entnehmen kann. Das Ausgießen der Gelatine geschah früher auf Glasplatten, jetzt in Petrischalen (2 übereinander greifende Glasschalen).

Die aus Knochenleim hergestellte Gelatine besteht aus Eiweißverbindungen, die allerdings für viele Mikroorganismen nicht angreifbar sind. Stets muß sie Zusätze von den notwendigen Salzen und organischen Verbindungen erhalten, je nach den Ansprüchen, die der betreffende Organismus stellt. Man verwendet sie in 10—15 vH Lösung. Sie hat den Nachteil, bei höherer Temperatur oder saurer Reaktion flüssig zu werden oder auch durch eiweißzersetzende Bakterien verflüssigt zu werden (S. 140).

Infolgedessen verwendet man jetzt meistens den nicht leicht flüssig werdenden Agar-Agar (in etwa 1—2 vH Lösung), der aus für fast alle Mikroorganismen unangreifbaren Hemicellulosen besteht und aus Rotalgen der indischen Küste gewonnen wird. Er ist nahezu stickstofffrei. Auch hier müssen natürlich alle notwendigen Nährstoffe zugesetzt werden. Will oder muß man eine feste Gallerte ohne jeden organischen Bestandteil verwenden, so benutzt man Kieselsäuregallerte (z. B. für autotrophe Bakterien, S. 64).

Auf diese Weise kann man also aus einer Rohkultur eine Reinkultur herstellen, wobei zweckmäßigerweise die Rohkultur durch Schaffen der für den gewünschten Organismus besonders günstigen Bedingungen (Ernährung und äußere Verhältnisse) mit diesem angereichert wird. Man spricht deshalb auch von Anhäufungskulturen.

Die weitere Kultur geschieht entweder in Petrischalen durch Ausstreichen der Reinkultur mittels der Impfnadel oder im Schrägröhrchen (Reagenzröhrchen mit schräg erstarrter Fläche) oder auch in Flüssigkeit (Milch, Bierwürze, Bouillon, Hefewasser, künstlich zusammengesetzte Nährflüssigkeit) oder auf Kartoffelstücken, Möhrenscheibchen usw., je nach dem Zweck, den man verfolgt, und je nach den Ansprüchen des betreffenden Organismus. Auch läßt sich nur ein Teil der Mikroorganismen auf diese Weise kultivieren, während andere nicht künstlich zu kultivieren sind.

Die bisher beschriebenen Verfahren sind auch nur möglich bei aëroben (sauerstoffliebenden) Organismen, während anaërobe (sauerstoffscheue) andere Methoden verlangen, worauf weiter unten im entsprechenden Zusammenhang eingegangen werden soll (S. 85).

Eine weitere Hilfe beim Studium der Mikroorganismen ist die Kultur im Hängetropfen: Ein Deckglas mit einem Tröpfchen Nährlösung, einer dünnen Agar- oder Gelatineschicht liegt auf einem hohl geschliffenen Objektträger, so daß die Entwicklung dauernd unter dem Mikroskop verfolgt werden kann.

Die oben beschriebene Plattenkultur bietet zwar, bei genügender Sorgfalt und Kritik, einigermaßen Gewähr dafür, daß man eine Reinkultur gewonnen hat, aber zum mindesten nicht dafür, daß man als Ausgangsmaterial eine einzige Zelle hatte, also eine Einzellkultur gewonnen hat. Das ist aber eine unerläßliche Vorbedingung für manche Fragen, insbesondere für solche über die Variabilität. Wenn zufällig eine Kultur aus 2 nebeneinander liegenden Zellen erwachsen ist und als Reinkultur verwendet wird, kann die Kultur aus 2 verschiedenen Rassen bestehen; bei geeigneten Versuchsbedingungen kann die eine oder die andere Rasse stärker in Erscheinung treten; es würde dann eben eine Variabilität vorgetäuscht. Zur Herstellung einer nur aus 1 Zelle hervorgegangenen Kultur ist das BURRIsche Tuschepunktverfahren besonders geeignet, wobei auf eine dünne Agar- oder Gelatineschicht mit einer Aufschwemmung von Bakterien in Tusche feine Punkte gemacht werden. In der Tusche sind die Bakterien unter dem Mikroskop als helle Gebilde inmitten der dunklen Grundmasse leicht zu sehen, und es können Tuschepunkte mit nur 1 Zelle ausgesucht, und von der sich daraus entwickelnden Kultur kann abgeimpft werden, so daß man nunmehr ein völlig eindeutig aus einer Zelle erwachsenes Material besitzt.

II. Allgemeines.

Färbungsmethoden.   Vorkommen und Zahl.   Grundformen der Bakterienzelle.

Färbungs-
methoden.

Die Kleinheit der Bakterien und vor allem auch die Schwierigkeit, ihr Vorhandensein in gewissen Medien festzustellen, hat weiter dazu geführt, sie durch Färbung besser sichtbar zu machen. Besonders der Mediziner war darauf angewiesen bei dem Suchen nach Bakterien im Blut oder Körpergewebe, da gerade diese parasitären Bakterien nicht oder nur erst nach langen Versuchen gezüchtet werden konnten, so daß das unmittelbare Auffinden oft das einzige Kriterium für eine parasitäre Erkrankung war. Leider hat sich das Beobachten der gefärbten Bakterien so eingebürgert, daß die Beobachtung der lebenden Zelle meist sehr vernachlässigt wurde und mancherlei Irrtümer dadurch entstanden sind, daß man beim Färben und dem vorangehenden Fixieren erhaltene Kunstprodukte für tatsächlich hielt.

Die gewöhnlichste Färbemethode ist die der Intensivfärbung, wobei etwas der bakterienhaltigen Flüssigkeit auf einem Deckgläschen ausgebreitet wird und die Bakterien durch Eintrocknen, evtl. bei schwachem Erwärmen, fixiert werden. Dann wird mit einem basischen Anilinfarbstoff (Methylenblau, Gentianaviolett, Fuchsin usw.) gefärbt. Zur mikroskopischen Untersuchung eines bestimmten Substrates auf Bakterien sind dann vor allem in der medizinischen Bakteriologie viele Spezialmethoden üblich, auf deren Besprechung hier aber verzichtet werden kann.

Gewisse Eigenschaften der Mikroorganismen bei der Färbung spielen weiterhin noch eine besondere Rolle. So die Säurefestigkeit, wie sie sich u. a. stark ausgeprägt bei Mycobacterium tuberculosis, dem Erreger der Tuberkulose, sich aber auch bei den Bakteriensporen findet. Man bezeichnet damit die Tatsache, daß nach der Intensivfärbung die Bakterien sich nicht mehr durch Behandeln mit verdünnten Säuren entfärben lassen, was sonst im allgemeinen eintritt. Es ist nicht ganz sicher, worauf diese Eigenschaft zurückzuführen ist; doch ist zu vermuten, daß das Vorhandensein von Fetten oder besonders auch wachsartigen Stoffen, wie es bei dem Tuberkelbacillus der Fall ist (S. 26), an dem Zustandekommen dieser Erscheinung beteiligt ist.

Ein bei der Beschreibung der Bakterien äußerst wichtiges Diagnostikum hinsichtlich des färberischen Verhaltens ist ihr Verhalten bei der Gram-Färbung, das positiv oder negativ sein kann, wobei aber Alter und Ernährung der Zelle ebenfalls eine Rolle spielen, was zweifellos eine Abschwächung ihres Wertes bedeutet. Der Gang der Gram-Färbung ist: Fixieren und Färben mit einem basischen Anilinfarbstoff wie oben; dann Behandeln mit Jod-Jodkalium-Lösung und darauf mit 90—100 vH Alkohol. Positiv ist die Gram-Färbung, wenn die Bakterien völlig gefärbt bleiben; im anderen Falle, wenn die Bakterien farblos werden, ist sie negativ, wenn auch meist der grampositive Stoff in geringer Menge vorhanden ist. Gewöhnlich färbt man nach dem Behandeln mit Alkohol mit einem zweiten Farbstoff von anderer Farbe nach, so daß die Färbung mit dem ersten Farbstoff die grampositive, die mit dem zweiten die gramnegative Färbung ergibt. Der positive Ausfall kommt dadurch zustande, daß Farbstoff und Jod eine Verbindung eingehen, die von irgendeiner Zellsubstanz, die nicht überall in gleicher Menge vorhanden ist, intensiv festgehalten wird, sei es aus chemisch-physikalischen

Gründen oder infolge einer rein chemischen Bindung. Auch andere Eigenschaften der Zelle, wie die Nicht-Plasmolysierbarkeit (S. 55), die größere Widerstandsfähigkeit gegen Alkalien und eiweißverdauende Enzyme, großer Fettgehalt der grampositiven Bakterien hat man vielfach als Begleiterscheinung beobachtet, ohne daß man zur Zeit die positive Gramfärbung mit Sicherheit auf einen der erwähnten Faktoren zurückführen könnte.

Bakteriensporen (S. 35) lassen sich nicht ohne weiteres färben, offenbar weil ihre derbe oder chemische Beschaffenheit das Eindringen von Farbstoff verhindert; erst wenn sie etwa 20 Minuten auf 165—170° erhitzt waren, oder nach Vorbehandlung mit geeigneten Chemikalien lassen sie sich färben.

Vorkommen und Zahl. Mikroorganismen sind, soweit nicht allzu extreme äußere Verhältnisse das Leben unmöglich machen, überall in oft ungeheuerer Zahl verbreitet, wie man mit der geschilderten Methode der Plattenkultur nachweisen kann. Den eigentlichen Standort bilden natürlich Boden und Wasser, während das Vorkommen in der Luft lediglich auf einer passiven Verbreitung der leichten Gebilde durch Luftströmungen beruht. Öffnet man eine sterile, mit Agar oder Gelatine beschickte Petrischale, so fallen in Wohnräumen in 1 Minute etwa 1—10 Keime auf die Oberfläche (Bakterien und Pilzsporen), wie man nach Verdecken und Entwicklung der aus jedem Keim entstehenden Kolonie zählen kann. In Stalluft sind es in der entsprechenden Zeit natürlich viel mehr, nämlich mehrere 100. In $1\,m^3$ Luft hat man mitten in Paris 330 bis 1540 Keime festgestellt. In München fand man folgende Zahlen in $1\,m^3$ Luft, wobei die Zahlen über der Erdoberfläche von einem Ballon aus festgestellt wurden:

26. November in 516 m Höhe 519	15. Februar in 516 m Höhe 165
26. „ „ 1000 m „ 53	15. „ „ 1100 m „ 27
	15. „ „ 1500 m „ 100

Die Keimzahl nimmt also im allgemeinen noch oben zu ab, erweist sich aber, wie zu erwarten war, als von den Luftströmungen und den mitgeführten Staubteilchen abhängig. Im Winter ist sie niedriger als im Sommer, was der allgemeinen Erfahrung der reineren staubfreieren Luft im Winter entspricht. Jedenfalls zeigt sich deutlich, daß der Erdboden den ursprünglichen Standort darstellt.

Gutes Trinkwasser enthält höchstens 100 Keime im Kubikzentimeter; Abwässer, in denen besonders auch der in Verdauungsorganen und dem Kot häufige Bacillus coli die Leitform darstellt, sehr erheblich mehr: etwa 1 Million in $1\,cm^3$. Quellwasser hat bei dem Einsickern in den Boden einen natürlichen Filtrationsprozeß durchgemacht und ist deshalb keimarm; das gleiche Filtrationsprinzip benutzt man denn auch zum Entkeimen von verschmutztem und keimreichem Oberflächenwasser, wenn z. B. größere Städte des Flachlandes auf die Verwendung von Flußwasser zu Trinkzwecken angewiesen sind.

Keimarme Milch enthält 1000—7000 Keime je 1 cm^3, keimreiche 1—200 Millionen. In diesem guten Nährsubstrat kann die Vermehrung der Bakterien außerordentlich schnell vor sich gehen, wie das schnelle Sauerwerden der Milch bei höherer Temperatur, das ja auf die Tätigkeit von Milchsäurebakterien (S. 132) zurückzuführen ist, zeigt.

In dem normalen Ackerboden sind 100 Millionen Keime (Bakterien, Aktinomyceten, Pilze) je 1 g trockene Erde nicht selten. Diese Zahl kann in humusarmen, also an organischer Masse armen Sandböden auf mehrere 100000 zurückgehen, bei sehr fruchtbaren, humusreichen Böden auf mehrere 100 Millionen ansteigen. Man muß dabei aber noch berücksichtigen, daß bei einer solchen Zählung, die mittels Plattenkulturen erfolgt, nur ein Teil der Mikroorganismen zur Entwicklung gelangt, alle jenen mit besonderen Ansprüchen an Ernährung, Luftzufuhr usw., ferner solche mit sehr langsamer Entwicklung dagegen nicht, so daß die wirkliche Zahl also sehr viel höher sein dürfte. Zum Teil kann man derartige, in Plattenkulturen nicht faßbare Formen mit dem oben S. 4 auseinandergesetzten Verdünnungsverfahren zählen, indem man feststellt, bei welcher Verdünnung eben noch die durch einen gewissen Organismus durchgeführten Stoffwechselvorgänge eintreten. Es muß dann in der bekannten angewandten Menge Impfmaterial wenigstens 1 Zelle vorhanden gewesen sein. Das ist natürlich nur ein sehr rohes Verfahren. Auch aus weiteren Gründen, wie der Adsorption der Bakterien an die Bodenteilchen, welcher Umstand eine genügende Verteilung unmöglich macht, sind alle solche Zählungen nur von sehr bedingtem Wert.

Mit anderen Methoden (Abzentrifugieren und direkter Zählung unter dem Mikroskop) hat man in 1 g frischem Kot (mit 25 vH Trockensubstanz) 20—40 Milliarden Bakterien gefunden, von denen man etwa die Hälfte als lebend ansprechen kann. Die Bakterienmasse macht hier etwa die Hälfte der ganzen Trockenmasse aus. Die gleich zu besprechende außerordentliche Kleinheit der Bakterien ermöglicht diese absolut so unwahrscheinlich groß anmutende Zahl: Man braucht sich nur auszurechnen, daß 200 Millionen Bakterien von je 1 u Dicke und 5 μ Länge nur Eintausendstel des Raumes eines Kubikzentimeters einnehmen.

Grundformen der Bakterienzelle.

Bevor wir weiter nach der Größe der Bakterienzelle fragen, sollen nur ganz kurz die Grundformen derselben erwähnt werden, wobei die Bakterien vorläufig als einzellige Lebewesen definiert seien. Die erste Grundform ist der Coccus, im optischen Querschnitt rund, körperlich eine Kugel. Die zweite Grundform ist das Stäbchen, im optischen Querschnitt rechteckig, aber mit abgerundeten Ecken, körperlich etwa wie eine kürzere oder längere Wurst; die Länge ist also größer als der Querdurchmesser in sehr verschiedenem Verhältnis. Endlich als dritte Grundform das Spirillum, noch erheblicher in die Länge gestreckt, dazu schraubig gewunden, so daß bei vielen Windungen etwa das körperliche Bild eines Korkziehers zustande kommt. Die Zahl der Windungen ist aber, oft selbst beim gleichen Organismus, sehr verschieden. Es kommen eine bis sehr viele Windungen vor. Formen, die nur etwa $^1/_2$ Schraubenumdrehung besitzen und den Übergang vom Stäbchen, das auch manchmal leicht gekrümmt sein kann, zum Spirillum darstellen, nennt man Vibrio.

Die gewundenen Formen finden sich hauptsächlich im Wasser: es sind die der aktiven Ortsbewegung besonders gut angepaßten Typen (S. 21). Im Erdboden herrschen im allgemeinen die Stäbchenformen vor, während in der Luft die Coccenformen verhältnismäßig stark in Erscheinung treten, da sie offenbar durch Luftströmungen am besten verbreitet werden können. Eine eingehendere Besprechung der Bakterienmorphologie wird weiter unten (S. 15 ff.) erfolgen.

III. Bau der Einzelzelle.

Größe der Bakterienzelle. Bakterienfilter. Filtrierbarkeit.
Bedeutung der Kleinheit der Bakterien. Allgemeines über
die Bakterienzelle.

Größe der Bakterienzelle.

Bei der Kleinheit der Bakterien ist es praktisch, nicht nach Bruchteilen von Millimetern zu rechnen; man hat deshalb die Maßeinheit μ eingeführt $= 0,001$ mm. 1 mm ist also gleich 1000 μ. Für noch kleinere Einheiten wählt man $1\,\mu\mu = 0,001\,\mu$.

Wenn überhaupt ein allgemeines Maß angegeben werden soll, so kann man sagen, daß als häufigster Durchmesser der Bakterienzelle etwa 1 μ erscheint (während der Durchmesser einer Aspergillus-Hyphe etwa 10 μ, derjenige der Parenchymzelle der höheren Pflanzen 10—90 μ beträgt). Wenn man von Beggiatoa mirabilis, die wahrscheinlich nicht zu den eigentlichen Bakterien zu rechnen ist (S. 48) und die einen Zelldurchmesser bis zu 60 μ erreicht, absieht, ebenso von einigen anderen Formen, von denen zweifelhaft ist, ob sie zu den eigentlichen Bakterien zu rechnen sind, so finden sich die größten Formen unter den Spirillen: Spirillum jenense erreicht bis 100 μ Länge bei 3,5 μ Durchmesser, Sp. rubrum die gleiche Länge bei nur 1—1,2 μ Durchmesser. Verhältnismäßig große Formen finden sich unter den verbreiteten Erdbakterien: Bacillus tumescens mißt 1,7 × 7 μ. Unter den Spirillen finden sich auch sehr kleine Formen, wie Sp. parvum mit nur 0,1 — 0,3 × 1—3 μ. Kleine Vertreter finden sich unter den Coccen, bei denen ja auch die im Vergleich zum Breitendurchmesser größere Längenausdehnung wegfällt (0,5—2,0 μ). Bacterium murisepticum, der Erreger der Mäuseseptikämie mißt 0,2—0,3 × 1 μ. Von ähnlicher Größe sind die zu den kleinsten bekannten Lebewesen gehörenden Erreger der Influenza und der Lungenseuche der Rinder. Zwischen den angegebenen Maßen bewegt sich die Größe der zahllosen übrigen Bakterien.

Um solche Größen messen zu können, muß man natürlich unmittelbar durch das Mikroskop beobachten. Nun ist aber die Leistungsfähigkeit des Mikroskopes nicht unbegrenzt, sondern hängt ab von der Wellenlänge des Lichtes. Aus physikalischen Gründen kann ein Gegenstand, der kleiner ist als die halbe Wellenlänge des betreffenden Lichtes, nicht mehr gesehen werden, weil dann Beugung des Lichtes eintritt. So kann man mit gewöhnlichem Licht bis 0,27 μ, mit violettem Licht bis 0,19 μ auflösen (d. h. zwei Linien als getrennt erkennen), was im letzten Falle natürlich nur auf photographischem Wege möglich ist. Durch gewisse Maßnahmen kann man das Auflösungsvermögen theoretisch noch auf 0,12 μ steigern, womit aber die äußerste Grenze erreicht ist. Man sieht jedenfalls, daß die Leistungsfähigkeit des Mikroskopes etwa da aufhört, wo auch die untersten, bisher bekannten Grenzen der Bakterienmaße liegen.

Mit dem Ultramikroskop und seiner Dunkelfeldbeleuchtung kann man natürlich noch kleinere Teilchen sichtbar machen; aber man kann hier ja nicht unmittelbar sehen, sondern das Teilchen nur mittelbar an der Lichtbeugung feststellen; man könnte also ein winziges Bakterium nicht von einem kolloiden Teilchen unterscheiden.

Es erhebt sich nun die Frage: Gibt es noch kleinere Mikroorganismen als solche, die unmittelbar unter dem Mikroskop erkannt werden können? Bevor wir aber auf diese eingehen, soll noch die Filtrationsmöglichkeit von Bakterien besprochen werden. Durch gewöhnliche Filter können Bakterien von ihrer Kulturflüssigkeit nicht getrennt werden, da die Poren des Filtrier-

Bakterienfilter.

papiers viel zu groß sind. Man verwendet zu einer solchen Trennung besondere Vorrichtungen wie CHAMBERLAND-Kerzen (aus unglasiertem Porzellan), BERKEFELD-Filter (aus Kieselgur), je mit einer Porenweite von etwa 0,1 μ, so daß also alle bekannten Bakterien zurückgehalten werden. Nur von Spirillum parvum, dessen Dicke ja gerade an dieser Grenze liegt, konnte Passierbarkeit festgestellt werden. Es kommt allerdings vor, daß solche Filter, wenn sie nicht zwischendurch gereinigt werden, anscheinend passierbar werden; jedoch handelte es sich dann darum, daß die Poren durchwachsen werden können, der Organismus sich also zu einem ihm sonst ungewohnten geringen Durchmesser zwingen kann. Endlich haben neuerdings die ZSIGMONDYschen Membranfilter mit verschiedener, beliebig auszuwählender Porenweite weitgehende Anwendung gefunden, die überdies noch den Vorteil bieten, daß die Bakterienmasse mit Leichtigkeit von der Membran entfernt werden kann, was für eine quantitative Bestimmung von größter Bedeutung ist. Auf diesem Prinzip beruht auch ein einfacher, kleiner Apparat, der an eine gewöhnliche Fahrradluftpumpe angeschlossen werden kann und mit dessen Hilfe man eine sofortige keimfreie Filtration durchführen kann, was z. B. für Tropenreisende sehr bedeutsam ist.

Filtrierbarkeit. Man glaubt nun vielfach festgestellt zu haben, daß es filtrierbare oder ultravisible Bakterien gebe; man spricht auch von einem filtrierbaren Virus (Plural: Vira), um anzudeuten, daß man einstweilen eine bestimmte Einreihung vermeiden möchte. Es ist nämlich beobachtet worden, daß Saft aus erkrankten Geweben, der durch für gewöhnliche Bakterien undurchlässige Filter filtriert war, bei manchen Krankheiten wie bei Maul- und Klauenseuche, Mosaikkrankheit des Tabaks, Blattrollkrankheit der Kartoffel u. a. noch imstande ist, das gleiche Krankheitsbild hervorzurufen. Das kann aber möglicherweise anders u. zw. auf dieselbe Weise erklärt werden wie das d'HÉRELLE-Phänomen des Bakteriophagen, der ebenfalls ein ultravisibler Organismus sein soll, worauf später (S. 156) zurückzukommen sein wird. Auch z. B. aus Waldboden will man filtrierbare Bakterien erhalten haben, was aber noch durchaus nicht einwandfrei ist.

Man muß hierbei zunächst nun noch zweierlei unterscheiden: Es wäre nämlich möglich, daß es von bekannten Bakterien u. a. filtrierbare Stadien gäbe, wie LÖHNIS z. B. von Azotobacter behauptet hat. Das wäre natürlich schon eher denkbar als die Annahme eines dauernd so unendlich kleinen Organismus. Wir haben ja auch oben schon gesehen, daß die Filterporen durchwachsen werden können. Und z. B. für den Erreger der Maul-

und Klauenseuche, von dem erst kürzlich behauptet wurde, daß er ein ultravisibles Bakterium sei, ist gleich darauf die völlige Unhaltbarkeit dieser Anschauung gezeigt worden.

Wenn man gewisse Einwendungen gegen die Möglichkeit des Vorkommens filtrierbarer Bakterien machen will, darf man allerdings nicht den Einwand heranziehen, daß man zwar nicht die Bakterien, aber doch die von ihnen gebildeten Kolonien sehen müsse. Denn es könnten auch diese klein und wenig auffällig sein und sehr langsam wachsen. Dagegen wird man kaum annehmen können, daß eine lebende Zelle unendlich klein werden kann. Es ist berechnet worden, daß eine Zelle von $0,15\,\mu$ Durchmesser, die also fast an die kleinsten sichtbaren und bekannten Bakterien heranreicht, nur mehr 30000 Eiweißmoleküle enthalten könne, was sicher nicht viel ist, wenn man bedenkt, welch mannigfaltige Organe mit ihren spezifischen Lebensäußerungen diese einzige Zelle umschließt. Der Zellkern würde dann, normale Größe im Verhältnis zur Zelle vorausgesetzt (s. S. 18), nur $0,04\,\mu$ groß sein. Auch ist sehr wohl möglich, daß ein tieferer Sinn darin liegt, daß die Grenze der Auflösungsfähigkeit des Mikroskopes mit dem Größenminimum der Bakterien fast zusammenfällt, worauf MIEHE hingewiesen hat, denn ungefähr bei dieser Größenordnung befindet sich ein Sprung, der von den Suspensionen zur kolloidalen Dispersion führt und damit zu tiefgreifenden Veränderungen in gewissen Eigenschaften der Teilchen. Es ist also am wahrscheinlichsten, daß die bekannte sichtbare Mindestgröße der Bakterien nur ganz ausnahmsweise und dann wohl auch nur von gewissen Entwicklungsstadien unterschritten wird.

Die Bedeutung der Kleinheit der Bakterien für ihr Leben ist, wenn wir von der leichten Verbreitungsmöglichkeit und der Möglichkeit der Ausnutzung kleinster Räume absehen, namentlich in Hinsicht auf die Intensität des Stoffwechsels außerordentlich groß. Es vergrößert sich nämlich relativ zum Körperinhalt mit zunehmender Kleinheit die Körperoberfläche sehr stark, wie man sich an folgendem Beispiel klarmachen kann:

1 Würfel von $1\,mm^3$, bei $1\,mm$ Seitenlänge, hat $6\,mm^2$ Oberfläche,
1000 Würfel von zusammen $1\,mm^3$, bei je $0,1\,mm$ Seitenlänge, haben $60\,mm^2$ Oberfläche,
1 Mill. Würfel von zusammen $1\,mm^3$, bei je $0,01\,mm$ Seitenlänge, haben $600\,mm^2$ Oberfläche,
1000 Mill. Würfel von zusammen $1\,mm^3$, bei je $0,001\,mm$ Seitenlänge, haben $6000\,mm^2$ Oberfläche.

Bei gleichem Inhalt vermehrt sich also die Oberfläche sehr erheblich. Es ist klar, daß diese Erscheinung von weittragender Bedeutung für den Stoffaustausch sein muß; und die Schnelligkeit, mit der oft die mikrobiologischen Vorgänge verlaufen, steht damit in ursächlichem Zusammenhang, da die große Oberfläche einen sehr schnellen Stoffaustausch ermöglicht. Eine weitere Folge davon ist, daß die schnelle Entwicklungsmöglichkeit auch die Ausnutzung nur sehr kurze Zeit andauernder günstiger äußerer Verhältnisse (etwa vorübergehende Bodenfeuchtigkeit) erlaubt.

Allgemeines über die Bakterienzelle.

Die Bakterienzelle ist eine Pflanzenzelle; wenigstens besteht, nach unseren heutigen Kenntnissen, kein prinzipieller Unterschied gegenüber einer solchen. Wir werden also festzustellen haben, wieweit ihr Bau mit demjenigen der Zelle einer höheren Pflanze übereinstimmt. Wir müssen hierbei aber verschiedenes beachten: Einmal verbietet die Kleinheit der Bakterienzelle eine so genaue Durchforschung, wie das bei jener mit ihrer sehr erheblicheren Größe möglich ist. Der Durchmesser der beim Aufbau der Gewebe der höheren Pflanze hauptsächlich beteiligten Parenchymzellen bewegt sich ja zwischen 10 und 90 μ. Sodann fehlt bei den Bakterien eine Differenzierung der einzelnen Zellen: Alle sind unter sich gleichwertig, und jede einzelne Zelle muß in ihrem kleinen Raum alle Funktionen der lebenden Zelle erfüllen, die notwendig sind von der Keimung bis zur Sporenbildung, während in dieser Hinsicht bei den höheren Pflanzen eine weitgehende Arbeitsteilung eingetreten ist in der Ausbildung von Geweben, die in erster Linie der Nährstoffaufnahme, der Nährstoffspeicherung, der Wasserleitung, der Assimilation, der Festigung, der Fortpflanzung usw. dienen. Auch bei den Pilzen ist die Arbeitsteilung, namentlich in Hinsicht auf die Fortpflanzung, zum Teil erheblich weiter vorgeschritten als das bei den Bakterien der Fall ist. Endlich sind in der Bakterienzelle, wie auch in derjenigen der Pilze, eine Anzahl Stoffe zu finden, die der höheren Pflanze fehlen und sonst nur vom tierischen Organismus bekannt sind (u. a. Glykogen, bei den Pilzen auch Chitin). Vor allem die Kleinheit der Bakterienzelle und die Schwierigkeit der Beobachtung und Deutung der Beobachtungen hat zu vielen Unklarheiten geführt, die auch heute noch nicht behoben sind.

Den schematischen Aufbau einer typischen Pflanzenzelle in Anlehnung an ARTHUR MEYER zeigt folgende Übersicht:

1. Zellmembran . . . . äußere Schutzhülle.
2. Protoplast:
   a) Cytoplasma . . . . ⎫
   b) Trophoplasten . . . . ⎬ eigentliche Zellorgane.
   c) Zellkern . . . . ⎭
   d) sonstige Zellorgane . . . . . (Geißeln).
3. Ergastische Gebilde . . . . . . Reserve- und Exkretstoffe.

IV. Bau der Einzelzelle. (Fortsetzung.)

Zellmembran und Schleimschicht. Protoplast
(Cytoplasma. Zellkern).

Die Umhüllung der Bakterienzelle besteht aus der eigent- Zellmem-
lichen Zellmembran, die den Protoplasten umschließt, und bran.
der die Zellmembran umgebenden Schleimschicht. Während
die Schleimschicht bei Bakterien sozusagen zum normalen Aufbau
gehört, tritt sie bei Pilzen sehr zurück, ohne indes gänzlich zu
fehlen, wie sie denn z. B. bei Dematium pullulans sehr stark
entwickelt ist.

Die eigentliche Zellmembran führt bei Bakterien und
Pilzen keine Cellulose, welche ja die Grundsubstanz fast aller
Zellmembranen der höheren Pflanzen bildet, wenigstens ist die
für gewisse Essigbakterien gemachte Angabe noch durchaus fraglich, sondern besteht aus Hemicellulosen oder hemicellulose-
ähnlichen (pektinartigen) Stoffen. Sie löst sich in Gegensatz zur
Cellulose-Membran nicht in Kupferoxyd-Ammoniak und gibt mit
Chlorzinkjod höchstens eine schwache Blaufärbung, keine stets
intensive Blaufärbung wie jene. Als Abbauprodukte erscheinen
neben Dextrose die Zucker der Hemicellulosen: Galactose,
Arabinose.

Dagegen ist bei Pilzen (mit Ausnahme der Saccharomyceten)
vor allem in den Sporen, Chitin als Bestandteil der Zellmembran
festgestellt, also ein bei Tieren (Insekten-, Krebspanzer) ver-
breitetes, den höheren Pflanzen aber fehlendes Produkt, das wohl
der Cellulose verwandt ist, aber als Abbauprodukt keine Glucose,
sondern Glucosamin liefert:

$$CH_2OH \cdot (CHOH)_4 \cdot CHO \ldots \ldots \text{Glukose}$$
$$CH_2OH \cdot (CHOH)_3 \cdot CHNH_2 \cdot CHO \ldots \text{Glukosamin.}$$

Der Nachweis des Chitins ist durch Überführen vermittels
schmelzenden Ätzkalis in Chitosan möglich, das mit Jod und
Schwefelsäure eine Violettfärbung ergibt. Auch bei Bakterien
glaubte man Chitin festgestellt zu haben, was sich aber nicht
bestätigte (v. WETTSTEIN).

Die Schleimschicht kann an Dicke den Durchmesser der
ganzen Zelle weit übertreffen; jedoch ist ihre Ausbildung sehr
stark von den Ernährungsbedingungen abhängig; reichliches Vorhandensein von assimilierbaren Kohlenhydraten, wobei aber die
Zucker durchaus nicht gleichwertig sind, ist Vorbedingung. Aber
auch die stark ausgebildete Schleimschicht ist von äußerst dünn-
schleimiger Konsistenz, so daß sie beim Eintrocknen kaum mehr
sichtbar ist. Auch durch Dunkelfeldbeleuchtung kann sie nicht

sichtbar gemacht werden, durch Färbung nicht oder nur ausnahmsweise; selten färbt sie sich, wie bei einigen Essigbakterien,
(S. 107) mit Jod blau. Deutlich tritt sie aber beim Einbringen der
Bakterien in nicht allzu verdünnte Tusche hervor, da die groben
Tuscheteilchen nicht eindringen können, die Schleimschicht somit
als heller Hof in der dunklen Tuscheschicht Zelle samt Zellmembran umgibt. Die Schleimschicht löst sich, zum Unterschied von
der eigentlichen Zellmembran, in Kupferoxydammoniak. Sie
besteht aber aus ähnlichen Stoffen wie jene, also Hemicellulosen.
Es ist jedoch nicht bekannt, ob sie durch Verquellen aus der eigentlichen Zellmembran hervorgeht oder unmittelbar von innen ausgeschieden wird. Die oft geäußerte Ansicht, daß es sich bei der
Schleimschicht um Mucine handele, also um ähnliche Stoffe wie
die tierischen Schleimstoffe, trifft für eine Anzahl Bakterien sicher
nicht zu; es ist eigentlich kaum anzunehmen, daß es in einigen
Fällen anders sein sollte.

Auf die Schleimschicht ist die schleimige Beschaffenheit der
Bakterienkolonien zurückzuführen. Solche schleimigen Aggregate
bezeichnet man auch als Zoogloea; das beste Beispiel hierfür
bietet Streptococcus mesenterioides, das Froschlaichbakterium[1]), das seinen Namen von der Bildung froschlaichähnlicher Schleimmassen in zuckerhaltigen Flüssigkeiten trägt;
es war einst ein gefürchteter Schädling der Zuckerfabriken. Merkwürdig ist ferner Bacterium pediculatum, das einseitig
Schleimmassen absondert, und deshalb gleichsam auf einem Fuß
von Schleim steht. Endlich ist Bacterium xylinum zu nennen,
ein Essigsäure bildendes Bakterium, das dicke schleimige Decken
von verhältnismäßig fester Konsistenz auf der Oberfläche alkoholhaltiger Flüssigkeiten bildet; aus diesem Material hat man während
des Krieges durch heiße Pressung Kunstleder hergestellt.

Auch bei der Ausbildung der Kahmhaut, d. h. einer zusammenhängenden Bakteriendecke auf der Oberfläche einer
Flüssigkeit, spielt das Verkleben der Bakterien durch Schleim
sicherlich eine Rolle.

Im Zusammenhang mit dieser Fähigkeit der Bakterien zur
Schleimbildung steht sicher auch die Umwandlung von zuckerhaltigen Flüssigkeiten zu einer einzigen Schleim- oder Gallertmasse, wie das ab und zu beobachtet werden kann (Weiteres S. 135).

---

[1]) Es ist eine schlechte Angewohnheit vieler, vor allem technischer Bücher, hier von Froschlaichpilz zu sprechen, ebenso von
Essigsäure- usw. Pilzen. Es liegt im Interesse einer reinlichen Begriffsbestimmung, den jeweiligen Organismus auch vulgär-sprachlich
richtig einzuordnen.

Die Bedeutung der eigentlichen Zellmembran liegt in der Hauptsache in dem festen Abschluß nach außen; sie gibt der Zelle erst Form und Gestalt; der nackte Protoplast müßte infolge seiner zähflüssigen Konsistenz stets Kugelform annehmen. Eine weitere Folge hiervon ist auch, daß die Bakterienzelle stets vollkommen starr, nicht biegsam ist, welcher Unterschied sich am besten beim Vergleich eines Spirillums mit einer Spirochaete zeigt, die nicht zu den Bakterien, sondern zu den Flagellaten gehört, mithin eine tierische Zelle ist, welche ja keine Zellmembran besitzt im Gegensatz zur Pflanzenzelle.

Ob die eigentliche Zellmembran und die Schleimschicht beim Stoffaustausch beteiligt sind, weiß man nicht. Die Schleimschicht wird, was für die Zelle unter Umständen bedeutungsvoll sein kann, vor direkter Berührung mit irgendwelchen Teilchen schützen können, wie der obenerwähnte Tuscheversuch zeigt. Außerdem könnte sie eine Verminderung des spezifischen Gewichtes zur Folge haben und endlich beim Eintrocknen der Zellen eine wichtige Funktion als Schutz gegen Austrocknung ausüben. Gerade zu dieser letzten Annahme drängen die Beobachtungen, die man über diese Funktion der Schleimschicht bei höheren Pflanzen gemacht hat. Es scheinen ferner Bakterienzellen mit reichlich Schleim nicht so gern von Protozoen gefressen zu werden. Natürlich ist es durchaus möglich, sogar wahrscheinlich, daß die Bedeutung nicht einseitig nur in einer Richtung liegt, sondern gleichzeitig in verschiedenen Richtungen.

In manchen Fällen kann die Membran noch weitere Veränderungen erleiden. Sie färbt sich z. B. bei Azotobacter chroococcum braun bis schwarz, was jedenfalls auf die Bildung und Einlagerung von Melaninen oder Huminstoffen (S. 114) zurückzuführen ist. Auch die Schwarzfärbung der Sporen von Aspergillus niger und weiter die Dunkelfärbung der Membranen vieler Pilze dürfte auf dieselbe oder wenigstens verwandte Erscheinungen zurückzuführen sein.

Bei Eisen- und Manganbakterien (S. 63) werden in der Membran große Mengen von Eisen- und Manganverbindungen abgelagert, so daß die Membran eine im Verhältnis zum Zelldurchmesser ganz gewaltige Ausdehnung erlangen kann.

Namentlich bei Sporen erfährt die Membran eine oft erhebliche Verstärkung ihrer normalen Bestandteile, besonders in solchen Fällen, wo es sich um Dauersporen handelt, worüber auf die Ausführungen S. 35 verwiesen sei.

Endlich müssen noch einige Worte über den in der medizinischen Bakteriologie gebräuchlichen Begriff der Kapsel gesagt werden: Es handelt sich dabei um ein in gefärbten Präparaten erscheinendes Gebilde nach Art einer die Bakterienzelle umschließenden Kapsel; es hat sich jedoch bei kritischer Untersuchung herausgestellt, daß man hier die verschiedenartigsten Dinge beobachtete, von der Zellmembran und Schleimschicht selbst bis zu zufälligen der Art der Fixierung und Färbung ihren Ursprung verdankenden Kunstprodukten, die mit der Bakterienzelle in gar keinem Zusammenhang stehen. Man muß daher den Begriff der Kapsel vermeiden.

Protoplast (Cytoplasma). Die Zellmembran umschließt den Protoplasten, dessen Grundsubstanz, das Cytoplasma, bei den Bakterien naturgemäß noch gar nicht erforscht ist. Auch bei ihnen wird jedoch, wie bei allen Pflanzen, die äußere Schicht als sog. Plasmamembran ausgebildet sein. Es ist diejenige Schicht, die den Stoffverkehr in die Zelle hinein und aus ihr heraus regelt; sie stellt wohl ein Hydro-Kolloid-System dar mit Eiweiß und Lipoiden (Phosphatide, Lecithin) als Dispersoiden. Bei höheren Pflanzen unterscheidet sie sich durch hyalines Aussehen von dem körnigen Innenplasma, was bei Bakterien aus begreiflichen Gründen nicht festzustellen ist.

Trophoplasten oder Chromatophoren, Organe wie die Chlorophyllkörner der grünen Pflanzen, die Farbstoff führen, durch dessen Vermittlung im Licht die Verarbeitung der Kohlensäure erfolgt, sind bei Bakterien und Pilzen bisher nicht bekanntgeworden. Es ist auch fraglich, ob bei ihnen Farbstoffe von der Funktion des Chlorophylls vorkommen (S. 61).

Protoplast (Zellkern). Ein sehr wesentliches Organ jeder Pflanzenzelle ist der Zellkern, der bei der Pflanzenzelle hauptsächlich aus einer stark färbbaren aus Nucleoproteiden (S. 148) bestehenden Substanz, dem Chromatin, besteht. Eine neue Anschauung von SCHUHMACHER behauptet allerdings, daß der Kern der Hefe und von vielen Bakterien aus Lipoproteiden bestehe, aus Nucleoproteiden z. B. nur derjenige von Micrococcus gonorrhoeae.

Kernlose Zellen sind bei den höheren Pflanzen überhaupt nicht vorhanden, soweit es sich um lebende Zellen handelt. Bei allen Befruchtungsvorgängen spielt der Kern eine besonders auffallende Rolle: die Verschmelzung des männlichen und weiblichen Kerns bildet die entscheidende Phase des Befruchtungsvorganges. Auch bei diesem Organ ist die Kleinheit der Bakterienzelle das größte Hemmnis für eine nähere Kenntnis. Man wollte früher der Bakterienzelle zusammen mit derjenigen der Cyanophyceen oder Blaualgen, mit denen sie auch zusammen in eine Gruppe als

Schizophyten (Spaltpflanzen) gestellt wurden, einen sog. „Zentralkörper" zuschreiben; es sollte das der größere, innere Teil der Zelle sein und dem Kern entsprechen. Diese Anschauung trifft sicher nicht zu: Man hatte die Hauptmasse des Bakterienkörpers selbst für einen solchen Zentralkörper nach Art der Cyanophyceen gehalten. Nach einer zweiten Anschauung sollte das Chromatin aus einem spiralig angeordneten Band bestehen, während eine dritte endlich diffuse Verteilung des Chromatins im Plasma annahm, welches nur vor der Kernteilung sich zu einem spiraligen Band entmischen solle. Aber, soweit es sich hierbei nicht etwa um beim Fixieren und Färben entstandene Kunstprodukte handelt, ist die Zugehörigkeit der betreffenden Organismen, bei denen man solche Beobachtungen gemacht hat, zu den Bakterien nicht sicher. Auch wurden diese Formen nur gelegentlich beobachtet und konnten leider nicht gezüchtet werden (S. 40).

Demgegenüber ist die von Arthur Meyer zuerst eingehender begründete Anschauung hinsichtlich der Eubacteria (S. 44) sicher richtig, wonach bei ihnen ein normaler Zellkern vorkommt. Er besitzt bei Bacillus tumescens die Größe von 0,2—0,3 μ (bei 1,7 × 7 μ Zellgröße), was einem normalen Verhältnis der Kerngröße zur Zellgröße bei den Pflanzen entspricht. Bei der Sporenbildung rückt er in das Zentrum der Sporenbildung. Während hier nur 1 Kern beobachtet wurde, scheinen bei anderen Eubacteria mehrere vorzukommen, vor allem bei den nicht sporenbildenden Formen.

Auf die Kernverhältnisse der übrigen Gruppen, insbesondere die Mannigfaltigkeit der Kernverhältnisse bei den Pilzen, kann hier nicht eingegangen werden.

V. Bau der Einzelzelle (Fortsetzung).

Geißeln. Bewegung. Bewegungsreize.

Geißeln sind die Bewegungsorgane der Bakterien, kommen Geißeln. aber nicht bei allen Formen vor. Sie können in ganz verschiedener Weise angeordnet sein. Man unterscheidet:

monotriche Begeißelung, wenn nur eine Geißel vorhanden ist an einem Pol (monopolar) oder je eine an den beiden Polen (bipolar),

lophotriche Begeißelung (monopolar oder bipolar) mit je einem aus 5—40 Einzelgeißeln zusammengesetzten Geißelbüschel,

peritriche Begeißelung mit zahlreichen über die ganze Körperoberfläche verteilten Einzelgeißeln.

Diese Unterscheidung läßt sich indes nicht immer ganz streng durchführen. Bacillus radicicola z. B. besitzt (nach MÜLLER-STAPP) zwar mehrere Einzelgeißeln, die aber polar nicht zu einem Büschel zusammenstehen, sondern auf der ganzen Schmalseite getrennt inseriert sind und seitlich zum Teil fast bis auf die Längsseiten reichen: Es ist also ein gewisser Übergangstypus zwischen lophotricher und peritricher Begeißelung, der vermutlich weiter verbreitet ist.

Diese Geißeln durchsetzen, wie man mit großer Wahrscheinlichkeit annehmen muß, die Schleimschicht und Zellmembran und stehen mit dem Cytoplasma in Beziehung; sie bestehen wahrscheinlich aus derselben Substanz wie die Plasmamembran. Es ist ferner wahrscheinlich, wenn auch noch nicht mit Sicherheit erwiesen, daß ihre Ansatzstelle im Cytoplasma in Form eines Basalkörpers, einer knötchenförmigen Anschwellung, ausgebildet ist, wie es z. B. bei den Protozoen der Fall ist.

Die Länge der Geißeln, die aber nie gerade, sondern wohl stets schraubig gewunden sind, ist natürlich sehr verschieden; sie übertrifft oft die der Zelle um ein bedeutendes. Bei Pseudomonas javanensis beträgt sie z. B. bis 30 μ bei einer Körperlänge von nur etwa 1 μ, bei Bacillus subtilis 6—12 μ, bei 0,7 $\times$ 2—8 μ Zellgröße. Bei Spirillen sind die Geißeln relativ kurz, etwa so lang wie die Zelle. Im allgemeinen kann man sagen, daß die relative Länge der Geißeln um so größer ist, je kleiner die Zelle.

Die Dicke der Geißeln ist aber gering: höchstens wohl 0,05 μ; sie sind denn auch bei gewöhnlicher Mikroskopbeleuchtung nicht zu sehen und lassen sich in lebendem Zustande nur in Dunkelfeldbeleuchtung unter gewissen Bedingungen sichtbar machen. Damit sie sonst zur Beobachtung gebracht werden können, müssen sie fixiert, gebeizt und gefärbt werden, wobei sie etwas aufquellen und infolge der Beize den Farbstoff intensiv aufnehmen.

Wie schon gesagt, nimmt man an, daß nicht alle Bakterienarten Geißeln haben, sondern daß völlig unbewegliche vorkommen. Aber man muß hierbei beachten, daß die Geißeln nur während eines mehr oder weniger kurzen jugendlichen Entwicklungsstadiums ausgebildet sind (S. 34); z. B. findet man bei Azotobacter chroococcum nur in sehr jungen Flüssigkeitskulturen und auch da nur 10 vH bewegliche, begeißelte Zellen. Es wäre also durchaus denkbar, daß manche der uns als geißellos bekannten Formen nur unter unseren anomalen Kulturbedingungen keine Geißeln ausbilden.

Es kommt noch hinzu, daß die Geißeln außerordentlich empfindliche Organe sind und bei dem geringsten störenden Eingriff

von dem Organismus momentan abgeworfen werden können,
wie z. B. auch während der der Färbung vorausgehenden Mani-
pulationen. Abgeworfene und ineinander verdrehte Geißel-
Konglomerate findet man ab und zu als „Geißelzöpfe" in Präparaten; eine biologische Bedeutung kommt ihnen jedoch nicht zu.

Bei der Bewegung der Bakterien handelt es sich also um eine Bewegung.
aktive Bewegung, die unter dem Mikroskop leicht als eine solche
erkannt werden kann und sich dadurch, daß die Bewegungsrichtung verschiedener Individuen verschieden ist, von der passiven
durch Flüssigkeitsströmung hervorgerufenen Bewegung, wobei
alle Individuen in der gleichen Richtung bewegt werden, unterscheidet. Eine weitere passive Bewegung können die Bakterien
ausführen, indem sie bei ihrer Leichtigkeit durch den Anprall
der Moleküle (die BROWNsche Molekularbewegung) in Bewegung
gesetzt werden; hierbei handelt es sich aber stets nur um ein un-
regelmäßiges Tanzen um einen unverändert bleibenden Mittelpunkt.

Die besonders von METZNER untersuchte Bewegung der Bakterien findet, soweit das bisher bekannt ist, mit Hilfe einer Rotation der Geißeln statt, während eine Fortbewegung einfach
durch Ruderbewegung anscheinend nicht vorkommt. Die Geißeln
beschreiben hierbei einen Rotationskörper; auch der Körper des
Bakteriums gerät in Rotation, deren Richtung derjenigen der
Geißeln entgegengesetzt ist. Die Rotation der Geißeln kommt
durch eine ungleichmäßige Kontraktion der Einzelgeißel oder
des Geißelbüschels zustande. Der Bewegung am besten angepaßt
sind die Spirillen. Man untersuchte diese Vorgänge an Modellen
und bei Dunkelfeldbeleuchtung unter Zusatz von kolloiden Teilchen am lebenden Objekt. Bei Spirillen, z. B. bei Sp. volutans,
findet sich an jedem Pol ein Geißelbüschel. Das am Vorderende
der Bewegungsrichtung befindliche beschreibt einen breit glocken-
förmigen Rotationskörper, wobei die Öffnung der Glocke nach
dem Körper zu liegt, das Geißelbüschel also infolge Biegung des
Basalteiles zurückgeschlagen ist. Das am Hinterende befindliche
Geißelbüschel beschreibt einen mehr lang gezogenen tulpenförmigen Rotationskörper. Wird die Bewegungsrichtung umgekehrt, so wird momentan das ganze Bewegungssystem der
Richtung entsprechend umgeschaltet. Das aktive, die Bewegung
des Bakterienkörpers bedingende Moment ist hierbei seine ihm
durch die Geißelbewegung mitgeteilte Rotation, wobei sich der
schraubenförmig gewundene Bakterienkörper gewissermaßen in
das Wasser hineinbohrt. Die Geißeln machen etwa 37—40, der
Bakterienkörper etwa 13 Umdrehungen in der Sekunde. Infolge

der Geschwindigkeit dieser Bewegung ist die eingeschlagene Richtung äußerst stabil: die Spirillen können sich nur in gerader Linie fortbewegen; nur ganz kleine Individuen können davon abweichen, welche Erscheinung dann aber nur durch eine schwache Unsymmetrie des Körpers zustande kommt, welche entsprechend ablenken muß.

Bei Pseudomonas Chromatium (= Chromatium Okenii) findet sich anscheinend nur eine Geißel, die aber ebenfalls aus mehreren wie ein Tau zusammengedrehten Einzelgeißeln besteht und die am Hinterende des Körpers einen tulpenförmigen Rotationskörper beschreibt. Bei Bewegungsumschaltung schwimmt das Bakterium jedoch mit derselben Geißelrotationsform am Vorderende; die Geißel ist hier also verhältnismäßig starr; das ganze System wirkt wie eine Schiffsschraube, wobei allerdings auch der Bakterienkörper, umgekehrt wie die Geißeln, rotiert.

Diese beiden Bewegungstypen sind uns erst bekannt; sicher gibt es eine große Mannigfaltigkeit. Bei peritrich begeißelten Bakterien kommt vermutlich ebenfalls eine Rotationsbewegung der Geißeln, die bei der Bewegung anscheinend alle nach hinten gerichtet sind, in Frage, wie auch der Bakterienkörper rotiert; doch ist diese Rotationsbewegung im Verhältnis zu derjenigen der Spirillen sehr plump, eigentlich fast nur ein Herumwälzen.

Die Schnelligkeit der Fortbewegung beträgt bei Chromatium 20—40 μ, bei Spirillum bis zu 100 μ in der Sekunde; jedoch ist sie sehr von äußeren Verhältnissen, wie vor allem von der Temperatur, abhängig; bei Nahrungsmangel kommt sie natürlich schnell zum Stillstand, weil das notwendige Energiematerial fehlt.

Die relative Schnelligkeit dieser Bewegung von Spirillum macht man sich am besten klar, wenn man sich die Zahlen auf menschliche Verhältnisse umrechnet. Wenn ein Spirillum von 10 μ Länge in der Sekunde 100 μ zurücklegt, so würde entsprechend ein Mensch von 1,70 m Länge einen Weg von 17 m in der Sekunde, d. h. von rund 60 km in der Stunde, zurücklegen müssen, um gleiche relative Schnelligkeit zu erzielen. Man muß hierbei aber, um diese Leistung richtig einschätzen zu können, noch weiter berücksichtigen, daß das Wasser für das Spirillum ein Medium von sehr viel höherem Reibungswiderstand ist als die Luft für den Menschen.

Bewegungs-
reize. Soweit die Ursache solcher Bewegungen bekannt ist, sind es äußere Reize, welche bestimmend sind. Positive bzw. negative Chemotaxis[1]) ist wohl am verbreitetsten. Die Reaktionsfähig-

----

[1]) Als Taxis bezeichnet man allgemein die freie Ortsbewegung zum Reiz hin bzw. von ihm ab.

keit auf chemisch wirksame Stoffe gibt dem Organismus die Möglichkeit, der Nahrung nachzugehen oder auch schädliche Reaktionen oder Stoffe zu vermeiden; in dem einen Falle reagiert er positiv, in dem anderen Falle negativ chemotaktisch. Allerdings sind es nicht immer die zur Nahrung dienenden Stoffe, die am energischsten reizen, wie E. G. PRINGSHEIM für Polytoma uvella nachgewiesen hat, eine farblose Flagellate allerdings, also kein Bakterium, welches Beispiel jedoch in Ermangelung eines solchen von Bakterien gebracht sei. Dieser Organismus wurde von Triolein noch von einer Konzentration von $\frac{1}{10^8}$ bis $\frac{1}{10^9}$ angelockt, was gleichzeitig die außerordentliche Feinheit dieser Reizempfindlichkeit demonstrieren möge.

Die chemotaktische Reizbarkeit gilt nicht nur für die eigentlichen Nährstoffe, sondern auch z. B. für den Sauerstoff. Bei Sauerstoffmangel sammeln sich die beweglichen Bakterien (soweit es sich natürlich um sauerstoffliebende Formen handelt) an den Stellen bester Sauerstoffversorgung, wie am Rande des Deckglases, an. In dem ENGELMANNschen Bakterienversuch benutzt man sogar diese Eigenschaft zum Nachweis äußerst geringer Mengen von Sauerstoff: Unter dem Deckglas liegt ein chlorophyllführender photosynthetisch (S. 61) arbeitender, also Sauerstoff ausscheidender Organismus, der nur an einer Stelle von einem kleinen Lichtfleck getroffen wird. Dort findet nun Photosynthese statt, wobei Sauerstoff ausgeschieden wird; um diese Stelle sammeln sich nunmehr alle beweglichen Bakterien der Umgegend, wenn man gleichzeitig solche mit in das Präparat hineingebracht hat. Auf ähnliche Weise kann man prüfen, ob ein Organismus überhaupt photosynthetisch arbeiten kann.

Ein chemischer Reiz kann nicht nur richtungsbestimmend bei Konzentrationsunterschied wirken, sondern kann sich auch in homogenen Medien bemerkbar machen. So führen z. B. Purpurbakterien (S. 30) bei Gegenwart von Kokain oder Chloroform u. a. „rhythmische Schreckbewegungen" aus ähnlicher Art, als wenn sie dauernd gegen einen festen Widerstand stoßen würden.

Phototaktische Bewegungen sind ein weiteres Beispiel für solche Bewegungen auf äußere Reize. Vornehmlich ist das von Purpurbakterien, bei denen offenbar der Farbstoff eine Rolle bei der Lichtperzeption (S. 30) spielt, durch ENGELMANN und BUDER bekannt. Auf Licht reagieren sie positiv oder negativ phototaktisch, je nach dessen Stärke, indem sie also zur Lichtquelle hinschwimmen oder sich von ihr abwenden. Ein Übergang von hell zu dunkel wirkt dabei wie ein mechanisches Hindernis: Die Bakterien schrecken zurück; die Folge ist, daß sie in einem Lichtkreis gefangen bleiben, da sie die Schwelle ins Dunkel nicht überschreiten können.

An Spirillen hat METZNER noch etwas weitere Kenntnisse über die Wirkung eines Bewegungsreizes gewonnen. Hier kann jedes Geißelbüschel einzeln auf den Reiz reagieren, wobei man als Angriffsort des Reizes die Geißelbasis festgestellt hat. Die Reaktion folgt sehr schnell auf den Reiz: in weniger als $^1/_{10}$ Sekunde, für menschliches Unterscheidungsvermögen also sofort. Es wurde dabei festgestellt, daß der Reiz von einem zum anderen Geißelsystem weitergeleitet wird. Auch dies geht natürlich so schnell, daß es normalerweise nicht nachzuweisen ist. Doch gelang der Nachweis durch Herabsetzen der Erregbarkeit vermittels eines Narkotikums, womit gleichzeitig auch eine Herabsetzung der Leitungsschnelligkeit erfolgte.

Am Schlusse dieses Abschnittes sei noch ganz kurz erwähnt, daß auch noch eine andere Bewegungsart unter Achsenrotation vorkommt, allerdings bei Formen wie Beggiatoa, Thiothrix u. a., die wir nicht mehr zu den eigentlichen Bakterien rechnen; man kann von langsamer Kriechbewegung sprechen; Thiothrix z. B. braucht dabei zum Zurücklegen von 50—100 μ 1—3 Stunden, eine im Vergleich zu Spirillum sehr kümmerliche Leistung. Die Bewegung erfolgt dadurch, daß durch Ausscheidung von Schleim seitens des Zellfadens dieser vorwärtsgeschoben wird. Durch ausgeschiedenen Schleim werden auch die Schwärmer der Polyangiden vorwärtsgeschoben (S. 49). Auf mannigfaltige Bewegungserscheinungen bei den Pilzen sei hier nicht eingegangen.

VI. Bau der Einzelzelle (Fortsetzung).

Reservestoffe (Kohlenhydrate, Fett, Eiweiß, Schwefel). Vakuolen.
Exkretstoffe.

Reserve-
stoffe
(Kohlen-
hydrate).
Kohlenhydrate. In dem Cytoplasma sind zahlreiche Einschlüsse eingebettet, von denen vor allem Reservestoffe hervortreten. Ihre Natur als Reservestoffe deuten diese Gebilde dadurch an, daß sie zu Zeiten einer Stockung der Nahrungszufuhr von außen her verbraucht werden, ebenso bei der Sporenanlage (S. 35). Von Kohlenhydraten ist zunächst das **Glykogen** zu nennen, die tierische Stärke, die beim tierischen Organismus in der Leber gespeichert wird und die auch bei Bakterien und Pilzen das eigentliche Reservekohlenhydrat darstellt, ein Analogon im Stoffwechsel von Tieren und Mikroorganismen. Hefe z. B., die man mit konzentrierter Rohrzuckerlösung stehen läßt, speichert in wenigen

Stunden viel Glykogen. Es ist in der Form zähflüssiger Tropfen
vorhanden, also nicht als strukturiertes Stärkekorn wie bei den
höheren Pflanzen. Es ist dieser Stärke nahe verwandt und wahrscheinlich identisch mit deren einem Bestandteil, dem Amylopektin. Malzauszug, Speichel, verdünnte Säuren lösen es wie
Stärke, mit Jod färbt es sich aber nicht blau, sondern rotbraun.

Bei einigen Bakterien kommt ein weiteres Kohlenhydrat vor,
das sich mit Jod blau färbt und Iogen genannt wurde.
Einige haben ihren Namen davon erhalten: Bacillus amylobacter, das wichtigste buttersäurebildende und wichtige frei-
lebende stickstoffbindende Bakterium, Spirillum amyliferum.
Auch in Beggiatoa mirabilis kommt es vor. Bei den erstgenannten ist vor der Sporenbildung meist die ganze spindelförmig angeschwollene Zelle damit angefüllt mit Ausnahme der
Spitze, in der sich später die Spore bildet; mit Jod färbt sich dann
der ganze Zellkörper blau ohne die Spitze; mit Methylenblau
erhält man den umgekehrten Kontrast. Nach der Sporenbildung
ist das Iogen als Reservestoff verbraucht. Es handelt sich auch
hierbei um keine eigentliche Stärke, sondern vielleicht um den von
Aspergillus näher bekannten Stoff.

Ein mit Jod sich bläuender Körper kommt nämlich vielfach
auch bei Pilzen vor, in der Hauptsache als Membranverdickung;
er scheint hier mehr ein pathologisches Produkt zu sein: bei Aspergillus niger wird er nach Boas bei ziemlich stark saurer Reaktion der Nährflüssigkeit in erheblichen Mengen gebildet, nicht
nur als Membranverdickung, sondern er wird auch in die Nährflüssigkeit ausgeschieden; es scheint sicher, daß es sich hierbei
um Amylose handelt (D. Schmidt), d. h. um den zweiten Bestandteil, der zusammen mit dem Amylopektin die Stärke der höheren
Pflanzen bildet. Es ist sehr wahrscheinlich, daß auch das Iogen
der Bakterien Amylose ist. Jedenfalls wäre es dann also höchst
interessant, daß die beiden Bestandteile der Stärke der höheren
Pflanzen bei den Mikroorganismen getrennt vorkommen.

Fett ist bei den Mikroorganismen als Reservestoff weit verbreitet. Es scheint, daß sein Vorkommen in größerer Menge sich
meist mit demjenigen der Kohlenhydrate ausschließt, wie folgende
Übersicht zeigt: Von 21 geprüften Bakterien enthielten:

nur Kohlenhydrate	Fett	Fett + Kohlenhydrate	
8	10	3	Arten.

Das würde ganz dem entsprechen, was wir von höheren Pflanzen
wissen, z. B. von dem Vorkommen von Fett und Kohlenhydraten
in den Samen. Es scheint weiterhin eine Beziehung zwischen dem

Vorkommen oder Fehlen von Fett und dem größeren bzw. geringeren Sauerstoffbedürfnis des Organismus zu bestehen, was durchaus verständlich wäre, da die Verarbeitung von Fetten beträchtliche Mengen von Sauerstoff verlangt (S. 109).

Die Menge des Fettes ist außerordentlich verschieden; bei Bacterium mallei, dem Rotzerreger, hat man 39,3 vH, bei Diptheriebakterien nur 1,6 vH festgestellt. Eine an Fett besonders reiche Hefe ist Endomyces vernalis; während der fettarmen Kriegszeit hat man sogar versucht, mit Hilfe dieses Organismus Fett technisch in größeren Mengen zu gewinnen. In den Bakterienfetten wurde Palmitin und Olein gefunden; es handelt sich also wohl um die im Pflanzenreich üblichen Neutralfette, Triglyceride höherer Fettsäuren.

Während das Fett normalerweise Reservestoff ist, kann es, ähnlich wie das bei tierischen Geweben der Fall ist, unter anomalen Verhältnissen leicht zu einer pathologischen „Verfettung" der Zellen kommen.

Den Nachweis von Fett führt man ebenfalls durch Färbung, etwa mit Sudan III, einem typischen rotgelb färbenden Fettfarbstoff, oder mit dem gelb färbenden Dimethylamidoazobenzol oder einem blau färbenden Gemisch von α-Naphthol und Dimethyl-p-phenylendiamin.

Besondere Beachtung fand von jeher das „Fett" in Mycobacterium tuberculosis, dem Tuberkelbacillus (etwa 37 vH der Trockensubstanz). Es handelt sich hierbei jedoch nicht um eigentliches Fett, sondern um wachsartige in der Membran sitzende Stoffe, also Verbindungen von Fettsäuren mit höheren Alkoholen, von denen man beim Tuberkelbacillus z. B. Cerylalkohol festgestellt hat. Über die Bedeutung weiß man hier nichts. Vielleicht handelt es sich ebenfalls um eine halb pathologische Erscheinung. Es wurde oben schon gesagt, daß man die Säurefestigkeit des Tuberkelbacillus mit diesen wachsartigen Stoffen in Zusammenhang bringt. Es sei weiter noch hinzugefügt, daß diese Säurefestigkeit von Lipase (S. 109) nicht beeinflußt wird, ein weiteres Zeichen dafür, daß kein Fett dabei beteiligt ist.

Auch Lecithin, Phosphatide, Sterine, alle ätherlöslich, sind bei den Mikroorganismen aufgefunden worden; sie sollen hier jedoch nur namentlich erwähnt werden, da sie bisher noch in keinen bestimmten physiologischen Zusammenhang zu bringen sind. Man faßt sie unter dem Begriff „Lipoide" zusammen. Vielleicht sind es wesentliche Bestandteile von Cytoplasma und Plasmamembran (S. 55). Unter diesen Stoffen ist das Ergosterin, ein in Hefe vorkommendes Sterin, deshalb besonders bemerkenswert, weil es nach Bestrahlung das antirhachitische Vitamin darstellt, wie von Windaus und Pohl kürzlich gezeigt wurde.

Eiweiß ist die dritte der physiologischen Stoffgruppen, die allgemein als Reservestoffe verbreitet sind; das Reserveeiweiß der Bakterien, das auch bei Pilzen, Algen usw., nicht aber bei höheren Pflanzen gefunden wurde, ist das von A. Meyer aufgefundene Volutin, das seinen Namen nach dem Auffinden in Spirillum volutans trägt. Es wurde früher zum Teil als „metachromatische Körperchen" bezeichnet und auch vielfach fälschlich als Zellkern angesprochen, von dem es sich aber z. B. dadurch unterscheidet, daß es in heißem Wasser, das den Kern fixiert, löslich ist. Sonst teilt es viele färberische Eigenschaften mit jenem, z. B. die intensive Färbung durch Methylenblau, die es aber zum Unterschied vom Kern auch in 1 vH Schwefelsäure beibehält. Es ist nach A. Meyer eine Nuclëinsäureverbindung (aber kein Nucleoproteid), nach Schuhmacher freie Nuclëinsäure. Auch hier zeigt der Verbrauch bei der Sporenbildung die Reservestoffnatur.

Über die Verbreitung des Volutins und der übrigen Reservestoffe bei einigen bekannten Bakterien möge folgende Übersicht belehren, wobei aber zu beachten ist, daß es sich jeweils nur um den hauptsächlich vorkommenden Reservestoff handelt. Geringe Mengen der anderen können überall vorkommen. Auch werden die Ernährungsverhältnisse von großem Einfluß sein.

	Kohlenhydrat	Fett	Eiweiß
Bacillus subtilis	+	—	—
„ amylobacter	+	—	—
„ mycoides	—	+	—
„ tumescens	—	+	—
Diphtheriebacillus	—	—	+
Spirillum giganteum	+	+	+
Sarcina ureae	—	—	—

Schwefel ist ein eigenartiger als Reservestoff anzusprechender Inhaltskörper zahlreicher Bakterien (siehe die systematische Übersicht S. 44 und die Physiologie S. 62). Er findet sich dann nicht in fester, sondern in zähflüssiger Form, löst sich leicht in Schwefelkohlenstoff, in angetrockneten Präparaten auch in absolutem Alkohol. Er kann zum Auskrystallisieren im monoklinen System gebracht werden. Auch hier zeigt das Verschwinden bei Hunger die Reservestoffnatur an.

Es kommt auch eine anomale Schwefelspeicherung vor, wenn Pilze, wie Aspergillus niger, auf Nährlösungen mit Natriumthiosulfat wachsen, welches zu Schwefelsäure unter Abscheidung von elementarem Schwefel oxydiert wird, wobei der Schwefel in großen Mengen in den Zellen gespeichert wird. Ob der Pilz von dieser Oxydation einen Nutzen hat wie in den S. 62 zu besprechenden Fällen, weiß man nicht.

Vakuolen. Als Vakuolen faßt man Gebilde der Zelle zusammen, die sicher zum Teil verschiedene Aufgaben erfüllen. Das Plasma der jugendlichen Zelle erscheint homogen; später kann man Differenzierungen feststellen: es treten Vakuolen auf, die sich immer weiter vergrößern, auch zusammenfließen können, so daß im extremsten Falle das Cytoplasma nur als dünner Belag gegen die Innenseite der Zellmembran gepreßt erscheint. Diese Vakuolen sind ursprünglich Hohlräume im Cytoplasma, die mit einem anderen Material erfüllt sind, meist mit wässerigem Inhalt (Zellsaftvakuolen), der anorganische und organische Salze und sonstige organische Stoffe enthält. Sie bleiben entweder in dieser Form erhalten oder verwandeln sich später in Glykogen-, Fett-, Eiweißvakuolen. Auch sie müssen gegen das Cytoplasma selbstverständlich durch eine Plasmamembran abgegrenzt sein. Es liegt kein Grund vor anzunehmen, daß dieser prinzipiell bei jeder Pflanzenzelle wiederkehrende Bau bei den Bakterien anders wäre.

Exkretstoffe. Im Verlaufe des Stoffumsatzes entstehen in jedem lebenden Organismus Abfallstoffe, deren Beseitigung notwendig ist, da ihre Beibehaltung im lebenden Plasma unnötigen Ballast bedeutete oder sogar giftig wirkte. Sie werden daher unschädlich gemacht, oft durch Ausscheidung nach außen, wie z. B. beim tierischen Stoffwechsel im Harn das aus dem Eiweißabbau entstandene Ammoniak in der Form von Harnstoff ausgeschieden wird. Wahrscheinlich werden solche Abfallstoffe auch in Vakuolen ausgeschieden, bei Mikroorganismen jedoch sicherlich häufiger nach außen: Alkohol und Kohlensäure, organische Säuren usw. sind solche Stoffe, wie wir sie bei Besprechung des Stoffumsatzes noch kennenlernen werden. Bei den Mikroorganismen können solche Stoffe, wie besonders organische Säuren, eben sehr leicht in das umgebende Medium ausgeschieden werden; bei den höheren Pflanzen dagegen ist das nicht in dem Maße möglich: Hier überwiegt denn auch die Sekretion innerhalb der Zelle. Darauf beruht zum Teil sicherlich auch die Verschiedenheit der Bedeutung des Säuren (als Stoffwechselprodukte) bindenden Calciums bei Mikroorganismen und höheren Pflanzen (S. 58). Zum Teil gehören zu solchen Exkreten bei Mikroorganismen teilweise jedenfalls auch Farbstoffe, zu deren Besprechung nunmehr übergegangen werden soll.

VII. Bau der Einzelzelle (Fortsetzung).

Farbstoffe. Leuchtbakterien.

Farbstoffe sind bei den Bakterien weit verbreitet. Man unterscheidet hier 2 Gruppen von Farbstoffen: solche, die in der Zelle ausgeschieden werden, so daß das ganze Cytoplasma gefärbt erscheint, und solche Farbstoffe, die nach außen abgeschieden bzw. erst außen gebildet werden. Diese letzten werden vornehmlich als Exkretstoffe betrachtet werden können.

Die bekanntesten der Bakterien mit Farbstoffen außerhalb der Zelle sind: Pseudomonas fluorescens, mit dem wasserlöslichen, in Äther unlöslichen Bacteriofluorescëin, einem in neutraler oder schwach saurer Lösung blau, in alkalischer grün fluoreszierenden Farbstoff. Bei festen Nährböden diffundiert der Farbstoff seiner Wasserlöslichkeit wegen in das Substrat. Diesem Bakterium sehr nahestehend, vielleicht mit ihm identisch, ist Pseudomonas pyocyaneus, das neben dem Bacteriofluorescëin das Pyocyanin enthält, einen wasser- und chloroformlöslichen blauen Farbstoff; dieses Bakterium ist der Erreger des blauen Eiters. Pseudomonas syncyaneus führt das Syncyanin, ebenfalls neben dem Bacteriofluorescëin; es ist der Erreger der blauen Milch.

Bacillus prodigiosus, das Bakterium der „blutigen Hostie", erzeugt das Prodigiosin, das in kleinen Körnchen nach außen abgeschieden wird; es ist wasserunlöslich, aber in Alkohol löslich; in Säuren ist es leuchtend rubinrot, in Alkalien kanariengelb. Die chemische Zusammensetzung aller dieser Farbstoffe ist noch ganz unbekannt.

Es gibt weiterhin eine große Anzahl von Bakterien mit gelben und orange Farbstoffen, die wahrscheinlich zu den bei den höheren Pflanzen verbreiteten Carotinoiden gehören, namentlich unter den Coccaceen. Sarcina lutea und S. aurantiaca haben den Namen von der Färbung erhalten; der gelbe Gonorrhöeerreger Micrococcus gonorrhoeae sei ebenfalls erwähnt.

Weiter kommen viele rot, braun bis schwarz gefärbte Bakterien vor, deren Farbstoff sich oft in keinem Lösungsmittel löst: solche Bakterien sind z. B. auf Käserinden häufig, deren entsprechende Verfärbung durch derartige Bakterien hervorgerufen wird. Auch bei anderen Bakterien findet sich öfters eine schwarze Färbung, wie bei Azotobacter chroococcum u. a. Zum Teil dürfte es sich hierbei um Melanine oder Huminstoffe handeln, mit denen die Membran inkrustiert ist, so daß es sich nicht um eigentliche Farbstoffe handelt. Es ist das alles noch sehr unbekannt.

Zu den im Cytoplasma gelösten Farbstoffen gehören rote und grüne Farbstoffe. Sehr viele Bakterien, die man auch zur Gruppe der Purpurbakterien zusammengefaßt hat, führen das Bacteriopurpurin, einen purpurroten Farbstoff. Er besteht nach MOLISCH aus 2 Bestandteilen, dem Bacterioerythrin, dem eigentlichen roten Farbstoff, der den Carotinoiden nahezustehen scheint, und der sich mit Alkohol extrahieren läßt; ferner dem grünen Bacteriochlorin, das aber kein Chlorophyll ist, und aus dem mit Alkohol extrahierten Material mit Schwefelkohlenstoff herausgezogen werden kann.

Den grün gefärbten Farbstoff grüner Bakterien hat man Bacterioviridin genannt; er ist vom Bacteriochlorin verschieden und ebenfalls kein Chlorophyll, wenn ihm vielleicht auch nahestehend (METZNER).

Wenn man nun nach der Bedeutung der Farbstoffe fragt, so muß man beachten, daß sie wahrscheinlich sehr heterogene Aufgaben erfüllen werden, wenn sie nicht, wie vielleicht viele der nach außen abgeschiedenen oder dort gebildeten, gar keine Funktion ausüben, sondern als Abfallstoffe, Exkrete, zu betrachten sind.

Bei den grünen und den Purpurbakterien liegt die Vermutung nahe, daß der Farbstoff zur Photosynthese verwendet wird. Bisherige Versuche haben aber noch keine Klarheit gebracht (S. 61). Doch spielt das Bacteriopurpurin bei den Purpurbakterien sicher eine Rolle als Vermittler von Lichtreizen, auf die ja diese Bakterien, wie oben erwähnt, durch Richtungsbewegungen reagieren.

Den fluorescierenden Farbstoffen hat man eine gewisse Bedeutung als Kampfstoffe zugeschrieben, da sich herausstellte, daß sie bei Belichtung stark giftig u. a. auf niedere Organismen, wie Paramäzien, wirken, eine Giftwirkung, die durch Bildung eines Peroxydes zustande kommt (NOACK).

Man hat auch weiter gefunden, daß diese Farbstoffe stark Sauerstoff absorbieren und ihn, sobald die Sauerstoffspannung der Umgebung auf Null sinkt, langsam wieder abgeben, so daß sie also bei vorübergehendem Sauerstoffmangel dem betreffenden Organismus als Sauerstoffreservoir dienen können (PFEFFER). Farblose Varietäten derselben Art zeigten diese Sauerstoffspeicherung nicht.

Viele dieser farbstoffbildenden Bakterien können leicht in farblosen Stämmen gezüchtet werden (S. 40). Neben den

S. 41 zu erwähnenden anomalen Einflüssen auf die Ausbildung farbloser Stämme sind die normalen Stoffwechselvorgänge zur Ausbildung des Farbstoffes von Bedeutung. Bac. prodigiosus bildet ohne Magnesium, ohne Eisen und ohne Zink (Bortels) keinen Farbstoff aus; der Farbstoff braucht natürlich keine Verbindung dieser Elemente zu sein, sondern seine Unterdrückung kann einfach eine Folge des gestörten allgemeinen Stoffwechsels sein. Auch der Sauerstoff ist für die Bildung der meisten Farbstoffe notwendig, von denen sicherlich viele im Verlaufe des Eiweißabbaues durch Oxydation zyklischer Gruppen entstehen (S. 114). Als letzte Vorstufe der Farbstoffbildung tritt dabei die Leukoverbindung auf, aus der durch Oxydation der Farbstoff hervorgeht. Bei Bac. prodigiosus bleibt bei Eisenmangel, d. h. Fehlen des Oxydationskatalysators (S. 96), die Bildung auf der Stufe einer solchen Leukoverbindung stehen.

Bei Pilzen sind viele Farbstoffe bekannt und zum Teil genauer erforscht als bei den Bakterien; es kann hier nicht darauf eingegangen werden; nur einiges von den in unserem Zusammenhang wichtigen Pilzen sei erwähnt. Durch gefärbte Sporen, weiß, rot, grün, braun, schwarz sind die Penicillium- und Aspergillus-Arten auffallend; doch ist über die Farbstoffe dieser Sporen noch kaum etwas bekannt. Bei Aspergillus niger mit seinen schwarzen Sporen handelt es sich sicher um Huminstoffe. Bei diesem Pilz ist Kupfer bzw. dessen Verhältnis zum Zink nach Bortels zur Bildung der schwarzen Sporen unbedingt notwendig; ohne Kupfer oder bei starkem Überwiegen von Zink werden gelbbraune Sporen gebildet; es wird dann aber bei schwacher Eisen- und reichlicher Zinkversorgung ein Farbstoff in die Lösung sezerniert, falls diese alkalisch wird, der alkalisch wasserlöslich und schön rotviolett, sauer ätherlöslich und chromgelb ist. Hier zeigt sich mit Sicherheit ein Zusammenhang mit den Vorgängen des Eiweißabbaues. Ähnliche Farbstoffe werden von den meisten höheren Pilzen in die Nährlösung ausgeschieden, von einem Organismus oft eine ganze Anzahl, je nach den Versuchsbedingungen; es ist aber noch nichts Genaueres darüber bekannt. Auf die mannigfaltigen Farbstoffe in den Hüten der höheren (in den Wäldern verbreiteten Pilze) sei durch diese kurze Erwähnung nur hingewiesen.

Viel Gemeinsames mit der Farbstoffbildung zeigt das am eingehendsten von Molisch untersuchte Leuchten von Mikroorganismen. Es sind etwa 40 Arten von Leuchtbakterien beschrieben. Die wichtigsten von unbeweglichen Arten sind Bacterium phosphoreum und B. phosphorescens, die sich morphologisch sehr nahestehen und sich nur durch gewisse physiologische Eigenschaften unterscheiden lassen. Von beweglichen Arten sei das in der Ostsee verbreitete Vibrio balticum genannt.

Leuchtbakterien sind vor allem in Meerwasser verbreitet, kommen aber auch in Süßwasser vor. Die einheimischen Arten sind kälteliebend (S. 71). Wärmeliebende Arten kommen in den Tropen vor. Spontan treten sie auf Seefischen auf (Bücklinge!) und können gewonnen werden, wenn Fische oder Fleisch in 3 vH Kochsalzlösung so hineingelegt werden, daß die Oberfläche aus der Flüssigkeit herausragt.

Die Farbe des Lichtes kann auch bei der gleichen Art etwas verschieden sein, im allgemeinen bläulich-grünlich. Die Intensität genügt zum Photographieren, auch um phototropische Krümmungen der Pflanzen auszulösen; Chlorophyllbildung findet dagegen nicht statt. Fischer in Portugal benutzen leuchtende Fische oder Fleisch als Fischköder. Die Wellenlänge des Bakterienlichtes liegt zwischen $\lambda\,570 - \lambda\,450$, also im blauen Gebiet des Spektrums.

Von äußeren Bedingungen des Leuchtens bzw. des Wachstums von Leuchtbakterien überhaupt ist vor allem die Bedeutung des Kochsalzes in einer Konzentration von etwa 3 vH, also ungefähr der Konzentration des Meerwassers, hervorzuheben. Allerdings haben Versuche erwiesen, daß diese Kochsalzwirkung nicht eigentlich chemischer Natur, sondern lediglich in der Konzentration begründet ist: Kochsalz hat man durch Salze mit anderem Anion und Kation ersetzen können.

An Nährstoffen scheinen vor allem Peptone notwendig zu sein (das Auftreten auf Fleisch und Fischen hängt damit zusammen), während Eiweiß, Aminosäuren und mineralische Stickstoffverbindungen meist nicht herangezogen werden können. Daneben ist bei einigen noch Kohlenhydrat notwendig. Chemische Beobachtungen stehen damit in Einklang: Peptone geben beim Kochen mit Kalilauge oder bei Oxydation mit Bromwasser leuchtende Verbindungen, so daß man wohl einen ähnlichen Vorgang bei den Leuchtbakterien vermuten darf. Wie bei den Farbstoffen, wird auch hier eine nicht leuchtende Vorstufe gebildet, die man als Photogen bezeichnet hat, durch dessen Oxydation der Leuchtstoff entsteht. Die Gegenwart von Sauerstoff ist also für den Eintritt des Leuchtens unbedingt erforderlich. Beschränkt man die Sauerstoffversorgung, so tritt bei Sauerstoffzufuhr momentanes Aufleuchten ein. Eine jüngst ausgesprochene Behauptung, daß bei Sauerstoffmangel das Leuchten auch durch Denitrifikation (S. 115) hervorgerufen werden könne, bedarf noch der Bestätigung.

Auch unter den Pilzen gibt es leuchtende Arten, unter den einheimischen verursacht Agaricus melleus, der Hallimasch, das Leuchten des faulen Holzes. Die tropischen Wälder zeichnen sich durch eine Fülle von Pilzen mit leuchtenden Hutkörpern aus.

Über die biologische Bedeutung des Leuchtens bei Bakterien und Pilzen weiß man noch nichts.

Bekanntlich gibt es eine große Anzahl leuchtender Tiere, vor allem Tiefseetiere, bei denen das Leuchten in besonderen Organen erfolgt. Es ist hier die Vermutung ausgesprochen worden, daß es sich dabei um ein Zusammenleben (Symbiose S. 155) von Bakterien mit dem betreffenden Tier handelt; es sind auch schon einige Leuchtbakterien aus solchen Organen gezüchtet und bei den Sepien (Tintenfischen) des Golfes von Neapel ist die Tatsache einer solchen Symbiose sichergestellt worden.

VIII. Bau des Zellverbandes.

Wachstum und Vermehrung. Makroskopisches Aussehen.

Wir wenden uns nunmehr von der Betrachtung der einzelnen erwachsenen Zelle der Bakterien zur Besprechung des Entwicklungsverlaufes. Manche, nicht alle Bakterien bilden Endosporen aus, Dauerorgane, die innerhalb der Zelle entstehen (weitere Definition der „Spore" S. 37). Wir werden sehen, daß sie als Dauerorgane besonders widerstandsfähig gegen äußere Einflüsse sind (S. 70). Nehmen wir diese Endosporen als Ausgangspunkt, so tritt zunächst durch Wasseraufnahme Quellung, dann Keimung ein; die Keimung kann verschieden verlaufen, nämlich äquatorial oder polar, was meist für die jeweilige Art charakteristisch ist. Auch ein Mittelding, schiefe Keimung, kann vorkommen. An einer solchen Spore lassen sich an der Zellmembran (eine Schleimschicht ist hier nicht ausgebildet) 2 Schichten unterscheiden; die äußere, derbe, bezeichnet man als Exine, die innere, zarte, als Intine. Die Exine bleibt nach der Keimung als leere Hülle zurück, die Intine wird die Zellmembran des aus der Spore heraustretenden Keimstäbchens. Dies Keimstäbchen wächst in die Länge und teilt sich später durch Querwände, wobei die Zellen entweder sofort auseinander fallen oder in kürzeren oder lockeren Zellverbänden zusammenbleiben. Es handelt sich aber dann niemals um echte, fest zu einem Faden verbundene Zellfäden wie bei Pilzen, sondern eben nur um einen ganz lockeren

Verband, den die geringste mechanische Wirkung auseinanderreißen kann.

Bei dem ältesten durch DE BARY genauer bekannten Bakterium, Bacillus Megatherium, entsteht z. B. zuerst eine Querwand in dem Keimstäbchen, worauf jede der beiden so entstandenen Zellen sich durch 3 weitere Querwände teilt, so daß im ganzen 8 Zellen zu einem kurzen Faden zusammenhängen, wobei an der erst entstandenen Teilungswand der Zusammenhalt besonders locker ist und die beiden Hälften des kurzen Fadens meist mit schiefer Achse zueinander stehen, was wohl dadurch zustande kommt, daß die beiden aneinandergrenzenden Hälften sich an den aneinanderstoßenden Enden abrunden, wie es nach der Trennung von Zellen allgemein bei den Bakterien der Fall ist; infolge der aktiven mit einer Rotation des Bakterienkörpers verbundenen Bewegung (S. 21) muß dann diese schiefe Stellung zustande kommen.

Bei reichlicher Nahrung kann natürlich die Teilung weitergehen, indem die beiden Hälften immer wieder auseinanderfallen und sich weiterteilen, bis schließlich doch der geschilderte Endzustand erreicht ist. Bacillus mycoides bildet sehr lange Zellfäden (daher der Name!), wobei die Dauer von Wachstum und Teilung sich ebenfalls nach der Menge der verfügbaren Nährstoffe richtet. Doch sieht man hier sehr schön, daß es sich nicht um eigentliche Zellfäden handelt: bei der geringsten Störung brechen diese Fäden an irgendeiner Querwand wie ein spröder Glasfaden auseinander. Bei Bacillus amylobacter treten stets nur Einzelzellen auf; bei anderen Arten dagegen ist das verschieden: bei dem nichtsporenbildenden Bacillus prodigiosus finden sich meist Einzelzellen, unter gewissen Bedingungen aber auch überwiegend fädiges Wachstum. Eine allgemeine Gesetzmäßigkeit läßt sich heute in dem vorwiegenden Auftreten von Einzelzellen oder Zellverbänden in ihrer Abhängigkeit von äußeren Einflüssen noch nicht erkennen.

Wachstum und Vermehrung bedeuten bei den Bakterien, wenn wir nur das Wachstum des ganzen Organismus, nicht einzelner Organe, betrachten, bis zu einem gewissen Grade denselben Vorgang: Denn jede einzelne Zelle behält, wenigstens prinzipiell, ihre Selbständigkeit; jedes Wachstum des ganzen Organismus also stellt, da es in der Regel von einer Zellteilung begleitet ist, gleichzeitig auch eine Vermehrung dar. Zugleich tritt bei den beweglichen Formen ein Vorgang ein, der für die Ausbreitung wichtig ist: Die Keimstäbchen werden beweglich, sie werden zu Schwärmern, ein Stadium, das verschieden lange dauert, und wieder, nach Abwurf oder Einziehen bzw. Einschmelzen der Geißeln, von einem unbeweglichen Stadium abgelöst wird.

Parallel mit der äußeren Entwicklung geht eine innere Differenzierung der Zelle. Das jugendliche Keimstäbchen hat homogenes Plasma; später treten Vakuolen usw. auf; endlich, wenn die Vermehrung der Zellen vor dem Abschluß steht, beginnt in jeder Zelle, jedenfalls um den Zellkern, eine Verdichtung des Plasmas; die in anderen Teilen der Zelle abgelagerten Reservestoffe werden dorthin transportiert, und diese Partie grenzt sich durch eine Membran innerhalb der alten Zelle, die somit zur Sporen- mutterzelle geworden ist, ab: auf diese Weise entstehen die Endosporen, von denen wir ausgingen, und zwar stets nur 1 in jeder Zelle, nur ganz ausnahmsweise kommen einmal 2 vor. Durch Verquellen der Zellwand der Mutterzelle werden die Endosporen schließlich frei.

Diese Endosporen seien noch etwas näher betrachtet. Sie sind vollgepfropft mit Reservestoffen zur ersten Ernährung des Keim- lings. Die derbe Exine ist manchmal noch etwas verstärkt; so trägt sie bei Bacillus asterosporus hervorragende Längs- leisten, zeigt also im Querschnitt ein sternförmiges Bild, woher der Name des Bakteriums stammt. Die Sporenmutterzellen bleiben oft unverändert bei der Bildung der Sporen, wie bei Bacillus subtilis, mycoides, anthracis u. a. Manchmal schwellen sie jedoch spindelförmig an wie bei Bacillus amylobacter; man nennt diese Form auch Clostridium. Wieder bei anderen schwillt das eine Ende scharf abgesetzt an, so daß die Form eines Trommel- schlägels entsteht, die man auch Plectridium nennt (Bacillus tetani, putrificus, Bacterium fermentationis cellu- losae). Doch gibt es natürlich viele Zwischenformen.

Wir haben den Entwicklungsgang eines sporenbildenden Bak- teriums betrachtet. Bei den nicht sporenbildenden fällt eben nur die Keimung und Bildung der Sporen, bei den unbeweglichen das Schwärmerstadium weg; sonst ist das Bild das gleiche. Es kann sogar auch bei sporenbildenden Formen in künstlicher Kultur eine Unterdrückung der Sporenbildung stattfinden, die durch geeignete Maßnahmen regeneriert werden kann; Ähnliches gilt auch für die Ausbildung der Schwärmer. Bei sporenlosen For- men kann jede vegative Zelle bis zu einem gewissen Grade selbst ein Dauerorgan bilden, wenn auch nicht in so ausgesprochenem Maße, wie das bei den Sporen der Fall ist.

Etwas anders ist das Bild von Vermehrung und Teilung bei den kugeligen Kokkenformen. Nach der Teilung erfolgt sofort eine Abrundung der Zellen; das muß zur Folge haben, daß die

Zellverbände hier noch lockerer sind. Es schiebt sich dann auch meist Schleim zwischen die Zellen, auch wenn diese in größeren Verbänden vereinigt bleiben. Weiter kommt hier noch hinzu, daß die Teilung nicht nur nach einer Richtung des Raumes (Streptokokken) erfolgen kann, wobei Ketten entstehen, in denen die Kokken perlschnurartig aneinandergereiht erscheinen, sondern auch nach 2 Richtungen, wobei tafelförmige Wuchsformen (Merismopedium)[1]) entstehen, oder endlich auch nach den 3 Richtungen des Raumes mit der Bildung paketförmiger Wuchsformen (Sarcina). Es kommt schließlich auch vor, daß die Teilungen nicht nur in senkrechten Ebenen erfolgen, sondern ganz unregelmäßig nach beliebiger Richtung, was die Entstehung unregelmäßiger, traubenförmiger Wuchsformen (Staphylokokken)[1]) bedingt.

Die Teilung der Zelle ist gewissermaßen eine Spaltung derselben; man hat deshalb auch die Bakterien als Spaltpilze (Schizomyceten) bezeichnet. Der Ausdruck ist aber nicht sehr glücklich. Denn der Sprachgebrauch versteht unter Spaltung eine Teilung in der Längsrichtung, während ja bei den Bakterien die Teilung stets quer zur Längsachse erfolgt, falls eine solche vorhanden ist. Für die Pilze sei nur erwähnt, daß das Wachstum eines Pilzfadens ebenfalls von der Bildung von Querwänden begleitet ist (soweit solche vorkommen; S. 50ff.). Der Entwicklungsgang ist hier kurz folgender: Aus einer Spore (beliebiger Natur) treiben 1 bis mehrere Keimschläuche aus, die weiterwachsen, sich teilen und reichlich verästeln. Den einzelnen Pilzfaden bezeichnet man als Hyphe, die Gesamtheit der Hyphen als Mycel. Auf Besonderheiten, soweit sie hier in Frage kommen, wie bei der Hefe, wird weiter unten (S. 51) eingegangen werden.

Makroskopisches Aussehen. Es wurde oben bei Besprechung der Züchtungsmethoden gesagt, daß man das Wachstum der Mikroorganismen bei genügender Vermehrung makroskopisch sehen kann: In Flüssigkeiten in Form von Trübungen, einem Bodensatz, einem Ring an der Gefäßwandung, oder einer für den jeweiligen Organismus verhältnismäßig charakteristisch aussehenden Kahmhaut. Auf festen Nährböden entstehen Kolonien von ganz bestimmter Farbe, Konsistenz und Struktur, was bis zu einem gewissem Grade für jede Spezies charakteristisch ist, wenn das Aussehen auch nach dem Nährboden variieren kann. Es ist hierbei von Wichtigkeit, ob die Konsistenz dünnschleimig oder dickschleimig ist, wässerig, glasig oder wachsartig, die Kolonie glatt, faltig oder konzentrisch gezont ist. Be-

---

[1]) Diese Namen für die betreffende Wuchsform sind hier erwähnt, obwohl wir sie in der systematischen Übersicht S. 44 nicht gebrauchen.

sonders auch der Rand der Kolonien ist charakteristisch: glatt, gezackt, eckig, faserig usw. Bei den oft wenig ausgeprägten morphologischen Verschiedenheiten können solche kleinen Unterschiede im makroskopischen Wachstum ein bedeutendes diagnostisches Hilfsmittel sein.

Ein besonders interessantes Kolonienwachstum zeigt Bacillus mycoides, der stets in linkswendigen Spiralen wächst; man hat auch einmal einen konstant gebliebenen rechtswendigen Stamm gefunden. Die Ursache dieses Wachstums liegt nach E. G. PRINGSHEIM in der inneren Struktur und dem Zerfallsmechanismus der Fäden, die dieses Bakterium ja in besonders ausgeprägtem Maße bildet.

Die Kolonien von Pilzen sind sehr leicht von denen der Bakterien zu unterscheiden, da sie das strahlige Wachstum der auch in die Luft wachsenden Pilzfäden, deren Ausbildung besonders am Kolonienrand deutlich ist, die Bildung der charakteristischen Luftsporen (S. 53), meist auch ihre Größe und die Schnelligkeit des Wachstums leicht erkennen lassen. Nur die Kolonien von Hefe ähneln mehr denen der Bakterien, sind aber nicht schleimig. Die Kolonien der Aktinomyceten stehen gewissermaßen zwischen denjenigen der Bakterien und Pilze: Sie sind kreisrund, von fester Konsistenz, von kreidigem Aussehen (durch Bildung der S. 49 erwähnten Luftsporen), meist oder sehr oft gefärbt und ziemlich klein.

IX. Bau des Zellverbandes (Fortsetzung).
Sporenformen. Involutionsformen. Pleomorphismus. Sexualität. Variabilität. Artbegriff.

Bei den Pilzen sind die verschiedenen Sporenformen sehr verbreitet und zum Teil überaus charakteristisch. So weit notwendig, wird unten in der systematischen Übersicht ganz kurz darauf eingegangen werden. Bei den Bakterien scheinen sie, mit Ausnahme der schon besprochenen Endosporen, mehr zurückzutreten. Ganz allgemein bezeichnet man als Spore eine exogen oder endogen entstandene von den übrigen morphologisch verschiedene Einzelzelle (die sich aber auch noch teilen kann zu mehreren Sporen oder zu einer mehrzelligen Spore), und die entweder die Aufgabe sofortiger Verbreitung und somit auch Vermehrung und Fortpflanzung hat, oder die als Dauerorgan das Leben des Organismus über ungünstige Zeiten erhalten soll. Die Spore kann dabei vegetativ oder sexuell entstanden sein; vegetativ entstandene Sporen dienen bei den Mikroorganismen, vornehmlich den Pilzen, mehr der Vermehrung und Verbreitung, wie sie denn auch in ungeheuerer Zahl produziert werden. Sexuell entstandene Sporen dienen offenbar mehr der Erhaltung der Art. Doch sind die Verhältnisse, insbesondere bei den Bakterien, noch sehr undurchsichtig.

Noch auf einen weiteren Punkt sei hier aufmerksam gemacht: Bei den Bakterien fällt ja, wie wir (S. 34) schon festgestellt haben, Wachstum und Vermehrung bis zu einem gewissen Grade zusammen, nämlich dann, wenn sofort nach der Zellteilung eine Trennung der Zellen einsetzt. Man könnte also gewissermaßen, allerdings nicht von morphologischen, aber doch von biologischen Gesichtspunkten aus diesen Vorgang als Sporenbildung bezeichnen, nur fehlt eben der morphologische Unterschied gegenüber den normalen Zellen des Organismus, der erst den Begriff der Spore schaffen würde (eine gewisse äußerliche Ähnlichkeit besteht in dieser Hinsicht mit Wachstum und Vermehrung eines Pilzes, Oidium lactis, S. 53; man hat demgemäß auch die Einzelzelle der Bakterien als „Oidien" bezeichnet).

Über etwaige sonstige Sporenformen bei Bakterien ist noch wenig bekannt. Sicher wohl kommen Chlamydosporen (Arthrosporen DE BARYs) vor. Man bezeichnet damit den Fall, daß in irgendeiner vegetativen Zelle das Protoplasma sich verdichtet, die Membran sich verdickt, und die Zelle nunmehr in einen Ruhezustand übergeht; unter günstigen Bedingungen wird sie dann zum Ausgang neuen Wachstums. Diese Sporenform ist bei Bakterien noch wenig bekannt, aber sicher weiter verbreitet, vor allem wohl unter den nichtsporenbildenden Formen. Sie findet sich z. B. in älteren Kulturen von Azotobacter chroococcum.

Ob Exosporen bei Bakterien vorkommen, d. h. solche Sporen, welche durch äußerliche Abschnürung von der Mutterzelle entstehen, und die der sofortigen Weiterverbreitung dienen, ist zweifelhaft, obwohl es z. B. von Vibrio cholerae behauptet worden ist.

Schließlich seien noch Gonidien erwähnt. Es ist das eine Sporenform, die, wie die Endosporen, innerhalb der Zelle entsteht, wobei sehr oft in einer Zelle zahlreiche kleine Sporen entstehen. Sie sind aber keine Dauersporen wie die Endosporen, sondern dienen nur der augenblicklichen Verbreitung. Sehr charakteristisch finden sich solche Gonidien bei den Chlamydobacteria (S. 47). Es wird angegeben, daß sie auch bei den eigentlichen Bakterien (Eubacteria) weitverbreitet seien und daß z. B. die „filtrierbaren Vira" (S. 12) auf solche Gonidien zurückzuführen seien. Doch ist das alles noch außerordentlich ungewiß.

Wenn die soeben erwähnten Sporenformen sich auch als Involutions-formen. normale Entwicklungszustände erweisen sollten, so kommen doch andererseits Zellformen vor, die man sicherlich als anomal bezeichnen muß, da sie jedenfalls nur anomalen Lebensbedingungen ihre Entstehung verdanken. Man gebraucht hierfür den Ausdruck Involutionsformen. Sie treten zumeist in der Form von Aufblähungen, Anschwellungen, Verzweigungen der Zellen auf und verschwinden unter normalen Verhältnissen sofort wieder. Sicher ist an ihrer Entstehung oft die starke Anhäufung von Stoffwechselprodukten, die nicht abgeleitet werden können, beteiligt.

Bei Bacterium Pasteurianum, einem Essigbakterium, wachsen die Stäbchen bei höherer Temperatur zu Fäden aus von sehr viel größerem Durchmesser als die normalen Stäbchen. Wird die Temperatur erniedrigt, so zerfallen die Fäden wieder in Stäbchen. Bei dem Choleraerreger, Vibrio cholerae, kommt es bei Überführung der Bakterien in Lösungen von geringerer Konzentration infolge starker Wasseraufnahme zu blasenförmigen Anschwellungen, die man hier als „Plasmoptyse" bezeichnet hat (s. im übrigen S. 55). Sie hat große Ähnlichkeit mit der blasenförmigen Anschwellung der Zellen von Schimmelpilzen, wenn die Nährlösung im Verlaufe des Stoffwechsels sehr sauer wird, eine für Pilze äußerst charakteristische Schädigung.

Eine besondere Art von Involutionsformen liegt vielleicht noch vor bei den Bacterioiden von Bacillus radicicola, dem stickstoffbindenden Bakterium, das in Anschwellungen (Knöllchen) der Leguminosenwurzel lebt. Es handelt sich um angeschwollene und lappig verzweigte Bakterien, wie sie gerade für das Gewebe der Knöllchen charakteristisch sind. Auch hier dürften die anomalen Lebensbedingungen das Entscheidende sein, wenn man diese Formen auch (S. 47) zur systematischen Einteilung hat heranziehen wollen.

Wenn auch die soeben besprochenen Fälle als anomal gedeutet wurden, so muß man andererseits doch berücksichtigen, Pleomor-phismus. daß auch das, was die „normale" Kultur uns zeigt, anomal ist oder doch wenigstens sein kann und wir in Wirklichkeit von den in der Natur durchlaufenen Entwicklungszuständen nicht alles vor Augen bekommen. Man mag sich auch daran erinnern, daß unsere Haustiere und Kulturpflanzen nur unter den durch den Menschen künstlich geschaffenen Kulturbedingungen entstanden und lebensfähig sind. Viele neuere Untersuchungen deuten denn auch darauf hin, daß der normalen Bakterienentwicklung vielleicht eine größere Mannigfaltigkeit zukommt, als man das bisher annehmen wollte. Es ist allerdings nicht denkbar, daß ein so weitgehender Pleomorphismus besteht, wie das von mancher Seite angegeben wird. Jedenfalls ist das alles noch zu unsicher, als daß hier eine nähere Wiedergabe notwendig oder nützlich erscheinen sollte.

Sexualität. Sicher ist dagegen eine oft sehr große Variabilität der Bakterien in morphologischen und physiologischen Merkmalen, welche bis zu einem gewissen Grade konstant bleiben können. Bevor wir uns aber mit dieser Frage beschäftigen können, müssen noch die Sexualitätsverhältnisse der Bakterien beleuchtet werden.

Heterogamie, d. h. die Verschmelzung zweier ungleichwertiger Geschlechtszellen, einer männlichen und einer weiblichen bzw. deren Kerne, wie sie bei höheren Organismen als Eizelle und Spermazelle ausgebildet sind (Oogamie), fehlt den Bakterien, soweit es sich um Oogamie handelt: Es sind bei ihnen keine differenzierten Geschlechtsorgane ausgebildet. Neuere Angaben über derartiges sind in das Reich der Phantasie zu verweisen.

Isogamie, die Vereinigung (Kopulation oder Konjugation) zweier völlig gleichartiger Geschlechtszellen oder auch Heterogamie bei morphologisch zwar nicht, physiologisch aber wohl unterscheidbaren Geschlechtszellen (etwa wie bei Mucorineen, S. 50), könnten bei Bakterien vorkommen nach Beobachtungen an Pseudomonas chromatium, Azotobacter chroococcum und Spirillen. Förster hat zuerst beobachtet, daß 2 nebeneinanderliegende Zellen sich mit je einer Ausstülpung berühren, die einen Kopulationskanal darstellen könnten. Der Beweis jedoch, daß es sich wirklich um einen Sexualakt handelt, fehlt und wäre sicher nur durch schwierige Untersuchungen zu erbringen. Man hat diesen Vorgang als Konjunktion bezeichnet, gewissermaßen, um eine vorhandene Besonderheit zu betonen oder wenigstens offen zu lassen. In Hinsicht auf die Frage der Sexualität bei den Bakterien läßt sich mit diesen Beobachtungen jedoch noch nichts anfangen.

Auch Autogamie, die Verschmelzung zweier Kerne desselben Individuums, ist von den Bakterien behauptet worden. Bei Bacillus Bütschlii soll nach der Teilung des Kernes und der Bildung der Querwand diese Querwand wieder resorbiert werden und die beiden Kerne wieder verschmelzen. Ähnliches wird von anderen Formen mitgeteilt. Auch diese Deutung ist jedoch noch durchaus unsicher, da die betreffenden Bakterien nur einmal beobachtet wurden, nicht gezüchtet werden konnten und schließlich ihre Zugehörigkeit zu den Bakterien auch noch in Zweifel gezogen werden kann.

Variabilität. Die Variabilität ist z. B. bei Bacillus prodigiosus sehr groß. Man konnte mit Leichtigkeit 14 verschiedene Stämme züchten, bei denen sich Farbe, Schleimigkeit usw. in verschiedener Weise kombinierten. Es gelingt u. a. durch Zusatz von Kupfersulfat farblose Stämme zu erzielen, die aber unter normalen Bedingungen wieder Farbe bilden. Ebenso konnten durch Sublimat farblose Stämme erhalten werden, die aber auch unter normalen Verhältnissen farblos blieben. Der Fall von Bacillus mycoides mit der spontan aufgetretenen anderswendigen Wuchsform wurde oben schon erwähnt. Bei Bacterium anthracis konnte durch Giftzusatz Verlust der Sporenbildung erzielt werden usw. Ähnliche Beispiele ließen sich in unzähligen Mengen anführen.

Wenn man derartige Beobachtungen vererbungstheoretisch richtig auffassen will, so stehen dem die unbekannten Verhältnisse bei den Bakterien im Wege. Wenn tatsächlich die obenerwähnte Konjunktion einen Sexualakt darstellt, müßte eine Kombination und ein Wiederentmischen der Elterneigenschaften stattfinden in ähnlicher Weise, wie man es bei den höheren Organismen an der Hand der MENDELschen Vererbungsregeln festgestellt hat. Es wäre dann möglich, daß man bei Einzelkulturen, die selbstverständlich für das Studium dieser Fragen unerläßlich sind, Homozygoten, die konstant blieben, und Heterozygoten, die aufspalten, gewinnen könnte, womit dann wenigstens eine Ursache der Variabilität festgestellt wäre. Man spricht oft von Mutationen bei Bakterien, eine Bezeichnung, die durch nichts gerechtfertigt ist; denn Mutation bedeutet eine sprunghaft entstandene vererbbare Änderung der Erbsubstanz (des Genotypus). Wie man sieht, läßt sich darüber aber bei den Bakterien gar nichts aussagen, weil man eben nicht weiß, ob bei den Bakterien eine wirkliche, d. h. über einen Sexualvorgang geleitete Vererbung vorkommt.

In vielen Fällen dagegen hat man es bei der Variabilität der Bakterien einfach mit Modifikationen zu tun, d. h., mit durch Außenbedingungen bewirkten Änderungen (des Phänotypus), die im allgemeinen nur so lange erhalten bleiben, wie die veränderten Außenbedingungen einwirken, wie im obigen Beispiel des Kupfersulfates bei Bac. prodigiosus, des Kupfers bei Aspergillus niger (S. 31), ohne weiteres klar ist. Es kommt vor, daß solche Modifikationen als Dauermodifikationen erscheinen, indem die äußere Einwirkung auch nach dem unmittelbaren Aufhören noch längere Zeit nachwirkt. Hierher gehört wohl sicher ein Teil der oben geschilderten und ähnlicher Erscheinungen. Falls keine Sexualität bei den Bakterien vorkommt, könnten überhaupt nur Modifikationen in Frage kommen, denn wenn auch „vegetative Mutationen" vorkommen können, so hätten wir beim Fehlen der Sexualität gar keine Möglichkeit, das festzustellen, weil sich eben Mutationen erst durch das Konstantbleiben über den Sexualvorgang als solche dokumentieren.

Artbegriff. Es ist aber möglich, daß wir vererbungstheoretisch die Bakterien ganz anders bewerten müssen wie die höheren Organismen. Im Zusammenhang damit steht, daß auch der Artbegriff bei den Bakterien außerordentlich unbestimmt ist. Das, was man bei den höheren Pflanzen als „Art" bezeichnet, ist ein Sammelbegriff für eine Anzahl kleinerer Einheiten, die durch gegenseitige Kreuzungen ineinander übergehen und so eine große Art von bestimmter Variationsbreite bilden. Falls Sexualität bei den Bakterien fehlt, würden also hier auch keine Arten im Sinne der höheren Pflanzen vorkommen können. Wenn es lediglich vegetative Vermehrung bei den Bakterien gibt, würden nur Klone vorkommen können wie bei nur vegetativ vermehrten höheren Pflanzen (Kartoffel), die sich vielleicht zu einigen größeren Reihen mit gemeinsamen Merkmalen gruppieren ließen. Aber auch hier fehlt noch jede sichere Grundlage. Auf jeden Fall ist eines klar, daß man mit der Verwendung sonst üblicher Vorstellungen bei den Bakterien außerordentlich vorsichtig sein muß, da man gar nicht weiß, ob sie hier zu Recht bestehen.

X. Systematik.

*Allgemeine Übersicht. Abstammung. Spezielle Systematik:
Eubacteria. Mycobacteria.*

Allgemeine Übersicht. Die für unsere Betrachtung in Frage kommenden Mikroorganismen gehören zu folgenden Gruppen:

A. Eubacteria.
B. Mycobacteria.
C. Chlamydobacteria.
D. Beggiatoae.
E. Actinomycetes (Strahlenpilze).
F. Polyangiden (Myxobacteria).
G. Myxomycetes (Schleimpilze).
H. Phycomycetes (Algenpilze).
I. Eumycetes (Fadenpilze).

Abstammung. Unter diesen Gruppen finden wir als Eubacteria diejenige, welche die eigentlichen Bakterien umfaßt, während der Begriff Bakterien oft weiter gefaßt wird. Die Gruppen B—D und F werden oft ebenfalls noch als Bakterien bezeichnet, was noch für Gruppe B gelten kann; die übrigen dagegen stehen sicher verwandtschaftlich weit von den eigentlichen Bakterien ab, am nächsten steht ihnen von diesen vielleicht noch Gruppe C. Wie ist nun die Verwandtschaft mit den höheren Pflanzen zu denken?

Für Phykomyceten und Eumyceten kann als sehr wahrscheinlich gelten, daß sie von gewissen Algen (Siphoneen bzw. Rhodophyceen) abstammen. Durch Aufgabe ihrer selbständigen Lebensweise wären sie morphologisch reduziert worden, wie man es auch bei parasitierenden Tieren und höheren Pflanzen findet. Über die Verwandtschaftsverhältnisse der übrigen Gruppen dagegen herrscht noch keine Klarheit.

Was insbesondere die Eubacteria betrifft, so werden sie von einigen an die untere gemeinsame Schwelle des Tier- und Pflanzenreiches gestellt, indem man sie als ganz primitive Organismen betrachtet. Man glaubt z. B. die chemosynthetisch (S. 62) arbeitenden Formen unter ihnen als Vertreter des ältesten Stoffwechseltypus betrachten zu müssen, als Relikte aus Zeiten, in denen noch kein Chlorophyll durch den lebenden Organismus „entdeckt“ war und die Verarbeitung der Kohlensäure auf solch „ursprünglicherem“ Wege erfolgt sein soll, welche Anschauung aber durchaus anfechtbar ist.

Eine andere Anschauung (von A. MEYER) leitet die Eubacteria, wohl mit mehr Recht, von den Eumyceten ab, und zwar von den Ascomyceten, von denen sie sich in einem frühen Entwicklungsstadium getrennt hätten, wobei eine weitere Reduktion der morphologischen Erscheinung eingetreten sei. Man setzt dabei die Endosporen der Bakterien mit den Ascussporen der Ascomyceten in Parallele. Als Ascus bezeichnet man bei diesen Pilzen schlauchförmige, meist 8 Sporen im Innern führende Zellen, die meist zu mehreren zu einem Fruchtkörper von bestimmtem Bau vereinigt sind (nicht bei den Hefen, bei diesen bildet jede Einzelzelle einen Ascus). Der Ascus mit seinen Sporen ist das Produkt eines Sexualaktes. Eubacteria und Ascomyceten zeigen ja auch im chemischen Aufbau (Glykogen, Volutin usw.) und im physiologischen Verhalten viel Gemeinschaftliches. Man könnte fast in den Hefen (Saccharomyceten), bei denen jede isolierte Einzelzelle einen Ascus bilden kann, wie auch jede isolierte Bakterienzelle die Mutterzelle einer Endospore sein kann, eine gewisse Mittelstellung sehen, wobei aber unter keinen Umständen ohne weiteres angenommen werden darf, daß tatsächlich der Entwicklungsgang so verlaufen ist.

Die übrigen Gruppen schließen sich sicher zum Teil an verschiedene Gruppen des Pflanzenreiches an, worauf weiter unten jeweils noch kurz hingewiesen werden soll. Alle aber sind zu einer großen physiologischen Einheit verbunden durch das Fehlen der selbständigen Ernährung (oder, wenn eine solche vorkommt, durch die chemosynthetische Form derselben). Gerade durch derartige gemeinsame physiologische Eigenschaften können sich auch, als Konvergenzerscheinung, die morphologischen Eigenschaften einander genähert haben, woraus die Schwierigkeit einer natürlichen Gruppierung nach morphologischen Gesichtspunkten erhellt.

A. Eubacteria.

Spezielle Systematik. Eubacteria. Die Eubacteria sind Einzelzellen, lockere Kolonien oder lockere, zum Zerfall neigende Fäden. Endosporen sind vorhanden oder fehlen. Geißeln sind vorhanden oder fehlen. Einige führen Bacteriopurpurin oder Schwefel oder beides.

Die Systematik der Bakterien ist das unerfreulichste, was es auf dem Gebiet der Bakteriologie gibt. Bei den geringen morphologischen Unterschieden basiert die Einteilung auf ganz äußerlichen Merkmalen oder auf physiologischen Merkmalen, welche dazu gänzlich unbrauchbar sind. Es gibt infolgedessen kein auch nur einigermaßen befriedigendes oder gar als richtig anzusprechendes System der Bakterien, was natürlich auch für die folgende Übersicht gilt[1]). Es ist hierbei vor allem keine Abtrennung der Bacteriopurpurin oder Schwefel führenden Formen erfolgt, die meist zu besonderen Untergruppen zusammengefaßt werden; jedoch handelt es sich um systematisch nicht verwertbare Merkmale.

1. Coccaceae. Kugelförmige Einzelzellen in verschiedener Anordnung; meist ohne Endosporen, die nur sehr selten vorkommen, mit und ohne Geißeln.

a) Streptococcus. Teilung nach einer Richtung des Raumes, so daß perlschnurartige Ketten entstehen.

Str. mesenterioides, Froschlaichbakterium (S. 16).

Str. pyogenes kommt in Milch vor und tritt oft stark pathogen auf; er sowie andere Streptokokken sind die hauptsächlichsten Erreger von Wund- und Wochenbettfieber.

b) Micrococcus. Teilung regelmäßig oder unregelmäßig nach zwei Richtungen des Raumes, so daß bei regelmäßiger Teilung Täfelchen entstehen.

M. pyogenes ist der eigentliche Eitererreger.

M. gonorrhoeae, Erreger der Gonorrhoe.

M. thiophysa (Thiophysa volutans) ist ein großes farbloses marines Schwefelbakterium (die Einzelzelle hat 7—18 μ

---

[1]) Im wesentlichen nach Miehe: Bakterien. Handwörterbuch d. Naturwiss., Bd. 1.

Durchmesser). Unter den Mikrokokken finden sich viele Farbstoffbildner: die beiden erstgenannten sind gelb, andere rot, blau.

c) Sarcina. Teilung nach drei Richtungen des Raumes, so daß paketförmige Gebilde entstehen. Auch hierunter viele Farbstoffbildner, so

S. aurantiaca, orange, in der Luft.

S. lutea, gelb, in der Luft.

d) Azotobacter chroococcum kann in allen diesen Formen auftreten. Er ist das wichtigste, frei lebende, stickstoffbindende Bakterium (S. 67); die Kolonien werden im Alter schwarz (S. 17).

2. Bacteriaceae. Einzelzelle ein Stäbchen. Teilung nur nach einer Richtung des Raumes. Oft zerbrechliche Fäden.

a) Bacterium. Begeißelung nicht bekannt.

B. acidi lactici (= lactis aërogenes), gasbildendes Milchsäurebakterium (S. 128).

B. Güntheri (= Streptococcus lactis acidi), Milchsäurebakterium, kein Gas bildend (S. 128).

B. aceti, xylinum u. a., Essigbakterien (S. 107).

B. pediculatum, mit einseitig gerichteter Schleimbildung (S. 16).

B. phosphoreum und phosphorescens, Leuchtbakterien (S. 31).

Die bisher genannten Bakteriumarten ohne Sporen.

B. anthracis, Milzbranderreger, Sporen in unveränderten Mutterzellen.

B. fermentationis cellulosae, Bakterium der Methan- und Wasserstoffgärung der Cellulose. Sporenmutterzellen der Plectridium-Form (S. 35).

B. Nitrobacter, autotrophes, Nitrit zu Nitrat oxydierendes Bakterium (S. 62).

b) Bacillus. Peritriche Begeißelung.

α) Ohne Sporen bzw. diese nicht bekannt.

B. vulgaris (= Proteus vulgaris), vielgestaltiges (daher der Name Proteus) Bakterium der Eiweißzersetzung.

B. coli, Kolibacillus, Leitform des verunreinigten Wassers, Darmbewohner.

B. typhi, Erreger des Typhus.

B. prodigiosus mit Prodigiosin (S. 29), Bakterium der „blutigen Hostie".

B. radicicola, in Symbiose mit den Wurzeln von Leguminosen Stickstoff bindend (S. 67).

β) Sporenmutterzellen unverändert.

B. pycnoticus lebt fakultativ autotroph und oxydiert dann Wasserstoff (S. 63).

B. subtilis, Heubacillus, auf Heudekokt als Kahmhaut auftretend.

B. mycoides, durch lange Zellfäden und spiraliges Kolonienwachstum bemerkenswert.

B. mesentericus, Kartoffelbacillus, sehr variable Gruppe.

B. tumescens und Megatherium, große Formen, auf abgekochten Möhren leicht auftretend.

Alle unter *β*) genannten Formen außer pycnoticus sind überall verbreitete und typische, die letzten Phasen des Eiweißabbaus durchführende aërobe Erdbakterien.

γ) Clostridium-Form der Sporenmutterzellen.

B. asterosporus, fakultativ anaërob in Erde; Sporenexine mit hervorragenden Leisten.

B. amylobacter, wichtigster Buttersäurebildner, wichtiges in Erde frei lebendes, stickstoffbindendes Bakterium, streng anaërob, führt Iogen, verursacht die Naßfäule der Kartoffel, spielt bei der Flachröste eine Rolle als Pektinzersetzer.

B. probatus, verbreitetster und wichtigster Harnstoffzersetzer.

δ) Plectridium-Form der Sporenmutterzellen.

B. putrificus, wichtigster, streng anaërober Eiweißzersetzer (Bakterium der Leichenfäulnis).

B. tetani, Erreger des Wundstarrkrampfes, fakultativ anaërob, stellenweise in mit Pferdemist verunreinigter Erde sehr häufig.

B. calfactor, thermophiles, in sich selbst erhitzendem Heu vorkommendes Bakterium.

c) Pseudomonas. Geißeln monopolar, Sporen nicht bekannt.

Ps. fluorescens, in Wasser, führt Bacteriofluorescëin. Der von Medizinern meist hinzugesetzte Beiname liquefaciens deutet auf seine eiweißlösenden, Gelatine verflüssigenden Eigenschaften.

Ps. pyocyaneus führt Pyocyanin + Fluorescëin (S. 29). Auch pathogen.

Ps. chromatium (Chromatium Okenii), bekanntes Purpurbakterium, das Schwefelwasserstoff oxydiert und Schwefel speichert.

Ps. thiooxydans autotrophes schwefeloxydierendes Bakterium des Ackerbodens.

Nitrosomonas europaeus und javanensis, autotrophe, Ammoniak zu Nitrit oxydierende Bakterien.

3. **Spirillaceen**, polare Begeißelung, keine Sporen, Zellen korkzieherartig gewunden.

a) **Vibrio**. Nur $^1/_2$ Schraubenumlauf, eine polare Geißel.

V. **balticum**, Leuchtbakterium der Ostsee.

V. **cholerae**, Erreger der asiatischen Cholera.

b) **Spirillum**. Mehrere Schraubengänge, bipolarer Geißelschopf.

Sp. **volutans**, in Sumpfwasser verbreitet, von ihm der Name Volutin (S. 27).

Sp. **rubrum**, mit Bacteriopurpurin, sehr lang (S. 11). Ebenso Sp. **jenense**.

Sp. **thiospirillum**, mit Bacteriopurpurin und Schwefel.

Sp. **desulfuricans**, kleines, anaërobes Bakterium des Süßwassers, das Schwefelwasserstoff aus Sulfaten bildet.

Sp. **aestuaria**, die entsprechende Form des Meerwassers.

Spirillen sind in Sumpfwasser und anderen, mit organischen Stoffen verunreinigten Flüssigkeiten sehr häufig, z. B. auf Schweinejauche, die kurze Zeit an der Luft gestanden hat.

B. Mycobacteria.

Unregelmäßige, zum Teil verzweigte Stäbchen; kein eigentlicher Kettenwuchs. *Mycobacteria.*

a) **Mycobacterium**, Stäbchen gekrümmt, selten gerade, bei Teilungen seitlich ausweichend. Viele Arten kommen auf Dünger vor.

M. **tuberculosis**, Erreger der Tuberkulose.

b) **Corynebacterium**, von keulen- oder hantelförmiger Gestalt.

C. **mallëi**, Erreger des Rotzes.

Auch Bacillus **radicicola** wird von einigen in diese Gruppe gestellt wegen der „Bacterioiden", d. h. unregelmäßiger, keuliger oder lappiger Zellen, wie sie im Knöllchengewebe der Leguminosen, aber auch zum Teil in Kultur auftreten, und die andere als „Involutionsformen" auffassen. Möglicherweise sind alle in diese Gruppe gestellten Formen „Involutionsformen". Jedenfalls ist die Berechtigung dieser Gruppe besonders unsicher.

XI. Systematik (Fortsetzung).

Chlamydobacteria. Beggiatoae. Actinomycetes. Polyangiden.
Myxomycetes. Phycomycetes. Eumycetes.

C. Chlamydobacteria.

Einzelzellen zu Fäden verbunden bleibend durch eine sie gemeinsam umhüllende Scheide. Unverzweigt oder mit falschen *Chlamydobacteria.* Verzweigungen, d. h. in einer durch lebhafte Zellteilung sich auszeichnenden Zone des Zellfadens wird durch die auftretende Spannung eine Zelle oder ein Fadenstück seitlich aus dem Verband herausgedrängt und wächst zu einen Seitenzweig aus, der locker an den Mutterfaden angelehnt bleibt. Vermehrung durch herausgestoßene, begeißelte Einzelzellen, die sich vorher noch mehrfach teilen können (Gonidien), auch durch ganze abgestoßene Fadenstücke (Hormogonien). Vorkommen in Wasser: frei oder festsitzend.

1. Ohne besonders bemerkenswerte Inhaltsstoffe.

Cladothrix dichotoma, verzweigt, der Name rührt von der dichotomen Verzweigung.

2. Membran mit Eisen- oder Manganeinlagerung, die von der Oxydation von Ferro- und Manganoverbindungen (S. 63) herrührt, und die so groß sein kann, daß die inkrustierte Scheide den Durchmesser des Zellfadens um ein Vielfaches übertrifft.

Leptothrix ochracea und Crenothrix polyspora, unverzweigt.

Clonothrix fusca, verzweigt.

Spirophyllum ferrugineum, schraubig gedreht.

Gallionella ferruginea, schraubig gedreht und in der Mitte zurückgebogen.

3. Mit Schwefel als Zellinhalt (Verarbeitung von Schwefelwasserstoff, S. 62).

Thiothrix mit knieförmig gebogener Basis festsitzend. Vermehrung durch abgestoßene Fadenstücke. Es ist sehr unsicher, in welche Verwandtschaft die Formen dieser vielleicht ganz uneinheitlichen Gruppe gehören. Die letztgenannte zeigt mancherlei Anklänge an die Cyanophyceen.

D. Beggiatoae.

Beggiatoae. Festverbundene Zellfäden von geringerem oder größerem Durchmesser, die Kriechbewegungen ausführen können. Schwefel als Inhaltsstoff führend. Sie können fast mit Sicherheit als farblose Cyanophyceen betrachtet werden. Sie bilden auf dem schwarzen Schwefeleisenschlamm am Grunde von Gewässern weiße, spinnenwebartige Überzüge.

Beggiatoa mirabilis, sehr große Form von einem Zelldurchmesser bis zu 50 μ, die im Meerwasser (Kieler Bucht) und stellenweise im Salzwasser des Binnenlandes (Solgraben von Artern) vorkommt.

B. alba, kleinere, im Süßwasser verbreitete Form mit einem Zelldurchmesser von nur 2,5—3,0 μ.

E. Actinomycetes.

Sie haben echte, reich verzweigte, aber sehr dünne (1 μ Dicke) Actinomy-
cetes.
Zellfäden ohne Querwände. An den Enden von bischofstab-
förmig gekrümmten Hyphen bilden sich in der Luft Luftsporen,
wodurch die Kolonien das charakteristische kreidige Aussehen
erhalten. Dabei gliedert sich der Zellinhalt der Hyphe ohne eigentliche Teilung in einzelne Teilstücke, die sich abrunden und später
frei werden. Eine weitere, merkwürdige Sporenform sind die Vier-
hyphensporen, die möglicherweise einem Sexualakt ihre Entstehung verdanken: Das Ende einer Hyphe biegt sich leicht zur
Seite und treibt an der konvexen Seite zwei kurze Seitenhyphen,
die zusammen mit der das Wachstum einstellenden Hyphenspitze
und dem basalen Teiles der Hyphe ein sich durch Verdickung
auf das Doppelte der Hyphe zur Spore umwandelndes Hyphenstück
einschließen.

Die Kolonien sind sehr fest und mit dem Substrat verwachsen;
sie sind sehr oft lebhaft gefärbt. Strahlenpilze finden sich überall
im Erdboden usw. Viele kommen als Erreger von Strahlenpilz-
erkrankungen (Actinomykosen) bei Menschen und Tieren in Betracht, wobei sie im erkrankten Gewebe charakteristische Drusen
bilden; von einer Hyphenform in diesen Drusen, die mit Strahlen
verglichen wurde, führen sie den Namen. Die pathogenen Arten
wachsen anaërob, die gewöhnlichen, aus Erdboden zu züchtenden
aërob. Die Artunterscheidung ist äußerst schwierig und unsicher, weshalb keine Einzelarten hier angeführt sind.

Bei den Knöllchen der Erle, von Elaeagnus und Myrica
sollen Strahlenpilze den einen Symbionten darstellen.

Die Verwandtschaftsverhältnisse der Strahlenpilze sind durch-
aus unsicher. Man könnte annehmen, daß sie weiter reduzierte
Phycomyceten darstellen wie die Eubacteria weiter reduzierte
Ascomyceten.

F. Polyangiden.

Diese Gruppe hieß früher Myxobacteria und erhielt den Polyan-
giden.
neuen Namen, weil keinerlei Verwandtschaft zu den Bakterien
bestehen soll. Ob allerdings eine solche zu den Cyanophyceen
besteht, wie man annimmt, dürfte ebenfalls zweifelhaft sein. Auch
eine Verwandtschaft mit den Myxomyceten erscheint völlig
zweifelhaft.

Diese Organismen finden sich auf Mist von Pflanzenfressern
oder auf faulem Holz und bilden bis zu 1 mm große, oft gestielte
und bäumchenförmig verzweigte, meist lebhaft (vorwiegend gelb
und orange) gefärbte Fruchtkörper, in denen, oft in regel-

mäßig umgrenzten Cysten, runde oder längliche Sporen von meist nur kaum 1 μ Durchmesser liegen, die bei der Keimung zu längeren 1 μ und darunter dicken und 5—15 μ langen Stäbchen auskeimen und als Schwarm weiterkriechen, wobei die langsame Bewegung durch die rückwärtige Ausscheidung von Schleim hervorgerufen wird. Unter geeigneten Bedingungen werden wieder Fruchtkörper und Sporen gebildet.

G. Myxomycetes.

Myxo-
mycetes.
Die Myxomycetes oder Schleimpilze haben ihren Namen daher, daß sie im vegetativen Zustande nackte, vielkernige Protoplasmamassen bilden, die auf faulenden Blättern, Holz, Gerberlohe u. dgl. vorkommen. Sie sind oft lebhaft gefärbt. Diese Plasmodien entstehen durch Vereinigung zahlreicher Einzelzellen, die ebenfalls nackt sind und wie tierische Amöben aussehen. Aus dem Plasmodium entwickeln sich Fruchtkörper, in denen Sporenbildung stattfindet, indem jeder Kern samt dem umgebenden Protoplasma sich mit einer Membran abgrenzt. Aus jeder dieser Sporen entsteht eine mit einer Geißel versehene Schwärmspore, die bald durch Einziehen der Geißel zur Amöbe wird. Durch Verschmelzung der Amöben entsteht wieder das Plasmodium.

Diese Mikroorganismengruppe zeigt mit ihrem Amöbenstadium und der Plasmodiumbildung große Anklänge an tierische Verhältnisse. Sie ist dadurch auch völlig von den Myxobacteria verschieden, bei denen niemals derartiges eintritt. Rein biologisch haben aber beide Gruppen durch Färbung, Fruchtkörperbildung, Vorkommen große Ähnlichkeit. Beider Bedeutung in der Natur tritt allerdings quantitativ sehr zurück.

H. Phycomycetes.

Phyco-
mycetes.
Die Phycomycetes, die eine große Hauptgruppe der Pilze, hat stets querwandloses Mycel; nur bei der Fruktifikation wird das Fruktifikationsorgan durch eine Querwand abgegrenzt. Wichtig in unserem Zusammenhang ist die Ordnung der Zygomycetes mit der Familie der Mucorineen. Charakteristisch ist die sexuelle Fortpflanzung, wobei die durch je eine Querwand abgegrenzten Enden zweier Hyphen zu einer Zygote (Zygospore) verschmelzen. Eine morphologische Differenzierung in männliche und weibliche Individuen, wie bei der Ordnung der Oomycetes, läßt sich dabei nicht erkennen, wohl aber physiologisch nachweisen, indem nur dann Zygosporen gebildet werden, wenn die entsprechen-

den Mycelien aufeinander treffen. Man bezeichnet diese als +
und — Stämme, Die Zygosporen keimen mit Keimschlauch aus.

Die vegetative Vermehrung geschieht durch Sporen, die in
Sporangien erzeugt werden: Das Ende kugelig angeschwollener
Hyphen wird durch eine Querwand abgegrenzt; in dem ab-
gegrenzten Teil werden dann zahlreiche unbewegliche Sporen
gebildet, die durch Aufquellen der Substanz zwischen den Sporen
und Platzen oder Verquellen der Sporangiumwand frei werden.
Bei Mucor wölbt sich die Querwand kegelförmig in das Sporan-
gium als Columella hinein, bei Rhizopus verbreitert sie sich
nur zu einem flach gewölbten Gebilde. Arten der beiden genannten
Gattungen stellen sich leicht auf nicht allzu feucht gehaltenem
Brot ein. Sie sind an dem schneeweißen, spinnewebartig in die
Luft wachsenden Mycel und den schwarzen Sporangienköpfchen
leicht zu erkennen.

Eine ganze Anzahl Arten sind gärungsphysiologisch wichtig
durch Bildung von Alkohol, Verzuckerung von Stärke, Bildung
organischer Säuren, wie Mucor javanicus u. a.

I. Eumycetes.

Unter den Eumycetes haben nur gewisse Ascomycetes
an dieser Stelle ein größeres Interesse (während von Basidiomycetes hier abgesehen sei); in erster Linie ist es die Ordnung
der

Saccharomycetes, Hefepilze. Sie haben kein eigentliches
Mycel; höchstens können die Zellen zu lockeren, unregelmäßigen
Ketten zusammen bleiben. Die vegetative Vermehrung geschieht
meist durch Sprossung. Der Sexualvorgang ist etwas verschieden;
stets jedoch ist der Ascus frei, nicht in einem Fruchtkörper irgendwelcher Art eingeschlossen. Er führt 2, 4 oder 8 Sporen.

1. Schizosaccharomycetes. Nur in dieser Familie findet
die vegetative Vermehrung durch Teilung statt, ähnlich wie bei
den Bakterien. Vor der Ascusbildung kopulieren 2 Zellen mittels
langer Schläuche (isogame Kopulation).

Schizosccharomyces Pombe, Pombehefe, die Hefe des
ostafrikanischen Negerbieres, das aus Hirse hergestellt wird.

2. Zygosaccharomycetes. Die vegetative Vermehrung
findet durch Sprossung statt: An der eiförmigen Mutterzelle erscheint an einem Pol eine kleine Knospe, die sich vergrößert, bis
sie die Größe der Mutterzelle erreicht hat. Das kann sich mehrmals
wiederholen, so daß bei ungestörter Lage bäumchenartige Kolonien, sog. Sproßverbände, entstehen, die bei geringer Er-

Eumycetes.

schütterung leicht auseinanderfallen. Auch hier tritt vor der Ascusbildung isogame Kopulation vermittels langer Schläuche ein.

3. **Eusaccharomycetes.** Ebenfalls mit Sprossung. Die Ascusbildung erfolgt ohne vorherige Kopulation; doch tritt vor der durch Aussprossen erfolgenden Keimung der Sporen noch im Ascus bei manchen Arten eine Kopulation zweier Sporen unter Bildung je eines schnabelförmigen Kopulationskanals ein.

Saccharomyces cerevisiae, Bierhefe.

Hefe Saaz und Hefe Frohberg, untergärige Bierhefen, als Beispiele industrieller Hefen.

S. Pastorianus und ellipsoideus, sog. wilde Hefen.

Willia anomala bildet Fruchtäther.

An die Hefen schließen sich noch eine Anzahl Formen von zweifelhafter Verwandtschaft an. Es sind das ebenfalls Sproßpilze, aber ohne Sporenbildung. Torula bildet kugelige Zellen; viele Arten führen Farbstoff; vor allem sind rötliche Arten sehr häufig. Mycoderma hat längliche Zellen und wächst auf der Oberfläche von Flüssigkeiten (z. B. von Bier, dessen Alkohol von dem Pilz oxydiert wird) in ausgesprochenen Kahmhäuten; man spricht daher auch von Kahmhefen.

In der Natur finden sich die Hefen überall, wo zuckerhaltiges Material vorhanden ist, auf süßen Früchten, in Saftflüssen, in Blütennektarien usw. Diesen letztgenannten Standort charakterisieren besondere Formen wie vornehmlich Anthomyces Reukauffii mit ihrer typischen Eindeckerform, die aber nur unter den Bedingungen des Nektars (hohe Zucker- bei geringer Stickstoffkonzentration) ausgebildet wird. Sie wird durch Bienen mit dem Rüssel weiter verschleppt. Auch bei den übrigen Hefen spielt sicher die Verbreitung durch Insekten eine gewisse Rolle. Fehlen Früchte usw., die man auch als primäre Brutstätten bezeichnet hat, so finden sie sich im Erdboden (sekundäre Brutstätte), aus dem sie sich auch mit Leichtigkeit züchten lassen (man braucht dazu nur sterilen Most mit etwas Erde zu beimpfen) und in dem sie, vielleicht zum Teil in Form der Ascussporen, lange am Leben bleiben können. Bei Bier- und Weinbereitung kann die Vermehrung der alkoholbildenden Hefen durch die natürliche Infektion der Früchte, der diese ja vom Erdboden her ausgesetzt sind, erfolgen; jedoch verwendet man jetzt ausschließlich gewisse, rein gezüchtete Rassen von hoher Leistungsfähigkeit, die in Reinkultur der Bierwürze oder dem Most zugesetzt werden und somit eine schnelle Durchführung der Gärung ermöglichen.

Man hat sich lange gestritten, ob die Hefe nur ein Entwicklungsstadium eines anderen (Faden-) Pilzes ist oder, wie jetzt sicher ist, ein selbständiger Organismus. Tatsächlich sprossen eine ganze Anzahl von Pilzen (Brandpilze, Dematium pullulans u. a.) in Nährlösung ganz wie Hefe, was aber ein anomaler Zustand ist. Bei der Hefe ist dieser Zustand eben offenbar normal geworden.

Plectascineae sind eine Ordnung der Ascomyceten, bei denen die Asci in geschlossenen Ascusfrüchten sitzen. Zu ihnen gehören die bekanntesten und gärungsphysiologisch wichtigen Schimmelpilze. Bei den unten erwähnten Arten treten die Ascusfrüchte in gewöhnlicher Kultur allerdings nie auf. Ihre Vermehrung geschieht durch eine überreiche Produktion von vegetativ und exogen erzeugten Sporen von meist lebhafter Farbe, den Konidien, die auf besonderen Trägern, den Konidienträgern, reihenweise abgeschnürt werden. Die unmittelbar die Sporen abschnürenden Zellen sind von etwa flaschenförmiger Gestalt und werden Sterigmen genannt.

Aspergillus. Die Gattung hat köpfchenförmige, ungeteilte Konidienträger. A. niger mit schwarzen Sporen bildet organische Säuren (Glukon-, Citronen-, Oxalsäure) aus Zucker (S. 102), A. fumaricus Fumarsäure. A. oryzae wird zum Verzuckern von Stärke in Ostasien verwendet.

Penicillium mit quirlig verzweigten Konidienträgern. P. crustaceum, der bekannte grüne Pinselschimmel, hat ähnlichen Stoffwechsel wie Asp. niger. P. brevicaule ist bekannt durch die Bildung von Arsenwasserstoff aus Arsenverbindungen (S. 137).

Von weiteren Vertretern seien noch erwähnt: Citromyces Pfefferianus und glaber als Citronensäurebildner, Allescheria Gayoni als Alkoholbildner.

Angeschlossen sei hier noch der bei der Verarbeitung von Milchprodukten wichtige Milchschimmel Oidium lactis, wiewohl seine verwandtschaftliche Stellung ganz unsicher ist. Seine Vermehrung ist äußerst primitiv: Sie geschieht einfach und nur durch Zerfall der Pilzfäden in die einzelnen Zellen. Man hat daher auch nach diesem Pilz derartig gebildete Sporen allgemein als Oidiosporen bezeichnet. Auf sauer gewordener Milch, die längere Zeit steht, bildet er den bekannten schneeweißen Schimmelrasen (s. weiter S. 76).

XII. Baustoffwechsel.

Aufnahme und Bedeutung der Nährstoffe. (Definition des Stoffwechsels. Aufnahme der Nahrung. Mineralstoffe [Gesamtheit, Phosphor, Kalium, Natrium]).

Der Stoffwechsel, der fortwährende Umsatz der Nahrung, ist das besondere Charakteristikum der in voller Lebenstätigkeit stehenden Zelle. Es gehen dabei stets 2 Vorgänge nebeneinander Definition des Stoffwechsels.

her, ohne daß man heute sagen kann, wieweit sie unmittelbar
zusammenhängen: Ein Teil der aufgenommenen Nahrung wird
von dem Organismus zu den organischen Stoffen verarbeitet,
aus denen er seine Zellbestandteile aufbaut; Wachstum und Vermehrung sind die äußerlich sichtbaren Erscheinungsformen dieses
Stoffwechsels, den man als Baustoffwechsel bezeichnet.
Daneben geht die andere Art des Stoffwechsels einher, der
Betriebsstoffwechsel: Es werden dauernd Stoffe in der Zelle
umgesetzt und Stoffwechselprodukte ausgeschieden, wobei der
Vorgang stets so verläuft, daß Energie gewonnen wird, die der
Organismus zum Aufrechterhalten seines Lebensbetriebes notwendig hat (z. B. zur Durchführung von Bewegungsvorgängen
usw.). Bei dem Betriebsstoffwechsel treten die Stoffwechselprodukte des zum Energiegewinn führenden Vorganges oft sehr
augenfällig in Erscheinung, wie Kohlensäure und Alkohol bei
der Alkoholgärung usw.

Damit der Organismus seinen Stoffwechsel überhaupt durchführen kann, müssen 3 allgemeine Bedingungen erfüllt sein:
Aufnahme der Nahrung und Ausscheidung der Stoffwechselprodukte, Vorhandensein der in Frage kommenden Nährstoffe
(Kohlenstoff, Stickstoff, Mineralstoffe), günstige äußere Bedingungen (Wasser, Temperatur, Sauerstoff, Reaktion). Diese
Punkte sollen nunmehr für den Baustoffwechsel betrachtet werden. Es mag dabei gleich hier vorausgeschickt sein, daß auch
Wasserstoff und Sauerstoff bei den Nährstoffen betrachtet werden müßten. Da sie sich aber von diesem Gesichtspunkt aus nicht
recht erfassen lassen, andererseits ihre Rolle im Wasser und im
Betriebsstoffwechsel eine wesentlich auffälligere ist, so sind sie
unter den Nährstoffen nicht besonders behandelt.

Dasjenige Organ, das die Aufnahme der Nahrung reguliert, ist die Plasmamembran, welche die Eigenschaft einer
semipermeablen Membran zeigt, d. h. sie ist durchlässig für
Wasser, nicht aber für die darin gelösten Stoffe, wie die bekannte
Ferrocyankupfer-Membran oder eine getrocknete Kollodium-
membran. Jeder Konzentrationsunterschied zwischen der Zelle
und dem umgebenden Medium wird so einen Druckunterschied
bedeuten infolge des Bestrebens der gelösten Moleküle, durch die
Membran einen Ausgleich herbeizuführen, der sich in der Zelle
als osmotischer Druck äußert: Besitzt die Außenflüssigkeit
den gleichen osmotischen Wert (d. h. gleiche Molekülkonzentra-
tion) wie der Zellinhalt, sind die Lösungen also isotonisch,
so ist äußerlich nichts Besonderes zu erkennen. Ist der osmotische
Wert der Außenflüssigkeit geringer, diese also hypotonisch, so

wird die Zelle das Bestreben haben, Wasser aufzunehmen, um diesen Unterschied auszugleichen, was bis zum Platzen der Zelle führen kann, da sich die Zellmembran nur bis zu einer gewissen Grenze dehnen kann (s. auch S. 39, Plasmoptyse).

Ist der osmotische Wert der Außenlösung größer, diese also hypertonisch, so wird zum Ausgleich des Unterschiedes Wasser aus der Zelle heraustreten, wobei besonders die Zellsaftvakuolen Flüssigkeit verlieren: Das Plasma zieht sich dann von der Wand zurück, es tritt Plasmolyse ein. Die Konzentration der Außenlösung, bei deren Überschreiten eben noch Plasmolyse eintritt, gibt den osmotischen Druck der Zelle an. Es hat sich jedoch stets gezeigt, daß nach einiger Zeit die Plasmolyse zurückgeht, der Stoff der Außenlösung also eindringt oder auch in der Zelle osmotisch wirksame Substanzen, wie etwa Zucker, bis zum Druckausgleich neu gebildet werden, wie man es beispielsweise bei Aspergillus in höheren Konzentrationen von Kochsalz festgestellt hat, während bei Bakterien das Eindringen der Stoffe selbst den Ausgleich schaffen soll. Auch dringen Stoffe sehr verschieden schnell ein; manche schnell eindringende rufen infolgedessen gar keine eigentliche Plasmolyse hervor (Äthylalkohol).

Eine wichtige und sehr umstrittene Frage ist nun die, welche Momente für das verschieden schnelle Eindringen in die Zelle und die Stoffaufnahme überhaupt maßgebend sind. Denn es ist weiter, abgesehen von den Erfahrungen, die man bei der plasmolytischen Wirkung der einzelnen Stoffe gemacht hat, eine lang bekannte Tatsache, daß der Zelle ein gewisses „Wahlvermögen" zukommt, daß sie in der Aufnahme gewisse Stoffe bevorzugt, oft in einem Maße, das zu der vielleicht sehr geringen Konzentration solcher Stoffe, wenn sie erheblich geringer ist als die anderer nicht aufgenommener Stoffe, in gar keinem Verhältnis steht.

Man glaubte früher, daß die an dem Aufbau der Plasmamembran beteiligten Lipoide (S. 26) über Eindringen und Nichteindringen der Stoffe zu entscheiden hätten nach Maßgabe deren Lipoidlöslichkeit (OVERTON). Da diese Erklärung nicht befriedigte, nahm man (NATHANSON) seine Zuflucht zur Mosaiktheorie, wonach die Plasmamembran aus einem Mosaik von Lipoiden und Eiweiß zusammengesetzt sei und darauf die Auswahl der Stoffe beruhe. RUHLAND wiederum vertritt die Ultrafiltertheorie, nach der lediglich die Porengröße der Plasmamembran bzw. die Molekülgröße der gelösten Stoffe das Entscheidende seien.

Allerdings kommt gerade den Mineralsalzen eine Sonderstellung zu, indem für ihr Eindringen nicht lediglich die Molekülgröße maßgebend ist, da sie sonst ja sehr schnell eindringen

müßten, andererseits man aber gerade mit ihnen gut Plasmolyse erzielen kann; denn bei ihnen kommen noch besondere
Wirkungen der Anionen und Kationen auf die Grenzschicht in
Frage, nämlich deren teils koagulierend, teils dispergierend wirkenden Eigenschaften, so daß hierdurch die Permeabilität sehr
verändert werden kann. Bei diesen Mineralsalzen spielt auch
sicherlich der Ionenaustausch eine gewisse Rolle, wobei wohl den
Ionen der Kohlensäure einige Bedeutung zukommt, wie PANTA-
NELLI zuerst erkannte.

Auf alle Fälle steht fest, daß auch die starke Plasmolyse
hervorrufenden Stoffe, zum Teil gerade wichtige Nährstoffe, die
also in die Zelle eindringen müssen, trotz der Semipermeabilität
der Plasmamembran auch langsam eindringen. Es ist nun für den
Stoffwechsel von außerordentlicher Wichtigkeit, daß bei solchem
noch so langsamem Eindringen von außen nach innen die Verarbeitung in der Zelle die Geschwindigkeit des Eindringens bis
zu einem gewissen Grade reguliert. Denn sobald ein Stoff, etwa
Zucker, in der Zelle verarbeitet wird, wird ein neues Diffusions-
gefälle geschaffen und somit für Nachfuhr gesorgt.

Für die Verhältnisse bei den Bakterien ist es noch besonders
bemerkenswert, daß es (nach A. FISCHER) plasmolysierbare
(Spirillum volutans, Vibrio cholerae, Pseudomonas
fluorescens) und nicht plasmolysierbare Bakterien (Bacillus
amylobacter, B. subtilis, Spirillum rubrum) gibt. Aber
physiologisch hat diese Erscheinung vielleicht weniger Bedeutung,
als man zunächst vermuten möchte, da es z. B. von RUHLAND
und HOFFMANN für Beggiatoa mirabilis festgestellt ist, daß
dort ebenfalls keine normale Plasmolyse eintritt, sondern nur ein
Einknicken der Zellmembran erfolgt, da das Plasma fest mit dieser
verbunden ist, was eben auch bei den nicht plasmolysierbaren
Bakterien der Fall sein könnte. Die Kleinheit der Zellen würde hier
eine Deformation so leicht nicht zulassen können.

Auf demselben Wege wie die Aufnahme der Nährstoffe muß
sich auch das Ausscheiden der Stoffwechselprodukte vollziehen,
da ja keinerlei Differenzierung für diese verschiedenen Funktionen
vorhanden ist. Vielleicht ist aber, wie schon für die Kohlensäure
angedeutet wurde, das Eintreten der Stoffe zum Teil mit dem
Austritt von Stoffen auf dem Wege des Austausches verbunden.

Mineral-
stoffe. Ge-
samtheit. Die für das Leben der Mikroorganismen wichtigen Mineralstoffe sind im allgemeinen dieselben wie bei den höheren Pflanzen;
auch der relative Gehalt daran unterscheidet sich nicht wesentlich
von dem jüngerer, noch nicht wesentlich differenzierter
Pflanzenorgane. Die folgende Übersicht zeigt einige Analysen, wo-

bei die erste Spalte die Gesamtasche in Hundertteilen der Trockensubstanz, die übrigen Spalten den vH-Gehalt der Asche an dem betreffenden Stoff wiedergeben.

Asche	K_2O	Na_2O	CaO	MgO	P_2O_5	Cl	SO_3	SiO_2	Fe_2O_3	Nr.
13,47	11,5	29,0	4,1	7,8	37,9	4,9	n. best.	0,5	n. best.	1
9,56	8,2	11,5	8,6	9,8	47,0	1,3	10,8	n. best.	n. best.	2
5,90	18,0	2,9	10,7	8,0	47,5	n. best.	n. best.	0,6	10,7	3
8,90	26,9	nicht bestimmt			55,4	nicht bestimmt				4
8,76	26,1	2,3	7,6	6,3	54,3	n. best.	0,3	0,9	0,7	5

1. Bac. prodigiosus auf 1,5 vH Agar mit 1 vH Fleischextrakt, 1,5 vH Pepton, 0,5 vH Kochsalz. 2. Mycobacterium tuberculosis. 3. Essigbakterien. 4. Azotobacter chroococcum. 5. Bierhefe.

Man sieht also, daß Phosphorsäure und Kalium bei weitem vorherrschen. Daß bei 1 und 2 Kalium im Vergleich zum Natrium zurücktritt, liegt nur an dem Kochsalzgehalt des Nährbodens, wie es für 1 besonders angegeben ist. Man sieht, wie sich die Zusammensetzung des Mediums in der Zusammensetzung der Mikroorganismen hier widerspiegelt. Der abnorm hohe Eisengehalt von 3 ist lediglich auf mechanische Beimengung zurückzuführen (Niederschlag aus dem Wasser auf den Bakterien bzw. ihrer Schleimmembran). Einen normalen Gehalt dürfte 5 zeigen (0,06 vH in der Trockensubstanz, welches auch den Zahlen bei höheren Pflanzen etwa entspricht).

Phosphor, dessen Darbietung fast stets in mineralischer Phosphor. Form als phosphorsaures Salz erfolgt, stellt den größten Anteil der Asche (meist 4—5 vH P_2O_5 der Trockensubstanz). Seine Bedeutung liegt einmal darin, daß er ja ein Bestandteil der phosphorhaltigen Eiweißkörper, von Nucleoproteiden, Volutin, Lecithin und Phosphatiden ist. Schon daraus also, daß er ein Bestandteil lebensnotwendiger Zellbestandteile ist, erhellt, daß er zu den unentbehrlichen Nahrungsbestandteilen gehört. Besonders viel Phosphor wird zur Sporenbildung verbraucht, in denen ja die lebensnotwendigen Stoffe in konzentrierter Form aufgespeichert sind: für Aspergillus niger ist durch SCHNÜCKE nachgewiesen, daß zur Zeit der Konidienbildung der Phosphor aus dem Mycel in die Sporen wandert.

Bei der Hefe wirkt Phosphorsäure sehr gärungsfördernd in Mengen, die weit über den Bedarf der Zellen daran zum Aufbau phosphorhaltiger organischer Verbindungen hinausgehen. Hier ist sie aber, wie weiter unten S. 117 noch weiter ausgeführt werden wird, offenbar mit dem Zuckerabbau irgendwie verknüpft.

Kalium.   Nächst dem Phosphor hat das Kalium den größten Anteil an der Zusammensetzung der Asche (meist etwa 1—2 vH der Trockensubstanz). Seine Funktion ist, auch bei den höheren Pflanzen, noch gänzlich unbekannt. Man kennt jedenfalls keinen Bestandteil der lebenden Zellelemente, bei dessen Zusammensetzung das Kalium notwendig wäre. Nur hat man, bei den höheren Pflanzen, gewisse Gründe, anzunehmen, daß es beim Aufbau der Kohlenhydrate irgendwie beteiligt sei. Seine Unentbehrlichkeit für Mikroorganismen ist nachgewiesen; es kann durch kein anderes Element ersetzt werden, höchstens vielleicht nach BENECKE in geringem Maße durch Rubidium und Caesium, ferner teilweise, wie bei den höheren Pflanzen, durch Natrium.

Natrium.   Als eigentlicher Nährstoff scheint Natrium allerdings nicht notwendig zu sein. Es gibt aber, wieder analog den Verhältnissen bei den höheren Pflanzen, zweifellos halophile, an die Substratkonzentration (wobei das Chlornatrium das vorherrschende Salz ist) angepaßte Mikroorganismen, wie es ja von den Leuchtbakterien schon erwähnt wurde; auch Beggiatoa mirabilis dürfte hierunter gehören. Sicher finden sich alle möglichen Übergänge von empfindlichen Arten bis zu resistenten: Bacillus prodigiosus ist gegen Salzkonzentrationen sehr empfindlich, Bac. Megatherium und coli erheblich resistenter. Auch vergleichbare Konzentrationen verschiedener Neutralsalze wirken ganz verschieden, wie z. B. viele Bakterien gegen Natriumsulfat äußerst empfindlich sind, während Pilze wie Aspergillus niger selbst durch Konzentrationen über 20 vH in ihrem Wachstum nicht nur nicht geschädigt, sondern noch etwas gefördert werden (ESTOR).

XIII. Baustoffwechsel (Fortsetzung).

Aufnahme und Bedeutung der Nährstoffe, Forts. (Mineralstoffe, Forts. [Magnesium. Calcium. Schwefel. Eisen. Zink. Kupfer. Sonstige Mineralstoffe]. Kohlenstoff [Allgemeines. Kohlenstoffautotrophie]).

Magnesium.   Magnesium ist zwar in der Organismensubstanz nur in verhältnismäßig geringen Mengen (etwa 0,5—1,0 vH MgO in der Trockensubstanz) vorhanden, aber zum Leben unbedingt notwendig (s. Farbstoffbildung S. 31), wobei allerdings bei den Mikroorganismen oft Spuren genügen. Es ist jedoch bei ihnen noch kein magnesiumhaltiger organischer Bestandteil der Zelle bekannt, wie das bei den höheren Pflanzen mit dem Chlorophyll der Fall ist.

Calcium.   Calcium kann Magnesium nicht ersetzen und scheint für die Mikroorganismen entbehrlich zu sein, womit sie allerdings im

Gegensatz zu den höheren Pflanzen ständen, bei denen es unbedingt unentbehrlich ist. Der Grund für diesen Unterschied liegt sicher zum größten Teil in den besonderen Lebensbedingungen der Mikroorganismen. Ein Zusatz von kohlensaurem Kalk zur Nährlösung ist nämlich in vielen Fällen für die Entwicklung von Mikroorganismen äußerst nützlich, wirkt dann aber lediglich neutralisierend auf gebildete und nach außen abgeschiedene Säuren, deren allzu große Zunahme das Wachstum beeinträchtigen würde. Diese Neutralisation kann aber auch durch andere entsprechende Zusätze erreicht werden, die kein Calcium enthalten, allerdings wegen der leichteren Löslichkeit der entstehenden Salze im allgemeinen weniger geeignet sind. Bei den höheren Pflanzen dagegen müssen sich derartige Neutralisationsvorgänge in der Zelle abspielen, wobei die Unlöslichkeit von Calciumoxalat und die Schwerlöslichkeit anderer Kalksalze sicherlich das Entscheidende für die Bevorzugung dieses Elementes ist.

Schwefel ist wohl unentbehrlich, was aber noch nicht mit völliger Gewißheit für die Mikroorganismen festgestellt ist. Cystin, die schwefelhaltige Aminosäure der höheren Pflanzen, ist bei Mikroorganismen noch nicht gefunden worden, wohl aber andere schwefelhaltige Bestandteile (wie bei der Hefe). *Schwefel.*

Eisen ist auch für Mikroorganismen unbedingt notwendig, allerdings in sehr geringen, meist sich als natürliche Verunreinigungen in nicht sehr sorgfältig gereinigten Reagenzien findenden Mengen. Seine Unentbehrlichkeit konnte durch BORTELS dadurch nachgewiesen werden, daß es gelang, alkalische Nährlösungen durch Behandeln mit Tierkohle fast von den letzten Spuren Eisen zu reinigen. Die Rolle des Eisens beruht nach den Untersuchungen von WARBURG mit Sicherheit auf seiner Funktion als Sauerstoffüberträger bei der Atmung (S. 96). Seine Bedeutung für die Farbstoffbildung bei Bac. prodigiosus wurde bereits erwähnt. *Eisen.*

Es sei ferner darauf hingewiesen, daß gewisse Bodenbakterien in künstlicher Kultur leicht degenerieren, indem z. B. Azotobacter chroococcum und Bac. amylobacter das Vermögen, Stickstoff zu binden, verlieren, welche Eigenschaft aber durch „Erdpassage" wieder regeneriert werden kann. Es ist verschiedentlich nachgewiesen, daß hierbei das Eisen die entscheidende Rolle spielt. Knallgasbakterien wachsen nicht mehr bei weniger als $2{,}4 \cdot 10^{-5}$ mg Eisen in 50 cm^3 Nährlösung. Quantitatives über die Eisenwirkung bei Aspergillus ist S. 78 mitgeteilt.

Bei den Eisenbakterien (S. 63) handelt es sich dagegen nicht um die Wirkung des Eisens als solchem, sondern lediglich

um die Gewinnung von Betriebsenergie, die hier auch durch
Mangan erzielt werden kann.

Zink.   Zink scheint nach BORTELS ebenfalls ein lebensnotwendiges
Element zu sein. Nach manchen Vorstellungen, die aber noch
keineswegs gesichert sind, soll, so wie Eisen den Kohlenhydrat-
stoffwechsel, Zink den Eiweißstoffwechsel katalysieren. Auch Zink
ist für die Farbstoffbildung von Bac. prodigiosus (S. 31)
notwendig; seine Wirkung auf Aspergillus in quantitativer
Hinsicht ist S. 78 mitgeteilt.

Kupfer.   Über die Bedeutung von Kupfer für Aspergillus und dessen
Farbstoff- bzw. Huminbildung wurde S. 31 schon gesprochen; es
sei hier noch erwähnt, daß auch die Trockensubstanzproduktion
des Aspergillus durch Kupfer wesentlich steigt. Es ist aber nicht
gewiß, ob es sich um ein allgemein lebensnotwendiges Element
handelt, oder ob es nur in gewissen Fällen besondere Wirkungen
ausübt, die man sich als Oxydationskatalysen besonderer Art vorstellen könnte (BORTELS).

Sonstige Mineral-stoffe.   Ob und welche anderen Mineralstoffe für die Mikroorganismen
noch wichtig sind, weiß man nicht. Sicher ist das aber der Fall.
Man hat beobachtet, daß man durch kleine Zusätze von Aschen
natürlicher Substanzen (Rohrzucker, Bierwürze, Blutkohle, Erde)
das Trockengewicht erheblich steigern kann; es ist aber noch gänzlich ungewiß, welchen Stoffen diese Wirkung zuzuschreiben ist.
Natürlich könnten auch, ähnlich wie das bei dem Calcium ausgeführt wurde, an sich ganz indifferente Stoffe etwa durch Beseitigung schädlicher Säurekonzentrationen eine günstige Wirkung
ausüben, die aber hier in diesem Zusammenhang der Lebensnot-
notwendigkeit nicht berücksichtigt sein sollen. Die nur auf
der Konzentration beruhende Wirkung von Neutralsalzen wurde
oben bereits erwähnt. Es sind aber auch Förderungen des Wachstums durch Elemente bekannt geworden, die man einstweilen
nicht als lebensnotwendig bezeichnen kann, sondern im allgemeinen als „stoffwechselfremd". Über solche Reizstoffe s.
unten S. 80.

Kohlenstoff. Allgemeines.   Während in der Art und Weise, wie die Mineralstoffe in den
Stoffwechsel eingreifen, zwischen den einzelnen Organismen viel-
leicht kein allzu großer Unterschied besteht, jedenfalls nicht sehr
auffälliger Natur, tritt hingegen die Eigenart der Organismen,
jeweils sich den zum Aufbau der organischen Substanz notwendigen Kohlenstoff anzueignen, sehr auffällig im Stoffwechsel
hervor und bildet das eigentliche Charakteristikum eines jeden
Organismus. Es gibt zwei Typen der Kohlenstoffernährung, die
autotrophe und die heterotrophe:

Als Autotrophie bezeichnet man die Verarbeitung des mineralischen Kohlenstoffs in der Form des Kohlendioxyds mit Hilfe irgendeiner Energiequelle, als Heterotrophie die Verarbeitung des organisch gebundenen Kohlenstoffs. Beide stehen aber jedenfalls nicht so unvermittelt nebeneinander, wie das scheinen könnte; das geht ja aus den weiter unten zu erwähnenden Versuchen Ruhlands über die Knallgasbakterien hervor, ferner aus der Verarbeitung von Kohlenstoffverbindungen, von denen man nicht weiß, ob sie direkt zum Aufbau dienen oder nur als Energiequelle. In der Tat soll es nach Kleins Anschauung überhaupt keine völlig und nur autotrophen Mikroorganismen geben (s. weiter unten S. 63). Auch mag man bedenken, daß ein autotropher Organismus ja bei Verarbeitung der in ihm aufgespeicherten Reservestoffe heterotroph lebt.

Zur Verarbeitung des Kohlendioxyds zu organischen Verbindungen, welche eine Reduktion darstellt, wobei der notwendige Wasserstoff aus dem in die Reaktion eingreifenden Wasser stammt, ist Energie notwendig, und zwar zum Aufbau von Zucker natürlich geradesoviel, wie bei der restlos zu Kohlendioxyd und Wasser erfolgenden Verbrennung des Zuckers frei wird. Es tritt dabei freier Sauerstoff auf, und zwar für jedes verarbeitete Kohlendioxydmolekül ein Molekül freier Sauerstoff; das Verhältnis CO_2/O_2 ist also $= 1$. Für Dextrose lautet das Schema:

$$6\,CO_2 + 6\,H_2O + 674\ \text{Kal} = C_6H_{12}O_6 + 6\,O_2\,.$$

Als erstes Zwischenprodukt hat man aus theoretischen Gründen Formaldehyd angenommen und auch nachgewiesen; bei Mikroorganismen erst kürzlich bei Nitritbildnern und Thiosulfatbakterien (Klein) durch Abfangen mit Sulfit ähnlich wie beim Acetaldehyd (S. 118). Dem Formaldehyd schreibt man zur Zeit die zentrale Stellung für den Kohlenhydrataufbau zu, die man dem Acetaldehyd bei deren Abbau zuschreibt.

Die Autotrophie ihrerseits erscheint in 2 Typen, als Photosynthese und als Chemosynthese.

Die Photosynthese ist die bei den grünen Pflanzen, einschließlich der gefärbten Algen (auch derjenigen, die an Stelle des Chlorophylls einen roten oder braunen Farbstoff führen), vorkommende Form der Autotrophie, wobei die Energie der Lichtstrahlen unter Vermittlung eines gewisse Lichtstrahlen absorbierenden Farbstoffes (wie des Chlorophylls) zur Kohlendioxydreduktion benutzt wird.

Es ist noch durchaus fraglich, ob bei gewissen Bakterien eine Photosynthese vorkommt, unter Umständen mit Hilfe eines

anderen Farbstoffes, als es das Chlorophyll ist. In erster Linie
kämen hierfür die Bacteriopurpurin führenden und die grünen
Bakterien in Frage. Es konnte aber noch nichts mit Sicherheit
erwiesen werden. Doch hat Buder für die Purpurbakterien angenommen, daß sie im Licht Kohlensäure reduzierten; jedoch
nimmt er weiter an, daß es sich hierbei nicht so sehr um eigentliche Photosynthese handele, sondern um die Gewinnung von
freiem Sauerstoff, mit dessen Hilfe wiederum Schwefelwasserstoff
chemosynthetisch verarbeitet werden könnte (s. weiter unten).
Tatsächlich finden sich solche Organismen an sehr sauerstoff-
armen Stellen; es mögen also zum Teil ganz außerordentlich
komplizierte biologische Anpassungen vorliegen (s. weiter unten
unter 3.).

Die Chemosynthese dagegen ist bei den Bakterien weitverbreitet. Hier wird die zur Kohlendioxydreduktion notwendige
Energie durch die Oxydation mineralischer oder solcher organischer Verbindungen gewonnen, die nicht unmittelbar zum Aufbau verwendet werden können. Die bisher bekanntgewordenen
Fälle von Chemosynthese sind im folgenden aufgezählt. Die
notwendige Energie wird gewonnen durch:

1. Die Oxydation von Ammoniak zu Nitrit. Nitrosomonas
europaeus sei als wichtigste Art genannt. Hier ist Formaldehyd
als Zwischenprodukt nachgewiesen.

2. Die Oxydation von Nitrit zu Nitrat durch Bacterium Nitrobacter. Beide unter 1 und 2 genannten Vorgänge, die zuerst durch Winogradsky aufgeklärt wurden, verlaufen unter natürlichen Verhältnissen im Erdboden unmittelbar
nacheinander, so daß sie wie ein einheitlicher Vorgang wirken,
und Nitrit unter normalen Verhältnissen nicht nachzuweisen ist.
Dieser Vorgang stellt im Ackerbau die letzte Etappe der Umwandlung (Mineralisierung) des organisch gebundenen Stickstoffs
dar.

3. Die Oxydation von Schwefelwasserstoff (zuerst durch
Winogradsky erkannt), elementarem Schwefel und sonstigen
oxydierbaren Schwefelverbindungen. Es kommen hier
eine ganze Anzahl von Mikroorganismen in Frage, die man in
2 biologische Gruppen einteilen kann: solche mit und solche ohne
Bacteriopurpurin. Sie finden sich in der Natur da, wo durch Zersetzung organischer Substanzen (S. 145) oder durch Reduktion
von Sulfaten (S. 115) Schwefelwasserstoff entsteht, der dann zu
elementarem Schwefel oxydiert wird, welcher von manchen Formen in der Zelle gespeichert (S. 27), von anderen außerhalb abgelagert werden kann und weiter zu Schwefelsäure verbrannt wird.

Als bekannteste Vertreter seien erwähnt: Pseudomonas Chromatium (mit Bacteriopurpurin), das sehr große, marine Thiophysa volutans, Thiothrix- und Beggiatoa-Arten, Pseudomonas thiooxydans.

Auch Thiosulfat kann zu Schwefelsäure oder durch die Thionsäurebakterien zu Schwefelsäure und Tetrathionsäure oxydiert werden; bei ihnen hat, wie eben erwähnt, KLEIN die intermediäre Bildung von Formaldehyd festgestellt. Es mag hier noch erwähnt sein, daß auch Aspergillus niger und andere Pilze elementaren Schwefel zu oxydieren vermögen; es ist allerdings nicht bekannt, ob er aus dem Energiegewinn Nutzen ziehen kann. Auf die Schwefelspeicherung bei Oxydation von Thiosulfat durch Pilze wurde oben S. 27 schon hingewiesen.

4. Die Oxydation von zweiwertigen Eisen- und Manganverbindungen zu dreiwertigen (der Ferro- bzw. der Mangano- zur Ferri- bzw. Mangani-Stufe, WINOGRADSKY, MOLISCH, LIESKE). Da der Energiegewinn hierbei nicht allzu groß ist, so erklärt sich der große Umsatz mit der starken Speicherung in den Scheiden der in Frage kommenden Chlamydobacteria (S. 47).

5. Die Oxydation von Wasserstoff. Sie ist deshalb besonders interessant, weil durch RUHLANDS Untersuchungen bekanntgeworden ist, daß sie durch eine Reihe von Bakterien durchgeführt wird, die sonst heterotroph leben, wie vornehmlich von Bac. pycnoticus (während Bac. oligocarbophilus, der lange als Hauptrepräsentant der Wasserstoffoxydanten galt, nicht dazu imstande ist). Es gibt über diesen Vorgang zwei Anschauungen: Die ältere rechnet mit einer Aktivierung des Wasserstoffs, der mit CO_2 direkt zu Formaldehyd zusammentrete, der dann erst (als Atmungsmaterial) durch Sauerstoff oxydiert würde, soweit er nicht zum Aufbau verwendet wird, so daß also nicht der freie Wasserstoff oxydiert würde. Die neuere Anschauung nimmt einfach Knallgasreaktion an und mit Hilfe der gewonnenen Energie Reduktion der Kohlensäure. Als bemerkenswert sei noch erwähnt, daß zum autotrophen Stoffwechsel mehr Eisen notwendig ist als zum heterotrophen.

6. Die Oxydation von Kohlenstoffverbindungen. Es handelt sich dabei natürlich um solche Kohlenstoffverbindungen, die nicht unmittelbar zum Aufbau der Körpersubstanzen benutzt werden können, wobei sich aber sicherlich die Grenzen von Autotrophie und Heterotrophie etwas verwischen. Das geht besonders daraus hervor, daß nachgewiesen werden konnte, daß autotrophe Bakterien imstande sind, Zucker zu verarbeiten, und die gewonnene Energie wiederum zur Reduktion der Kohlensäure zu benutzen.

Kohlenmonoxyd wird so durch Bac. oligocarbophilus verarbeitet, der imstande ist, von den in Laboratorien bei der Leuchtgasverbrennung entstehenden CO-Spuren zu leben. In derselben
Weise jedenfalls werden durch eine Anzahl Bakterien Methan
(Bact. methanicum), Paraffine, amorphe Kohle, Kautschuk usw. verbrannt (Söhngen u. a.). Bac. extorquens, mit
blutrotem Farbstoff, benutzt Oxalsäure in gleicher Weise als
Energiequelle, auch Methylalkohol usw.

Es sei hier noch ein kurzes Wort über die Züchtung der autotrophen Mikroorganismen angeschlossen. Man setzt einer Nährlösung natürlich keinen organischen Kohlenstoff zu; gegen solchen,
namentlich gegen Zucker, sind sie sogar u. U. äußerst empfindlich.
Man züchtet sie daher auf gut gewässertem Agar-Agar oder
Kieselsäuregallerten, falls man feste Nährböden verwendet. Das
Weglassen einer Kohlenstoffquelle hat auch noch den Vorteil,
daß die Kulturen nicht von schnell wachsenden Heterotrophen
überwuchert werden.

XIV. Baustoffwechsel (Fortsetzung).

*Aufnahme und Bedeutung der Nährstoffe, Forts. (Kohlenstoff,
Forts. [Kohlenstoffheterotrophie]. Stickstoff [Allgemeines. Verarbeitung von elementarem Stickstoff. Verarbeitung von Stickstoffverbindungen]).*

Kohlenstoffheterotrophie. Außerordentlich mannigfaltig ist die heterotrophe Verarbeitung
von Kohlenstoffverbindungen, nicht nur der drei physiologisch
wichtigsten Stoffgruppen Kohlenhydrate (bis zur Cellulose), Fett
und Eiweiß, sondern auch einer ganzen Anzahl sonstiger organischer Verbindungen wie Alkohole, Säuren, Aldehyde usw. / Es
lassen sich hier jedoch noch keine allgemeingültigen Regeln aufstellen, da die Ansprüche der verschiedenen Mikroorganismen
allzu verschieden sind.

Sehr auffallend sind gewisse Beziehungen zu den sonstigen
Stoffwechselvorgängen, zunächst zur Stickstoffernährung. / Für
sehr viele Mikroorganismen können stickstoffhaltige organische
Verbindungen, vor allem Eiweißstoffe und deren Abbauprodukte,
sowohl Kohlenstoff- wie auch Stickstoffquelle sein. / Während aber
einige besser wachsen, wenn neben der Stickstoffverbindung noch
eine besondere Kohlenstoffquelle (etwa Zucker) zugegen ist,
können andere nur die gemeinsame Kohlenstoffstickstoffquelle
verwenden. Hierüber wird im nächsten Abschnitt noch einiges
zu sagen sein.

Weiter aber ist der heterotrophe Baustoffwechsel eng mit dem
Betriebsstoffwechsel verknüpft, allerdings in noch unbekannter

Weise, so daß derselbe organische Körper sowohl zum Bau- wie auch zum Betriebsstoffwechsel verwendet wird. Da nun aber die Umsetzungen im Betriebsstoffwechsel quantitativ sehr viel mehr in Erscheinung treten und infolgedessen auch allein etwas näher bekannt sind, so fällt, namentlich bei den heterotrophen Mikroorganismen, einstweilen unsere Kenntnis des Baustoffwechsels in der Hauptsache mit derjenigen des Betriebsstoffwechsels zusammen. Im wesentlichen ist hier also auf die Ausführungen über den Betriebsstoffwechsel zu verweisen.

Es sei hier nur ganz allgemein festgestellt, daß wir für jeden Organismus seine besondere Reihe in Hinsicht auf die Eignung der organischen Verbindungen aufstellen können, daß aber eine solche Reihe auch für denselben Organismus durchaus nichts Feststehendes ist, sondern bei Änderung der übrigen Bedingungen auch die Reihenfolge in der Nährstoffeignung sich ändern kann.

Zur Messung des Nährwertes der organischen Verbindungen bedient man sich bei den Bakterien meist der Zählung oder auch nur ganz roh der Schätzung, bei den Pilzen meist der Wägung (als Trockensubstanz), da bei diesen die Gewinnung der Pilzmasse sehr einfach ist. Man hat hierbei noch den besonderen Begriff des ökonomischen Koeffizienten (PFEFFER) eingeführt, womit das Verhältnis: Erzeugte Trockensubstanz : verbrauchte Nährstoffmenge bezeichnet ist. Man wird also beim Vergleich verschiedener Substanzen nicht absolut gleiche Mengen vergleichen, sondern muß den verschiedenen calorischen Wert berücksichtigen, welches Prinzip in dem Begriff des ökonomischen Koeffizienten wenigstens zum Teil enthalten ist.

Bei einem Vergleich muß man ferner beachten, daß sich der Organismus auf verschiedenen Nährböden sehr verschieden schnell entwickeln kann; will man den Maximalwert der Entwicklung ermitteln, so muß man mehrere Zählungen oder Wägungen ausführen, um diesen zu ermitteln, um so mehr, als sehr bald Zahl oder Gewicht wieder erheblich zurückgehen infolge der im Alter auftretenden Veränderungen (S. 91). Solche Feststellungen bei Mikroorganismen sind daher (rein technisch) keineswegs so einfach, als das bei flüchtiger Überlegung scheinen könnte.

Bei der heterotrophen Ernährung sind aber noch 2 Fälle zu unterscheiden: Wenn der betreffende Organismus von totem organischem Material lebt, spricht man von Saprophytismus; kann er nur auf lebender Substanz gedeihen, so spricht man von Parasitismus. Auch diese beiden Gruppen der Heterotrophen sind nicht scharf geschieden, sondern durch Übergänge verbunden. Auf den Parasitismus wird in anderem Zusammenhang S. 156 noch einzugehen sein.

Stickstoff.
Allgemeines. Stickstoff ist zum Aufbau der Eiweißsubstanzen (darunter entfallen bei Mikroorganismen allein 25—40 vH des Stickstoffs auf Nucleoprotëide) unbedingt notwendig; sie enthalten etwa 16 vH Stickstoff. Wenn die Eiweißstoffe der Mikroorganismen auch noch nicht bekannt sind, so scheinen sie doch, einschließlich der vor allem am Aufbau der Kernsubstanz beteiligten Nucleoprotëide, von denen der höheren Pflanzen zwar etwas verschieden zu sein, aber doch auch viel Gemeinsames aufzuweisen. Der Eiweißgehalt beträgt im allgemeinen 50—75 vH, kann aber je nach den Ernährungsbedingungen sehr schwanken, ist z. B. niedrig, wenn sehr viel Zellwandbestandteile gebildet werden und umgekehrt. Als Reserveeiweiß haben wir das Volutin bereits kennengelernt, von anderen stickstoffhaltigen Körpern das für die Bakterien allerdings wieder fragliche Chitin.

Der Gang des Eiweißaufbaus ist nicht bekannt; es ist aber anzunehmen, daß er meist vom Ammoniak ausgeht, wenigstens bei solchen Mikroorganismen, welche keinen organisch gebundenen Stickstoff zur Verfügung haben. Eine ganze Reihe von Mikroorganismen vermag jedenfalls aus Ammoniak und Nitraten, die zu Ammoniak reduziert werden, selbst aus elementarem Stickstoff, Eiweiß aufzubauen; sie verhalten sich also in Hinsicht auf Ammoniak und Nitrate wie die höheren Pflanzen. Dabei ist auch unter geeigneten Versuchsbedingungen das Auftreten von Aminosäuren, die man als weitere Vorstufe betrachten muß, in der Lösung festgestellt worden (KLEIN). Es mag daran erinnert werden, daß der heterotrophe tierische Organismus nicht vermag, Eiweiß aus anorganischem Stickstoff aufzubauen; beide Arten der Heterotrophie zeigen also in Hinsicht auf die Stickstoffernährung wesentliche Unterschiede.

Irgendwie muß natürlich der Eiweißaufbau mit dem Umsatz der Kohlenhydrate verknüpft sein, wie im Falle einer anorganischen Stickstoffquelle ja ohne weiteres klar ist. Es ist aber noch unbekannt, in welcher Weise diese Verknüpfung erfolgt.

Die Ansprüche an die Stickstoffernährung sind sehr verschieden. Man unterscheidet danach:

Verarbei
tung elemen
taren Stick
stoffs. **Stickstoffbindende Organismen.** Es sind solche, welche den elementaren Stickstoff der Luft zum Aufbau von Eiweiß verwenden können, wahrscheinlich nach Reduktion zu Ammoniak. Es geschieht dies durch zweierlei biologische Typen: Durch frei lebende Organismen und durch solche, welche in Symbiose mit anderen, vornehmlich höheren Pflanzen, leben.

Der erste Typus ist vertreten durch Azotobacter chroococcum, der streng aërob ist, und einige verwandte Formen (entdeckt durch BEIJERINK); er bindet mit Zucker, Mannit, Salzen organischer Säuren in gutem Durchschnitt etwa 10 mg Stickstoff auf 1 g verbrauchte Kohlenstoffquelle. Bacillus amylobacter (entdeckt durch WINOGRADSKY), streng anaërob, bindet etwas weniger; er verwendet Zucker und auch Pektin als Kohlenstoffquelle. Cellulose können beide nicht angreifen. Die Reduktion des elementaren Stickstoffes ist bei Amylobacter leicht verständlich, da er freien Wasserstoff bildet (S. 134); auch Azotobacter zeichnet sich durch kräftiges Reduktionsvermögen aus; freier Wasserstoff entsteht in seinem Stoffwechsel aber nicht; doch hat das Auftreten von freiem Wasserstoff für die Möglichkeit einer Reduktion an sich keine Bedeutung (S. 99).

Außerdem gibt es noch eine Reihe weiterer frei lebender Mikroorganismen, die in sehr geringer Menge elementaren Stickstoff binden; wahrscheinlich vermögen es die meisten Organismen, die Reduktionen ausführen können; nur bleibt dann meist die Menge innerhalb der Grenzen der Bestimmungsfehler.

Von den in Symbiose lebenden sind vor allem die Knöllchenbakterien der Leguminosen (Bacillus radicicola) wichtig; die Tatsache der Stickstoffbindung wurde zuerst durch HELLRIEGEL erkannt, die erste Reinkultur des Bakteriums gewann BEIJERINK. Die Stickstoffbindung erfolgt hier in den knötchenförmigen Anschwellungen der Wurzeln, die mit Bacterioiden (S. 39) erfüllt sind. Das für die Mikroorganismen notwendige Kohlenhydratmaterial wird offenbar von der Pflanze geliefert, die sich andererseits den in Bindung überführten Stickstoff zunutze macht. Weitere Beispiele sind tropische Rubiaceen (Pavetta-, Psychrotia-Arten), in deren Blattflächen sich Bakterienknötchen ähnlicher Funktion finden (v. FABER), ferner Ardisia-Arten mit Bakterienknoten in den Wasserspalten der Einkerbungen des Blattrandes (MIEHE). Auch bei gewissen Formen der Mykorrhiza (S. 154) kommt vielleicht Stickstoffbindung durch den symbiontischen Mikroorganismus in Frage.

Nitratorganismen können Nitrate ausgezeichnet als Stickstoffquelle verwerten, wobei natürlich auch eine Kohlenstoffquelle vorhanden sein muß. Namentlich Schimmelpilze, wie Aspergillus, Penicillium, dann Mycoderma- und Torula-Arten gehören hierher, aber auch viele Bakterien, die sich durch kräftiges Reduktionsvermögen Nitraten gegenüber auszeichnen, wie Pseudomonas fluorescens (S. 114) u. a.; auch der stickstoffbindende Azotobacter kann zum Teil in diese Gruppe gerechnet werden;

Verarbeitung von Stickstoffverbindungen.

5*

weitere Angaben folgen unten. Die Verwendung von Nitrit als
Stickstoffquelle ist von gleichen Gesichtspunkten zu betrachten.

Ammoniakorganismen verwerten Ammoniak sehr gut,
Nitrate nicht gut. Oidium lactis, viele Kulturhefen, von
Bakterien Bacillus subtilis, coli u. a. gehören hierher.

Amidorganismen verwerten Aminosäuren gut. Die meisten
Essigbakterien, Bacillus prodigiosus u. a., sind hierher
zu rechnen.

Peptonorganismen verwerten vor allem Peptone, wie oben
S. 32 für die Leuchtbakterien schon erwähnt wurde. Milchsäurebakterien, Bacillus vulgaris u. a., gehören ebenfalls
in diese Gruppe.

Eiweißorganismen, wie vor allem pathogene Organismen, vermögen nur eigentliche Eiweißstoffe anzugreifen. Es wäre
denkbar, daß das Wesen des Parasitismus überhaupt zum großen
Teil von dem Gesichtspunkt der Anpassung an das Eiweiß, und
zwar das lebende, zu beurteilen wäre.

Das eben besprochene Verhalten der Mikroorganismen der
Stickstoffquelle gegenüber ist kein starres Schema wie in unserer
Übersicht, sondern es kommen auch hier wieder alle möglichen
Übergänge vor. Im allgemeinen aber läßt sich darüber sagen,
daß in den obigen Gruppen von Mikroorganismen die Verwertbarkeit
der Stickstoffverbindungen der vorangehenden Gruppe meist nur
sehr gering ist. Die Amidorganismen z. B. vermögen gar nicht
oder nur äußerst schlecht anorganische Stickstoffquellen sich
nutzbar zu machen.

Es treten noch einige bemerkenswerte Erscheinungen hinzu:
Die Ammoniak verwendenden Hefen z. B. können mit Ammoniak
als alleiniger Stickstoffquelle nicht gedeihen, wenn sie bei dünner
Aussaat nur eine solche zur Verfügung haben. Sie vermögen
Ammoniak aber dann sehr gut zu verwerten, wenn schon
organische Stickstoffverbindungen irgendwelcher Art vorhanden
sind, wie sie bei reichlicher Aussaat durch die abgestorbenen
Hefezellen, durch geringe Mengen von Extrakten irgendwelcher
stickstoffhaltiger Pflanzenstoffe (Kleie u. dgl.), durch Entwicklung eines Pilzes in dieser Lösung usw. hineingebracht werden
können. (Man hatte die fragliche Substanz als „Bios“ bezeichnet,
ein sehr wenig glücklicher Ausdruck.)

In umgekehrter Reihenfolge der Gruppen dagegen ist die
Verwertbarkeit viel größer. So vermögen beispielsweise die
stickstoffbindenden Bakterien mit Nitraten und selbst mit Pepton
als Stickstoffquelle ausgezeichnet zu wachsen, stellen dann allerdings ihre Stickstoffbindung ein. Das ist ja bis zu einem gewissen

Grade verständlich. Denn das Vorhandensein von Eiweiß als Reservestoff in der Zelle setzt ja auch die Fähigkeit voraus, bis zu diesen komplizierten Verbindungen hinauf angreifen zu können.

Von außerordentlich großer Bedeutung ist auch die Kohlenstoffquelle, deren Notwendigkeit bei mineralischem Stickstoff selbstverständlich ist. Aber auch bei organisch gebundenem Stickstoff erweist sich eine besondere Kohlenstoffquelle oft nützlich, oft allerdings auch schädlich wegen der Bildung organischer Säuren aus Kohlenhydraten.

Man kann weiter beobachten, daß, von der eigentlichen Stickstoffversorgung abgesehen, eine besondere Kohlenstoffquelle (Kohlenhydrat) die organischen Stickstoffverbindungen vor dem Abbau schützt, eine in der ganzen Stoffwechselphysiologie beobachtete Tatsache. Bei Hunger werden im Organismus zuerst Kohlenhydrate und Fett, dann erst Eiweiß veratmet. Das beruht eben darauf, daß bei Fehlen von Kohlenhydraten die organische Stickstoffquelle selbst als Kohlenstoffquelle (zum Bau- und Betriebstoffwechsel) herangezogen wird. Wenn dabei reichlich Ammoniak gebildet wird, so ist das eine Folge der Zertrümmerung des Kohlenstoffskeletts, hat also mit der eigentlichen Stickstoffversorgung nichts mehr zu tun, sondern ist hauptsächlich unter dem Gesichtspunkt des Betriebsstoffwechsels zu betrachten, bei dessen Besprechung denn auch auf diese Erscheinung zurückzukommen sein wird.

Wie in dem letzten Fall die Ammoniakbildung, so kann auch bei anorganischen Stickstoffquellen die Reaktion des Substrates weitgehend von dem Stickstoffumsatz beeinflußt werden, worauf gleich zurückzukommen sein wird.

XV. Baustoffwechsel (Fortsetzung).

Allgemeine äußere Bedingungen (Wasser. Temperatur [und Sterilisation]. Licht. Sauerstoff).

Zu den allgemeinen äußeren Bedingungen des Stoffwechsels gehört zunächst das Wasser, welches das Medium ist, in dem sich alle Lebensvorgänge vollziehen, da es Lösungs- und Dispersionsmittel für Krystalloide und Kolloide darstellt. Der Wassergehalt der Bakterien beträgt etwa 85 vH, ist also gleich demjenigen jugendlicher Organe höherer Pflanzen. Mit zunehmender Austrocknung steht die Lebenstätigkeit allmählich still, bis sie in den Dauerorganen, wie besonders den Endosporen, auf einen kaum mehr nachweisbaren Grad gesunken ist.

Die vegetativen Stadien sind gegen Austrocknung denn auch oft sehr empfindlich: Micrococcus gonorrhoeae geht schon nach wenigen Stunden zugrunde, Vibrio cholerae nach einigen Wochen; Diphtherie-Bakterien dagegen blieben bis zu 4 Jahren, Azotobacter 1 Jahr, Milchsäurebakterien bis zu 6 Jahren am Leben. In allen diesen Fällen handelt es sich um nicht sporenbildende Formen, deren Widerstandsfähigkeit gegen Austrocknung also sehr verschieden ist. Die vegetativen Zellen können hier offenbar bis zu einem gewissen Grade selbst Dauerorgane bilden, stellen vielleicht, wie bei Azotobacter, eine Art Chlamydosporen dar.

Viel resistenter sind Endosporen: Aus Erde in einem 92 Jahre nicht geöffneten Moosherbar konnten pro 1 g Erde 90000 Kolonien sporenbildender Erdbakterien gezüchtet werden. Pilzsporen sind ebenfalls gegen Austrocknung sehr resistent. Natürlich werden die Sporen in diesem Zustand nicht absolut trocken sein, da sonst die lebende Substanz absterben müßte, wenn auch das Protoplasma hier sicherlich durch seine besondere Konstitution an weitgehenden Wasserentzug angepaßt ist. Sie werden vielmehr noch einen kleinen Rest Wasser enthalten, dessen Verdunstung durch den hermetischen Abschluß nach außen verhindert wird, wenn man versuchen würde, das Wasser etwa durch Wärme zu entfernen. Offenbar ist die äußere Membran völlig undurchlässig in diesem lufttrockenen Zustand, so daß man solche trockenen Sporen und evtl. vegetative Dauerzustände durch wasserfreie Flüssigkeiten, wie absoluten Alkohol, Chloroform usw., nicht abtöten kann. Erst von einem bestimmten Wassergehalt an ist eine Quellung und damit ein Eindringen dieser Flüssigkeiten möglich, was denn auch den Tod der Zelle zur Folge hat.

Jede Wiederaufnahme der Lebenstätigkeit solcher Dauerorgane ist an die Gegenwart von Wasser gebunden: Die Quellung leitet jede weitere Entwicklung ein. Sie tritt bei Bakterien erst bei einer Dampfspannung von über 96 vH (entsprechend 8 vH Schwefelsäure), bei Schimmelpilzen schon bei 85 vH (entsprechend 22,6 vH H_2SO_4) ein.

Temperatur. Die Widerstandsfähigkeit gegen erhöhte Temperatur geht bis zu einem gewissen Grade der Austrocknung parallel: Je größer diese ist, um so höhere Temperaturen können ertragen werden. So sind auch die Endosporen als besonders typische Dauerorgane gegen hohe Temperaturen besonders widerstandsfähig. In trockenem Zustand vertragen Milzbrandsporen (Bacterium anthracis) $\frac{1}{2}$ Stunde trockenes Erhitzen auf 150° C. Feuchte Hitze kann von Endosporen ebenfalls gut vertragen werden, wenn auch naturgemäß nicht in dem Maße wie trockene Hitze: Sporen von Erdbakterien starben bei 105—110⁰ C in 2—4 Stunden, bei 120⁰ in 5—15 Minuten, bei 140⁰ in 1 Minute ab. Vegetative Stadien dagegen können feuchte Siedehitze nicht die kürzeste Zeit überstehen und sterben oft schon bei wesentlich darunter liegenden Temperaturen ab, wie gleich noch zu sagen sein wird. Pilzsporen sind gegen trockene Hitze recht widerstandsfähig, werden aber durch feuchte Siedehitze in kurzer Zeit abgetötet.

Auch sehr tiefe Temperaturen können ertragen werden: Nicht sporenbildende Leuchtbakterien lebten nach 1 Monat Aufbewahrung bei — 172 bis — 190⁰ C noch. Typhus- und Choleraerreger vertrugen einen vierzigmaligen Wechsel zwischen + 15⁰ und — 15⁰, obwohl allgemein die Organismen gerade gegen häufigen und schroffen Temperaturwechsel besonders empfindlich sind.

Im vegetativen Leben der Mikroorganismen machen sich nun mannigfache Unterschiede in der Anpassung an die Temperatur bemerkbar. Das Leben bewegt sich hier um die 3 Kardinalpunkte: Minimum. Optimum, Maximum, wobei aber das Optimum stets sehr nahe dem Maximum liegt im Vergleich zum Minimum. Man muß dabei ferner beachten, daß die Lage dieser 3 Kardinalpunkte jeweils nichts absolut Feststehendes ist, sondern weitgehend von äußeren Bedingungen abhängt. So sind unter Umständen die in künstlicher Kultur im Laboratorium gefundenen Verhältnisse nicht durchaus maßgebend auch für die natürlichen. Nach den Anpassungen im vegetativen Leben an die Temperatur unterscheidet man:

Psychrophile Organismen mit einem verhältnismäßig tiefen Minimum (0—10⁰) und Optimum, einem Maximum etwa bei 25—35⁰.

Mesophile Organismen, deren Optimum etwa bei dem Maximum der vorhergehenden liegt (25—35⁰); Maximum etwa bei 35—45⁰.

Thermophile Organismen mit einem sehr hohen Minimum (25—45⁰), Optimum (50—65⁰) und Maximum (75—80⁰).

Die Grenzzahlen dieser Einteilung sind durchaus willkürlich und sollen nur eine ungefähre Vorstellung der verschiedenen Anpassung und Gruppierung ermöglichen, wie sie nur in manchen extremen Fällen so verwirklicht ist. Am besten hebt sich vielleicht noch die Gruppe der ausgesprochenen Thermophilen ab.

Typisch psychrophile Organismen (wie die S. 32 erwähnten Leuchtbakterien) sind gegen nicht allzu hohe Temperaturen sehr empfindlich: sie sterben bei längerer Einwirkung von 40⁰ bereits ab, nachdem ihr Wachstum schon bei niedrigerer Temperatur zum Stillstand gekommen ist. Umgekehrt sind die Thermophilen sehr empfindlich gegen niedere Temperaturen: Bacillus calfactor (mit einem Minimum von 45⁰) ging bei 5—6⁰ bereits nach 16—20, bei 10—11⁰ nach 24, bei 21—22⁰ nach 48—60 Stunden zugrunde. Das gilt indes nur für die vegetativen Stadien; Sporen sind selbstverständlich widerstandsfähiger. Sehr charakteristisch für jeden Organismus ist die Temperaturspanne, innerhalb deren er wachsen kann und die sehr verschieden groß ist. Sie beträgt z. B. für Bacillus vulgaris 15—50⁰, für Mycobacterium tuberculosis dagegen nur 29—43⁰; eine ähnliche kleine Spanne zeigen viele pathogene, an die Körpertemperatur höherer Tiere angepaßte Mikroorganismen.

In der Natur finden wir die thermophilen Organismen in heißen Quellen und in organischen Massen, die sich bei der Zersetzung erhitzen; es sind nicht nur Bakterien (Bacillus calfactor), sondern auch Pilze: Thermoascus aurantiacus, Thermoidium sulfureum u. a. Die Thermophilen finden sich jedoch auch sonst überall und vertragen in der Natur offenbar viel niedrigere Temperaturen, als das nach dem Laboratoriumsversuch anzunehmen wäre (A. Koch, Noack); der Grund hierfür ist nicht bekannt. Die Anpassung derselben an solch hohe Temperaturen muß wohl in einer besonderen, chemisch-physikalischen Beschaffenheit des Plasmas begründet sein, da im allgemeinen Plasma dabei gerinnen würde, der Organismus also nicht lebensfähig sein könnte.

Innerhalb desjenigen Temperaturintervalls, innerhalb dessen sich das Leben eines Organismus abspielt, fördert steigende Temperatur das Wachstum in einer ähnlichen Gesetzmäßigkeit, wie das van 't Hoffsche Gesetz für die Erhöhung der Reaktionsgeschwindigkeit chemischer Vorgänge durch die Temperatur aussagt: Eine Temperaturerhöhung um 10⁰ hat etwa eine Verdoppelung bis Verdreifachung der Reaktions- bzw. Entwicklungsgeschwindigkeit zur Folge. Man hat z. B. gefunden:

Temperatur	4⁰ C	13,5⁰ C	23⁰ C
Teilungszeit in Stunden	20,0	10,5	6,5,

bei welchem Beispiel die kürzere Teilungszeit die schnellere Entwicklung angibt. Nahe am Maximum gilt diese Abhängigkeit natürlich nicht mehr, da zu viele störende Wirkungen in diesem Grenzgebiet der Lebensfunktionen einsetzen. Als einfachsten und sicher dabei äußerst wichtigen Fall, wenn von einer direkten Veränderung des Protoplasmas unter dem Einfluß der höheren Temperatur abgesehen wird, kann man sich vorstellen, daß in

diesen höheren Temperaturintervallen der Betriebsstoffwechsel
mehr gefördert wird als der Baustoffwechsel, so daß der Organismus den Verlust an Material, den er durch den Betriebsstoffwechsel erleidet, nicht mehr auszugleichen vermag, also ver-
hungern muß.

Die Vernichtung der Lebensfähigkeit der Mikroorganismen Sterili-
durch höhere Temperaturen ist das wichtigste Hilfsmittel zum sation.
Sterilisieren, zum Keimfreimachen. Das Pasteurisieren
zunächst, das zum Keimfreimachen der Milch angewendet wird,
beruht auf einer Behandlung bei 60—80° C, wobei allerdings
keine absolute Keimfreiheit erzielt wird, sondern nur die vegetativen und insbesondere die pathogenen (Tuberkelbacillen)
Keime vernichtet werden, was der Hauptzweck dieser Maßnahme
ist. Stärkeres Erhitzen verdirbt den Geschmack der Milch. Sonst
wendet man im allgemeinen Erhitzen im strömenden Dampf,
$^{1}/_{2}$ Stunde lang, zum Sterilisieren an. Jedoch kann dieses Verfahren höchstens die nicht sporenbildenden Mikroorganismen
abtöten, nicht aber die Endosporen der Bakterien, während die
Pilzsporen durch die feuchte Siedehitze abgetötet werden. Wenn
trotzdem, z. B. im WECKschen Apparat, eingekochte Gemüse
nicht verderben, obwohl sicher in ihnen noch Sporen vorhanden
sind, so liegt das sicherlich daran, daß die Keimungs- und Wachstumsbedingungen zu ungünstig sind, wohl wegen der sauren
Reaktion der Zellsäfte. Tatsächlich verderben auch die am
wenigsten Säure enthaltenden Erbsen am leichtesten. Auch
die Sauerstoffverdrängung beim Sterilisieren und der luftdichte Abschluß mag das Auskeimen verhindern, wozu weiterhin noch die
Bedeutung einer kühlen Aufbewahrung hinzukommt.

Um auch die Endosporen der Bakterien abzutöten, wendet
man die fraktionierte Sterilisation an, d. h. man sterilisiert
an 3 aufeinanderfolgenden Tagen je etwa 20—30 Minuten im strömenden Dampf. Die der ersten Erhitzung entgehenden Sporen
keimen bis zum zweiten Tage aus und werden dann leicht durch
Hitze abgetötet. Ein etwaiger Rest von ungekeimten Sporen
endlich wird so am dritten Tage erfaßt. Im allgemeinen genügt
diese dreimalige Sterilisation, doch muß bei Erdboden, auch
wenn dieser feucht ist, an mindestens 7 aufeinanderfolgenden
Tagen sterilisiert werden, damit absolute Keimfreiheit erzielt
werden kann, da hier infolge der vielen Lufträume die Feuchtig-
keit nicht so wirken kann wie in einer homogenen Flüssigkeit.

Diese fraktionierte Sterilisation muß bei vielen Nährböden
angewendet werden, die hohe Temperaturen (über 100°) nicht
vertragen, wie Gelatine, die dabei das Wiedererstarrungsvermögen

verliert, zuckerhaltige Nährböden wegen der Karamelbildung usw.
(Bei den empfindlichen Serumnährböden, wie sie in der medizinisch-bakteriologischen Technik verwendet werden, bedarf es
noch ganz anderer Vorsichtsmaßregeln.) Bei Nährböden dagegen, die höhere Temperaturen vertragen, kann durch einmalige Sterilisation unter Druck im Autoklaven völlige Keimfreiheit erzielt werden, wobei ja die Temperatur je nach dem
Überdruck beliebig gesteigert werden kann.

Es sei schließlich noch erwähnt, daß bei sauren Nährböden,
die zur Kultur von Pilzen dienen, meist eine einmalige Sterilisation
bei 100⁰ genügt, da sich Bakteriensporen in diesem sauren Medium
nicht entwickeln und Pilzsporen abgetötet werden.

Das bisher Gesagte gilt für wasserhaltige Nährböden. Trockene
Gegenstände (Reagenzgläser, Petrischalen usw.) müssen, gemäß
dem oben Ausgeführten, höher erhitzt werden und zwar etwa
$1/_2$ Stunde auf ungefähr 165⁰, wenn sie absolut keimfrei werden
sollen. Die Impfnadel wird durch Glühen in der Flamme
sterilisiert.

Licht. Die Wirkung des Lichtes, soweit dies möglicherweise
bei einer Photosynthese eine Rolle spielt, wurde bereits besprochen,
ebenso seine Wirkung auf die Auslösung von Bewegungen. Es
mag hier nur gesagt werden, daß im übrigen das Licht für die
Mikroorganismen nicht lebensnotwendig ist. Vielmehr kommt
ihm eine deutlich keimtötende, desinfizierende Wirkung zu,
namentlich den ultravioletten Strahlen, mit deren Hilfe auch die
Sterilisation von Milch und Trinkwasser erfolgen kann und
technisch ausgewertet wird. Auch ist ja die heilsame Wirkung
von Sonnen- und sonstigen Strahlen in hygienischer Hinsicht
bekannt, wenn hier auch noch weitere Momente wichtig sind.

Sauerstoff. Die positive oder negative Bedeutung des Sauerstoffes
für die Mikroorganismen ist gänzlich mit dem Betriebsstoffwechsel verknüpft und wird daher erst an der betreffenden Stelle
weiter unten S. 84 besprochen werden.

XVI. Baustoffwechsel (Fortsetzung).

*Allgemeine äußere Bedingungen, Forts. (Reaktion des Mediums).
Massenansatz (Nährstoffmenge und Massenansatz. Zeitlicher Verlauf des Massenansatzes). Förderung und Hemmung durch stoffwechselfremde Substanzen.*

Reaktion
des
Mediums. Von ganz wesentlicher Bedeutung ist ferner die Reaktion
des Substrates, wobei nicht so sehr die potentielle wie die
aktuelle saure bzw. alkalische Reaktion, d. h. also die Wasserstoff- bzw. Hydroxyl-Ionenkonzentration das Entscheidende ist

(s. dazu weiter unten). Im allgemeinen läßt sich sagen, daß Bakterien mehr alkalische bzw. neutrale, Pilze mehr saure Reaktion lieben bzw. ertragen, während Actinomyceten etwa in der Mitte stehen. Zählungen von Mikroorganismen in Böden von verschiedener natürlicher Reaktion ergaben in dieser Hinsicht ganz eindeutige Zahlen.

Die Wirkung der Reaktion des Substrates auf die Mikroorganismen braucht nicht, oder nicht immer, direkter Natur zu sein, sondern kann durch indirekte Beeinflussung vor sich gehen: bei Bacillus pycnoticus, der, wie viele andere Bakterien, sein Wachstumsoptimum etwa in der Gegend des Neutralpunktes hat, wird nach Ruhland die Verhinderung des Wachstums bei stärkerer Alkalität durch die Ausfällung von Eisen, die Wachstumshemmung bei stärkerer Acidität durch die Austreibung der Kohlensäure hervorgerufen. Überhaupt spielt die Ausfällung von Eisen und Zink, bei Aspergillus auch von Kupfer, in alkalischen Lösungen eine große Rolle in Hinsicht auf die vermeintliche „Schädlichkeit" solcher Lösungen, welche Schädlichkeit sich oft durch vermehrte Eisen- und Zinkzufuhr wieder ausgleichen läßt (Bortels). Daß Bakterien in alkalischen Lösungen im allgemeinen besser gedeihen als Pilze, mag zum Teil damit zusammenhängen, daß sie sich Eisen usw. besser anzueignen vermögen infolge der relativ viel größeren Oberfläche, und weil bei ihnen eine größere Möglichkeit für die einzelne Zelle besteht, mit festen, ausgefällten Partikelchen in Berührung zu kommen.

Natürlich zeigt auch hier wieder jeder Organismus sein charakteristisches Verhalten. Trägt man auf der Abszisse eines Koordinatensystems die Konzentration der Wasserstoffionen, auf der Ordinate die Wachstumsgröße ab, so erhält man eine eingipfelige Kurve mit dem Gipfel bei einer bestimmten Wasserstoff-Ionenkonzentration, die nach beiden Seiten nach dem Minimum und dem Maximum oft sehr steil abfällt. Je nach den äußeren Bedingungen zeigt dieser Gipfel, das Optimum, verschiedene Lage.

Sehr wesentlich ist, daß die Reaktion des Substrates nicht von dessen ursprünglicher Reaktion abhängt, sondern durch den Stoffwechsel des Organismus selbst weitgehend verändert werden kann. Wie man z. B. Säurebildung auf einfache Weise schon äußerlich erkennen kann, ist S. 131 an einem bestimmten Beispiel erwähnt. Hierbei spielt zunächst die Stickstoffquelle eine große Rolle, wie Boas eingehend zeigte. Bei der Verarbeitung anorganischen Stickstoffs in Form von Ammoniaksalzen oder Nitraten wird das NH_4-Kation oder das NO_3-Anion verarbeitet, so daß die freie Mineralsäure oder das freie Alkali in der Lösung zurückbleibt. In Analogie zu den Verhältnissen bei den höheren Pflanzen kann man diese Neutralsalze als physiologisch sauer bzw. alkalisch bezeichnen. Ein und derselbe Organismus, wie Aspergillus, kann auf diese Weise das Substrat je nach der Stickstoffstoffquelle alkalisch oder sauer machen. Allerdings wird das Substrat im allgemeinen nicht eigentlich alkalisch, da die von dem Organismus produzierte Kohlensäure durch Bildung von Bicarbonat etwa bei dem Neutralpunkt puffert. Gibt man Ammoniumnitrat, so wird das Substrat ebenfalls sauer, weil zuerst das NH_4-Kation verzehrt wird. Bei Aspergillus niger kann man auch äußerlich an älteren Kulturen die Reaktion leicht erkennen: Saure Lösungen färben sich nur schwach gelblich, alkalische rotbraun infolge Farbstoff- und Huminbildung S. 31). Ferner werden auf sauren Lösungen von diesem Pilz keine Sporen gebildet und Amylose (S. 25) in großen Mengen abgelagert.

Aber es stehen noch weitere Quellen zur Reaktionsänderung zur Verfügung. Bei Oxydation von Ammoniak und Schwefel durch die obenerwähnten autotrophen Organismen wird freie Salpetersäure und Schwefelsäure gebildet. Die Bildung von Milch-, Butter-, Essigsäure säuert natürlich ebenfalls das Substrat. In dem eben von Aspergillus erwähnten Beispiel wird auch bei Nitraten die Lösung zunächst sauer, erst später alkalisch bzw. neutral, sauer zunächst infolge der Bildung organischer Säuren (S. 102), nach deren Zerstörung erst das Alkali frei wird. Gibt man als Kohlenstoffquelle Salze organischer Säuren, so wird das Substrat natürlich ebenfalls alkalisch bzw. neutral, ebenso, wenn es sich um einen Eiweiß- oder sonstige Stickstoffverbindungen abbauenden Mikroorganismus handelt, wobei freies Ammoniak gebildet wird. Freies Alkali bildet sich auch bei der Denitrifikation (S. 114).

Die im Verlauf des Stoffwechsels gebildeten Wasserstoff- und Hydroxylionen können als Kampfstoffe wirken, also die Konkurrenz anderer Mikroorganismen fernhalten, wie das beim Einsäuern von Sauerkraut, Futtermitteln, in der Milch u. dgl. der Fall ist. In allen diesen eben genannten Fällen unterdrücken die Milchsäurebakterien die übrigen, namentlich die Fäulnisbakterien; bei der Käsereifung könnten die diesen Reifungsprozeß durchführenden Bakterien (es handelt sich um eiweißabbauende Bakterien, gewissermaßen um Fäulnisbakterien) ihre Tätigkeit nicht ausüben, wenn die Milchsäure nicht vorher durch andere Organismen zerstört würde, in diesem Fall meist durch den Milchschimmel Oidium lactis.

Andererseits vermag der Organismus sich selbst durch seine Reaktionsprodukte zu vergiften; es ist z. B. ein gewöhnlicher Fall, daß Aspergillus infolge zu hoher, von ihm selbst bewirkter Säurekonzentration abstirbt, wenn man ihm physiologisch saure anorganische Stickstoffsalze gibt (vgl. oben S. 39 das bei den Involutionsformen Gesagte). Auch die Hefe hemmt ihr eigenes Wachstum durch die Alkoholbildung.

Bei der Züchtung der Mikroorganismen spielt infolge der eben besprochenen Erscheinungen das Aufrechterhalten einer bestimmten Reaktion eine große Rolle. Das ist verhältnismäßig leicht, wenn gebildete Säure abgestumpft werden soll, nämlich durch Zugabe von kohlensaurem Kalk oder von kohlensaurem Magnesium, wobei im letzten Fall die Reaktion etwas alkalischer bleibt. Im übrigen kann man Puffersubstanzen verwenden, welche, wie etwa Alkaliphosphate, die Eigenschaft haben, bei Änderung der Wasserstoffionenkonzentration durch Zurückdrängung bzw. Erhöhung ihrer Dissoziation diese Änderung auszugleichen. Doch ist das infolge der oft sehr intensiven Säure- bzw. Alkalibildung durch die Mikroorganismen und sonstiger unerwünschter Nebenerscheinungen nur in gewissen engen Grenzen möglich, und es hat daher die Verwendung von Puffersubstanzen bei ihnen nicht die überragende Bedeutung, die man ihr zur Zeit meist beimißt. Auf die Pufferwirkung der natürlichen von dem Organismus gebildeten Kohlensäure wurde oben bereits hingewiesen.

Das Messen der Acidität hat eine große physiologische Bedeutung, was MICHAELIS zuerst erkannte. Durch Titrieren findet man die Gesamtacidität, welche sich aus potenzieller und aktueller Acidität zusammensetzt. Die aktuelle Acidität, die eigentliche Konzentration der freien Wasserstoffionen, findet man entweder durch kolorimetrische Messung mit Indikatoren, d. h. Farbstoffen, deren Farbton bei einer für jeden Indikator charakteristischen Konzentration der Wasserstoffionen umschlägt, oder elektrometrisch. Zieht man diese aktuelle Acidität von der Gesamtacidität ab, so erhält man die potentielle Acidität.

Die aktuelle Acidität, die Menge der freien Wasserstoffionen drückt man als p_H aus, welcher Ausdruck den umgekehrten negativen Logarithmus der Wasserstoffzahl darstellt. Der Neutralpunkt, bei dem also die Konzentration der Wasserstoff- und Hydroxylionen gleich ist, liegt bei $p_H = 7{,}07$; die Konzentration der Wasserstoffionen beträgt also $10^{-7{,}07}$ oder $\dfrac{1}{10^{7{,}07}}$ (Gramm Ionen im Liter).

Massenansatz. Nährstoffmenge und Massenansatz.

Mit steigender Menge der Nährstoffe (und Nährstoffaktoren im weitesten Sinne) steigt auch die Größe des Stoffwechsels und damit die Höhe des Massenansatzes an, jedoch nur bis zu einem gewissen Punkte; wird die Konzentration zu hoch, so tritt wieder ein Rückgang, eine Schädigung, ein. Messen wir diese Abhängigkeit am Massenansatz, der Zellenzahl oder der Größe irgendeines Stoffwechselproduktes, indem wir alle Nährstoff- und äußeren Faktoren in annähernd optimalen Mengen zur Verfügung stellen, aber einen der notwendigen Stoffe von Null bis zur optimalen Gabe variieren (variabler Faktor), so erhalten wir als Abhängigkeit etwa des Massenansatzes von der Menge des variablen Nährstoffes bis zu dem Maximalpunkt eine exponentiell abnehmende Kurve; der Massenansatz steigt nicht proportional der Menge des variablen Nährstoffes an, sondern in immer weiter abnehmendem Verhältnis, wie folgendes Beispiel von Aspergillus niger zeigt:

Zuckerkonzentration in vH ...	0	1	2	4	6	8	12	16	32	64
Pilzmasse in g ..	0,27	3,5	7,3	13,0	16,9	19,9	23,2	24,5	28,2	28,4

Der Anstieg dieser Kurve ist unter vergleichbaren Verhältnissen um so steiler, die relative Steigerung um so größer (man setzt dabei den Maximalwert $= 100$ und drückt die übrigen in Hundertteilen davon aus), je geringer die absoluten Mengen des jeweiligen variablen Faktors sind, welche zur Erzielung des Höchstwertes nötig sind. Diese zum Höchstwert notwendige Menge betrug z. B. in einem bestimmten Fall bei Aspergillus für Zink und Eisen 1 mg Fe bzw. Zn, für Magnesium 20 mg Mg, für Stickstoff 100 mg N jeweils in 100 cm³ Nährlösung. Doch sind diese Werte keineswegs feststehend, sondern es hat sich als allgemeine Regel herausgestellt, daß um so weniger desselben variablen Faktors zur Erreichung des Höchstwertes notwendig ist, die relative Steigerung um so größer ist (die Konstante ebenfalls um so größer; s. unten), je geringer die Versorgung mit einem der übrigen Nährstoffaktoren ist. So wurde z. B. bei 2 vH Zucker durch Natriumnitrat der Maximalwert bei 42, bei 20 vH Zucker erst bei 170 mg Stickstoff erreicht, während in dem obenerwähnten Beispiel von 100 mg Stickstoff der Zuckergehalt 12,5 vH betrug (R. Meyer).

Die gleiche Abhängigkeit gilt auch bei den höheren Pflanzen; sie wurde von Mitscherlich zuerst erkannt und stellt eine Weiterbildung des alten Liebigschen Gesetzes vom Minimum dar, welches besagte, daß der Ertrag in erster Linie von dem Faktor bestimmt wird, der sich relativ am meisten im Minimum befindet. Man kann die Kurve berechnen und durch eine Konstante ausdrücken, die nach Mitscherlich eine für jeden Nährstoffaktor unveränderliche Größe, also eine wirkliche Konstante darstellen soll (soweit nicht erkennbare Unregelmäßigkeiten hinzukommen). Das hat sich als nicht richtig herausgestellt; die Konstante hat jeweils einen anderen Wert auch für denselben Faktor unter veränderten Bedingungen: Sie wird um so größer, je mehr die übrigen Faktoren im Minimum sind, wie oben für Kaliumnitrat bei 2 vH und bei 20 vH Zucker gezeigt wurde. Diese Regel der Konstantenverschiebung (RIPPEL) gilt allgemein.

Die Kurve ist physiologisch leicht verständlich, wenn man sich vorstellt, daß zunächst der variable Faktor den Massenansatz proportional fördert, das Umbiegen aber durch eine Reihe hemmender und begrenzender Faktoren zustande kommt, wie durch das nicht genügende Vorhandensein sonstiger Faktoren, die Wirkung der steigenden Konzentration des variablen Faktors selbst, der gebildeten Stoffwechselprodukte usw.

Eine ähnliche Regel gilt für die Abhängigkeit der Reaktionsgröße von der Stärke des einwirkenden Reizes, wie auch bei Bakterien, und zwar für Bewegungsreize, gezeigt werden konnte. Diese Regel ist in der Reizphysiologie der Tiere und Pflanzen als WEBER-FECHNERsches Gesetz bekannt.

Auch der zeitliche Verlauf des Massenansatzes, gemessen an Gewicht, Zellenzahl oder Menge der entstehenden Stoffwechselprodukte zeigt in großen Zügen dasselbe Bild wie bei den höheren Pflanzen, nämlich eine charakteristische, S-förmig geschwungene Wachstumskurve nach ROBERTSON, wenn auf der Abszisse die Zeit, auf der Ordinate Massenansatz oder irgendeiner der ihn begleitenden Vorgänge abgetragen werden. Trägt man auf der Ordinate nicht die zu jeder Zeit gemessene Größe, sondern den jeweiligen Größenzuwachs auf, so entsteht das Bild der großen Periode des Pflanzenwachstums nach SACHS, wie man diesen Vorgang in der Pflanzenphysiologie bezeichnet. Die folgende Übersicht über den Wachstumsverlauf von Azotobacter chroococcum, gemessen an der Kohlensäureabgabe, gibt die Zahlen für beide Darstellungsweisen:

(Randnote: Zeitlicher Verlauf des Massenansatzes.)

Zeit in Stunden . .	3	6	9	12	15	18	21	24
g CO_2	12	41	72	169	309	573	992	1424
Zuwachs	12	29	31	97	140	264	419	432
Zeit in Stunden . .	27	30	33	36	39	42	45	
g CO_2	1823	2144	2410	2528	2564	2589	2611	
Zuwachs	399	321	266	118	36	25	21	

Dieser Wachstumsverlauf, der sich im Anstieg als Autokatalyse auffassen läßt, kommt so zustande, daß das Wachstum zunächst langsam einsetzt, immer mehr bis zu dem in der Hälfte der Entwicklungszeit gelegenen Maximum zunimmt, dann wieder langsam abklingt. Auch diese Kurve kommt durch das Gegeneinanderwirken zweier Faktoren zustande, eines fördernden, der in der exponentialen Vermehrung der Zellen liegt (aus 1 entstehen 2, daraus 4, 8 usw.) und eines hemmenden, der in Nahrungsmangel, Wirkung von Stoffwechselprodukten usw. begründet ist, wodurch die Kurve zur Horizontalen umgebogen wird. Geht das Wachstum bei verschieden guter Ernährung vor sich, so ist der relative Größenzuwachs um so geringer, je höher der erreichte Endwert ist. Wenn man jeweils den Endwert gleich 100 setzt und alle anderen Zahlen in Hundertteilen davon ausdrückt, so bekommt man verschiedene Kurven, die um so tiefer ausgebuchtet sind, je besser die Ernährungsverhältnisse sind; je stärker umgekehrt die Ernährungsfaktoren im Minimum sind, um so flacher verläuft die Kurve. Da auch die zum Endwert notwendigen Entwicklungszeiten verschieden sein können, so müssen sie natürlich auch auf Endzeit gleich 100 umgerechnet werden, damit ein Vergleich möglich ist. Auch diese Kurve kann man berechnen und durch eine Konstante ausdrücken, welche für jeden Organismus um so größer ist, je tiefer ausgebuchtet die Kurve ist, je höher der erreichte Endwert ist (RIPPEL).

Dieser hier betrachtete ideale, gewissermaßen abstrakte Fall ist bei den Mikroorganismen nur selten verwirklicht, da hier gegen Ende des Wachstums große Unregelmäßigkeiten auftreten können infolge der dann einsetzenden Autolyse (LUDWIG), auf die an geeigneter Stelle (S. 91) noch zurückzukommen sein wird.

Förderung und Hemmung durch stoffwechselfremde Substanzen.

Alle Elemente und Stoffe, die nicht unmittelbar in den Stoffwechsel einbezogen werden, wirken mehr oder weniger giftig; es wurde jedoch oben (S. 78) schon hervorgehoben, daß auch jeder Nährstoff in überoptimalen Mengen schädlich wirkt, so daß also ein strenger Unterschied zwischen Nützlichkeit und Giftigkeit schon aus diesem Grunde nicht bestehen kann. Umgekehrt zeigt sich auch, daß die nicht lebensnotwendigen „Gifte" in gewissen, sehr geringen Konzentrationen fördernd wirken können (Reizwirkung). Es ist hier als vielfach gültige Regel ausgesprochen worden: Geringe Konzentrationen wirken fördernd, stärkere narkotisch (d. h. der von dem Gift gelähmte Organismus erholt sich wieder), noch stärkere endlich wirken tödlich (ARNDTsches Gesetz). Worauf die fördernde Wirkung beruht, weiß man nicht. Es wäre durchaus denkbar, daß bei „giftigen" Metallen doch ein in Spuren notwendiges Element vorläge, von dem man dies nur noch nicht weiß. Man vergleiche auch gerade in Hinsicht auf das Kupfer die oben (S. 60) gemachten Angaben; vielleicht

ist also die Erwähnung dieses Elements unter den Reizwirkungen
nicht ganz richtig, aber namentlich in Hinsicht darauf geschehen,
daß Kupfer allgemein in solchem Zusammenhange, oft als Schul-
beispiel, erscheint. Ferner ist z. B. denkbar, daß ein Gift irgendwie auf die Permeabilität der Plasmamembran einwirkt, sie etwas
erhöht, wodurch der Stoffwechsel natürlich schneller ablaufen
muß. Da man aber noch keine Systematik aller Giftwirkungen
aufstellen kann, so soll diese Frage hier nicht weiterverfolgt und
nur ein paar tatsächliche Angaben gemacht werden.

Zu diesen Giften gehören vor allem von Elementen die Schwer-
metalle (wie besonders Kupfer, Quecksilber), die mit dem
Eiweiß unlösliche Verbindungen eingehen und so das lebende
Plasma zerstören. Sie werden denn auch oft zum Abtöten von
Keimen (Desinfektion) benutzt, Kupfer im Pflanzenschutz
als Bordeaux- oder Kupferkalkbrühe zum Abtöten von keimen-
den Pilzsporen, Queckilber in Form von Sublimat (1 pro mille)
zur Desinfektion von Händen, Wunden und in Form organischer
Präparate, wie Uspulun u. a., zur Abtötung von Pilzsporen usw.
Als Beispiel für die Reiz- und Giftwirkung diene das folgende
von Bac. coli und Kupfersulfat:

	$\frac{1}{10\,000}$	$\frac{1}{30\,000}$	$\frac{1}{100\,000}$	$\frac{1}{10\,000\,000}$	$\frac{1}{100\,000\,000}$	0
Verdünnung:						
Kolonien:	0	2000	7550	4000	3000	3000 .

Die Wirkung äußerst geringer Metallmengen, wie sie schon
durch Berührung der Kulturflüssigkeit mit einem Metall eintreten
kann, hat NÄGELI als oligodynamische Wirkung bezeichnet.
So kann durch kupferne Destillierapparate so viel Kupfer in die
Nährlösung hineinkommen, daß der Organismus vergiftet wird.
Aus dem zinkhaltigen Jenenser N-Glas geht Zink in Lösung (LAP-
PALEINEN) je nach saurer oder alkalischer Behandlung des Glases,
so daß das Wachstum unter anscheinend gleichen Bedingungen
sehr verschieden sein kann. Allerdings rechnen wir Zink jetzt, wie
oben (S. 60) erwähnt, zu den notwendigen Nährstoffen. Legt man
in eine mit Agar beschickte Petrischale, die mit irgendeinem Bakterium beimpft ist, ein Stückchen blankes Metall (Gold, Silber,
Kupfer, Quecksilber usw.), so bildet sich um das Metall eine völlig
bakterienfreie Zone (Vergiftungszone); nach außen folgt ein Ring
besonders dichter Besiedlung (Reizzone, wiewohl noch nicht mit
Sicherheit erwiesen ist, ob hierbei nicht andere Gründe mitspielen,
wie namentlich die Möglichkeit der größeren Nährstoffzufuhr aus
der bakterienfreien Zone); endlich folgt die Zone normalen Wachstums.

Sehr giftig wirken sauerstoffübertragende Verbindungen wie **Kaliumchlorat** und **Permanganat**, die zum Desinfizieren benutzt werden, **Wasserstoffsuperoxyd**, das man zum Desinfizieren und zum Haltbarmachen der Milch benutzt, **Ozon**, mit dem man stellenweise Trinkwasser sterilisiert, **Chlorkalk**, mit dem man Abortgruben usw. desinfiziert. Von organischen Verbindungen sind vor allem **Formaldehyd**, **Phenole** und **Salicylsäure** zu nennen. **Chloroform** und **Toluol** setzt man organischen Flüssigkeiten zu, in denen man Mikroorganismenentwicklung verhindern will. Es mag genügen, hier auf die wesentlichsten Punkte hingewiesen zu haben. Im einzelnen hat dieses Gebiet wegen seiner ungeheuren praktischen Bedeutung eine große Ausdehnung gewonnen, woran namentlich die medizinische Bakteriologie und der Pflanzenschutz beteiligt sind; wir können hier nicht weiter darauf eingehen.

XVII. Betriebsstoffwechsel.

Allgemeines (Baustoffwechsel und Betriebsstoffwechsel. Formen des Betriebsstoffwechsels. Verhalten zum Sauerstoff. Wärmeproduktion). Enzyme (Allgemeines).

Allgemeines. Baustoffwechsel und Betriebsstoffwechsel. Neben dem Baustoffwechsel geht in der Zelle der Energie schaffende Betriebsstoffwechsel einher, ohne daß jedoch bisher die Zusammenhänge beider Stoffwechselarten, die sicher bestehen, genauer bekannt wären. **Qualitativ** unterscheiden sich beide Vorgänge durch ihre Richtung: bei jenem Aufbau komplizierter organischer Verbindungen aus zum Teil einfacheren organischen oder selbst nur aus anorganischen Stoffen, wie bei den Autotrophen; bei diesem Zertrümmerung komplizierter organischer Verbindungen in einfachere organische und anorganische Stoffe. **Quantitativ** unterscheiden sie sich ebenfalls erheblich: der Baustoffwechsel umfaßt nur einen kleinen Bruchteil des Gesamtumsatzes. Bei der Hefe wird nur etwa 1 vH des Zuckers im Baustoffwechsel verwendet; alles übrige fällt dem Betriebsstoffwechsel anheim. Es mag sein, daß das quantitative Hervortreten des Betriebsstoffwechsels und die relative Einfachheit der auftretenden Endprodukte die Ursache davon ist, daß man über ihn erheblich besser unterrichtet ist als über den Baustoffwechsel.

Im wesentlichen handelt es sich beim Betriebsstoffwechsel um hydrolytische Spaltungen in Verbindung mit Oxydationen, Reduktionen, Kohlensäure- und Ammoniakabspaltungen, wobei die **Gesamtheit** der entstehenden Produkte energieärmer ist als das Ausgangsmaterial, wenn auch an sich energiereiche Produkte, wie Alkohole, aus Zucker entstehen können.

Die Energie wird bei den höheren Pflanzen durch die At-mung gewonnen, d. h. durch die Verbrennung (Oxydation) der 3 physiologisch als Reservestoffe und Energiematerial wichtigen Stoffgruppen Kohlenhydrate, Fett und Eiweiß mit Hilfe des freien Sauerstoffs der Luft zu Kohlensäure und Wasser (wenn wir uns vorerst auf die Betrachtung des Kohlenstoffs und Wasserstoffs beschränken). Man kann den Begriff Gärung mit Betriebsstoffwechsel gleichsetzen und bezeichnet die Atmung demgemäß auch als Oxydationsgärung; man spricht auch von Oxybiose. Wir wollen sie im folgenden als aërobe Atmung bezeichnen, weil sie unter aëroben (S. 84) Verhältnissen (in biologischem Sinne) durchgeführt wird.

Schließt man die lebhaft aërob atmende höhere Pflanze, z. B. keimende Samen, vom freien Sauerstoff ab, so kommt es zu einer Alkoholgärung; man spricht dann auch von intramolekularer Atmung, weil sich eben der Energie liefernde Vorgang innerhalb des einen (Zucker-) Moleküls abspielt, wobei der Sauerstoff des Moleküls selbst zur teilweisen Verbrennung unter Bildung von Kohlensäure verwendet wird. Man kann diesen Vorgang der Spaltung des Moleküls als Spaltungsgärung bezeichnen; man spricht auch von Anoxybiose, im Fall der Milchsäurebildung, namentlich in tierischen Zellen, auch von Glykolyse. Wir wollen im folgenden von anaërober Atmung sprechen, weil sie unter anaëroben (S. 84) Verhältnissen stattfindet. Eine derartige Spaltungsgärung ist bei den höheren Pflanzen wohl nur, soweit das bisher bekannt ist, ein pathologischer Vorgang. Anders bei den Mikroorganismen: Hier können beide Typen vollwertig nebeneinander vorkommen, die anaërobe Atmung auch noch in anderen Formen als derjenigen der Alkoholgärung, und zwar der Milchsäuregärung (analog den Verhältnissen im tierischen Muskel) und der Buttersäuregärung, als den 3 Haupttypen der Kohlenhydratvergärung, die wir unten noch genauer kennenlernen werden.

Beide Typen des Betriebsstoffwechsels findet man nun nicht nur bei dem Vergleich verschiedener Organismen, sondern auch in dem Stoffwechsel eines und desselben Organismus, wie bei der Hefe und den Milchsäurebakterien. Es konnte hier durch MEYERHOF gezeigt werden, daß tatsächlich aërobe und anaërobe Atmung (Oxydation und Spaltung, Oxybiose und Anoxybiose) beides nur verschiedene Wege des Energiegewinnes sind (wie schon PASTEUR annahm), die sich gegen-

6*

seitig ausschließen, aber beide möglich sind. Durch Begünstigung der Oxydation werden auf je 1 Molekül oxydierten Zuckers 3 bis 6 Moleküle vor der Spaltung zu Alkohol und Kohlensäure bzw. zu Milchsäure geschützt, d. h. der Organismus arbeitet aërob ökonomischer: Denn die Oxydation liefert ja erheblich mehr Energie als die Spaltung (S. 86). Außerdem werden schon im Spaltungswege gebildete Zwischenprodukte, wie etwa Milchsäure, zu Kohlenhydrat zurücksynthetisiert.

Man stellt sich also vor, daß im Organismus Zutritt von Sauerstoff die etwa vorhandene Spaltung normalerweise zurückdrängt, und nimmt weiter an, daß nur bei pathologisch veränderten Organismen, als welche man die Kulturhefen betrachtet, auch bei Sauerstoffzutritt doch die Spaltung durchgeführt wird. Wir werden allerdings S. 126 sehen, daß auch Kulturhefen noch deutliche Beziehungen zum freien Sauerstoff zeigen. Ob diese Auffassung der reinen anaëroben Atmung als einer pathologischen Fixierung für die Mikroorganismen mit ihren vielen und sicher nicht nur kulturellen anaëroben Typen haltbar ist, kann jedoch fraglich erscheinen.

Wenn also aërobe und anaërobe Atmung sich auch ausschließen, so ist doch immerhin möglich, daß der Gang des Abbaues zunächst ähnlich ist; nur wird eben im Fall der aëroben Atmung eine restlose Verbrennung stattfinden mit voller Energieausnutzung, im Fall der anaëroben Atmung eine „verschwenderische" Anhäufung an sich noch oxydabler Verbindungen (Alkohol, Milchsäure). Es muß das nochmals besonders betont werden, da leicht Mißverständnisse in Hinsicht auf spätere Ausführungen entstehen könnten. Auf jeden Fall aber sehen wir, daß die Bezeichnung „Atmung" für beide Fälle berechtigt ist.

Verhalten zum Sauerstoff. Der Betriebsstoffwechsel der Mikroorganismen muß also, nach dem eben Ausgeführten, von dem jeweiligen Verhalten des betreffenden Mikroorganismus dem freien Sauerstoff gegenüber betrachtet werden. Man unterscheidet seit Pasteur:

1. obligat aërobe; 2. fakultativ anaërobe; 3. obligat anaërobe Mikroorganismen, wobei die zur ersten Gruppe gehörigen nur bei Vorhandensein, die zur dritten Gruppe gehörigen nur beim Fehlen des freien Sauerstoffes gedeihen können (in vorläufiger Definition, s. unten S. 85), während die zur zweiten Gruppe gehörigen unter beiden Bedingungen zu wachsen vermögen. Natürlich sind auch diese Gruppen durch alle möglichen Übergänge miteinander verbunden. Folgende Übersicht zeigt

das Verhalten einiger verbreiteter Bakterien zum freien Sauerstoff, wenn Sporenkeimung eintreten soll:

	Minimum	Optimum	Maximum	
Bac. amylobacter, obl. anaërob	0	gut bei 10	25	mg O_2 im l
Bac. asterosporus, fak. anaërob	0	100	5600	mg O_2 im l
Bac. tumescens } obl. aërob . .	{ 9,4	276	2163	mg O_2 im l
Bac. subtilis }	{ 4,3	400	4317	mg O_2 im l

Normale Luft enthält 276 mg O_2 im l

Anaëroben sind gegen freien Sauerstoff oft sehr empfindlich. Die vegetativen Zellen von Bac. amylobacter werden nach BREDEMANN schon durch 10 Minuten lange Einwirkung der freien Luft abgetötet, Sporen nach 8 Tagen. Doch sind das ganz einseitige extreme Verhältnisse der künstlichen Kultur; im natürlichen Substrat, wie im Erdboden, in dem solche Bakterien sehr verbreitet sind, der aber normalerweise gut durchlüftet ist, müssen die Verhältnisse ganz anders liegen, wie es ja auch bei den Thermophilen hervorgehoben wurde.

Wie die schädliche Wirkung des freien Sauerstoffes auf die Mikroorganismen zustande kommt, weiß man noch nicht genau; man nimmt an, daß durch seine Wirkung ein schädliches Stoffwechselprodukt entsteht. Oft kann man beobachten, daß anaërobe Arten zusammen mit aëroben bei vollem Luftzutritt sehr wohl gedeihen; man nimmt in solchen Fällen aber an, daß den Anaëroben das Gedeihen nicht etwa durch das Verzehren des Sauerstoffes seitens der Aëroben ermöglicht wird, sondern dadurch, daß die Aëroben die unter der Wirkung des freien Sauerstoffes entstandenen, für die Anaëroben giftigen Stoffwechselprodukte zerstören, wobei man vielleicht an Peroxyde denken könnte (s. auch S. 96).

Sehr bemerkenswert ist endlich, daß das anaërobe Leben durch geeignete Kulturbedingungen in aërober Richtung umgestimmt werden kann: Erhöhung der Nährstoffmenge, vor allem von Pepton, die Gegenwart adsorbierender Stoffe (was ja auch im Erdboden der Fall ist) usw. wirken in diesem Sinn. Auch ist beachtenswert, daß bei einigen fakultativ Anaëroben, wie bei der Hefe, aber auch bei anderen Mikroorganismen, doch der Sauerstoff zur Bildung und zur Keimung der Sporen (in diesem Fall der Ascussporen) notwendig ist, wie wir bei der Hefe S. 126 noch weiter sehen werden.

Bei der Kultur muß auf die verschiedene Anpassung der einzelnen Mikroorganismen an den Sauerstoff Rücksicht genommen werden. Die obligat Anaëroben züchtet man unter Ausschluß jeglichen

freien Sauerstoffes, indem man etwa in indifferenten sauerstoff-
freien Gasen, Stickstoff, Wasserstoff, Kohlensäure, oder auch
im Vakuum kultiviert, wobei durch alkalische Pyrogallollösung
der letzte Rest von Sauerstoff aus dem Kulturmedium entfernt
wird. In Reagenzgläsern mit hoher Schicht wachsen die Anaëroben
in der Tiefe, wie besonders schön bei Impfung vermittels Einstiches
bis unten hin zu beobachten ist. In den tieferen Schichten ver-
raten sie sich oft durch Gasbildung. Auf die eingehende Wiedergabe
sonstiger technischer Einzelheiten kann hier verzichtet werden.

**Wärme-
produktion.** Die im Betriebsstoffwechsel gewonnene Energie wird schließlich in der Form von Wärme frei; das tritt jedoch bei der verhältnismäßig wenig Energie liefernden Spaltungsgärung erheblich
weniger in Erscheinung als bei einer Oxydationsgärung, wie man
aus dem Caloriengewinn bei der Alkoholgärung (28,1) ersieht gegenüber 674,0 Cal bei der Verbrennung von Dextrose zu Kohlensäure
und Wasser (jeweils pro 1 Gramm-Molekül Zucker). Die Erwärmung
von lagerndem Dünger und anderer organischer Massen, welche
durch Mikroorganismentätigkeit zersetzt werden, bieten ein Beispiel für biologische Wärmebildung. Eine auf diesem Wege entstandene Erwärmung kann sogar zu einer sog. „Selbstentzündung“,
wie beim Heu, führen. In feucht eingebrachtem Heu kann durch
die Atmung gewöhnlicher aërober Mikroorganismen die Temperatur steigen und schließlich durch Thermophile, wie Bacillus
calfactor, bis etwa 80⁰ gebracht werden. Die letzte entscheidende
Etappe der Selbstentzündung scheint dann allerdings eine plötzliche
Entzündung hochoxydabler organischer Verbindungen, also ein
rein chemischer Vorgang, zu sein. Bei der Verbrennung der organischen Substanz im Erdboden verteilt sich dagegen die gebildete
Wärme zu sehr, als daß sie merkbar in Erscheinung treten könnte.

**Enzyme.
Allgemeines.** Alle Stoffwechselvorgänge werden mit Hilfe von Enzymen
(auch als Fermente bezeichnet) durchgeführt, auch sicherlich
der Baustoffwechsel; doch tritt auch bei der Enzymwirkung
die abbauende Seite viel stärker in den Vordergrund. Man
definiert die Enzyme als Katalysatoren, d. h. als Stoffe, die
in äußerst geringen Mengen die Geschwindigkeit einer Reaktion
sehr erheblich ändern, ohne selbst in den Endprodukten zu erscheinen oder eine dauernde Veränderung zu erleiden. Im wissen-
schaftlich strengsten Sinn allerdings kann diese Definition, die
mehr ein Vergleich ist, nicht gelten, da die Enzyme in der Reaktion
selbst nicht ganz unbeeinflußt bleiben. Als weiteres und wesent-
lichstes Merkmal ist ihre spezifische Wirkung zu nennen.

Früher stellte man Enzyme, wie z. B. die Malzdiastase, als
ungeformte, unorganisierte Fermente oder eigentliche Enzyme

den organisierten Fermenten (Bakterien) gegenüber, eine Unterscheidung, die jetzt natürlich infolge der Isolierung von Enzymen aus Mikroorganismen gegenstandslos geworden ist.

Es sei zunächst eine Übersicht[1]) über die wesentlichsten hier in Frage kommenden Enzyme gegeben, wobei bemerkt werden mag, daß auch hier alles noch außerordentlich im Fluß ist und eine solche Einteilung in kürzester Zeit bereits überholt sein kann. Zum Beispiel werden die Enzyme immer weiter aufgeteilt, da sich herausstellt, daß viele aus Teil-Enzymen ganz verschiedener Wirkung bestehen. Emulsin ist ein Beispiel dieser Art; es ist jetzt völlig aufgeteilt. Zur Benennung des jeweiligen Enzyms hängt man dem Namen des Stoffes, der gespalten wird, die Endung -ase an; in einigen Fällen hat das Enzym die Endung -in. Die Übersicht soll nur eine vorläufige Aufzählung sein, an die sich einige weitere Bemerkungen über ihre allgemeinen Eigenschaften anschließen; auf Spezielles soll erst später, bei Besprechung der jeweiligen Stoffwechselvorgänge, eingegangen werden. Namentlich soll erst dann auf die schwierigen Verhältnisse der Desmolasen und des Zusammenhanges der spaltenden und oxydierenden Enzyme eingegangen werden.

XVIII. Betriebsstoffwechsel (Fortsetzung).
Enzyme, Forts. (Übersicht der Enzyme. Stoffliche Natur. Gewinnung und Reinigung. Enzymregulation. Autolyse).

A. Hydrolasen.

Es sind hydrolysierende Enzyme, deren Tätigkeit lediglich die sekundären Bindungen des Kohlenstoffs mit Kohlenstoff oder Stickstoff durch Hydrolyse lösen, wobei keine wesentliche freie Energie gewonnen wird. Übersicht der Enzyme.

I. Esterasen.

Lipasen spalten Neutralfette in Glycerin und Fettsäure.

Tannase spaltet Tannin in Zucker und Gallussäure (der Zucker ist hier nicht in Glukosidbindung.)

Phosphatasen spalten anorganische Phosphorsäure aus organischen Phosphorsäureestern ab.

Sulfatase spaltet Schwefelsäure aus den sog. Ätherschwefelsäuren ab.

II. Carbohydrasen.

a) Hexosidasen. In erster Linie die Enzyme, die Hexosen aus Di- und Trisacchariden und aus anderen Glukosiden (auch

---

[1]) Nach Oppenheimer: Die Fermente. 5. Aufl. G. Thieme. Leipzig 1925 26.

jene sind ja Glukoside) abspalten. Je nachdem ob eine α- oder
β-Form des Substrates vorliegt, unterscheidet man auch die Enzyme, von denen kein α-Enzym eine β-Form zu spalten vermag
und umgekehrt.

α-Fructosidase. Das Invertin (auch als Invertase
oder Saccharase bezeichnet) der Hefe, das Rohrzucker in je
1 Molekül Glukose und Fructose spaltet.

α-Glukosidasen: Invertin von Aspergillus oryzae; ferner
die Maltase, die Maltose in 2 Moleküle Glukose spaltet.

β-Glukosidasen: Cellobiase spaltet Cellobiose in 2 Moleküle Glukose, Gentiobiase (Teil des Emulsins) spaltet Genti-
obiose in 2 Moleküle Glukose. Prunase (die Hauptgruppe des
jetzt völlig aufgelösten Emulsins), eine β-Phenolglukosidase,
ist die eigentliche β-Glukosidase; sie spaltet Phenolglukoside
und β-Alkylglukoside.

Lactasen spalten Lactose (Milchzucker) in je 1 Molekül
Glukose und Galactose.

Außerdem sind noch zahlreiche weitere glukosidspaltende
Enzyme bekannt, wie z. B. die Rhamninase, die Rhamninose
(ein aus 2 Molekülen Rhamnose und 1 Molekül Galactose bestehendes Trisaccharid) aus ihrem Glukosid, dem Xanthorhamnin,
abspaltet. Solche glukosidspaltenden Enzyme finden sich in den
höheren Pflanzen, welche die entsprechenden Glukoside führen,
sind aber auch bei Mikroorganismen verbreitet.

b) Polyasen spalten Polysaccharide.

Diastasen verzuckern Stärke.

Cellulasen verzuckern Cellulose.

Hemicellulasen oder Cytasen verzuckern Hemicellulosen.

c) Nucleasen sind ein Komplex verschiedener Enzyme, von
denen nur ein Teil an diese Stelle gehört; die systematische Einordnung ist jedoch in allen Teilvorgängen noch nicht möglich.
Sie spalten Nucleïnsäure.

III. Amidasen und Aminoacidasen lösen die Säure-
amidbindung bzw. spalten Aminogruppen ab.

Urease spaltet Harnstoff.

Arginase spaltet Arginin in Ornithin und Harnstoff.

Purinamidasen spalten aus Purinderivaten Aminogruppen ab.

Aminoacidasen, welche Aminosäuren zur entsprechenden
Oxysäure desaminieren, sind nicht mit Sicherheit bekannt.

IV. Peptidasen (Ereptasen) greifen Proteine nicht an,
sondern Polypeptide bzw. Peptone, die durch den Angriff der
eigentlichen Proteasen entstanden sind, und die bis zu freien
Aminosäuren gespalten werden. Hierher das Erepsin des Darms.

V. Proteasen spalten Eiweißkörper bis zu Polypeptiden; wenn der Abbau weiter bis zu den Aminosäuren erfolgt, scheint es sich um eine Beimischung von Peptidasen zu handeln. Auch der erste Angriff auf die Nucleoproteïde erfolgt durch sie.

Pepsin, z. B. im Magensaft, wirkt in stark saurer, Trypsin, im Pankreassaft, wirkt in alkalischer Lösung.

B. Desmolasen.

Enzyme, welche die eigentlichen Kohlenstoffbindungen lösen, das Molekül also zertrümmern, wobei die entsprechenden Endprodukte in ihrer Gesamtheit wesentlich energieärmer sind als das Ausgangsmaterial.

I. Zymasen. Damit bezeichnet man jetzt die Gesamtheit der den anaëroben Zuckerabbau durchführenden Enzyme. Als Teilenzyme sind gefunden bzw. angenommen:

Hexasen, welche den ersten Angriff auf das Zuckermolekül ausführen. Sie sind aber noch hypothetisch.

Aldehydrasen[1]) dehydrieren Aldehyde.

Ketonaldehydmutase dismutiert Methylglyoxal zu Milchsäure.

Alkoholdehydrase dehydriert Alkohol.

Carboxylase decarboxyliert α-Ketosäuren.

Carboligase knüpft Kohlenstoffketten.

II. Andere Stoffwechseldehydrasen.

Acidodehydrasen vermitteln den weiteren Abbau der Carbonsäuren,

Purindehydrasen denjenigen von Purinderivaten.

III. Chromodehydrasen bzw. Chromooxydasen sind pigmentbildende Enzyme.

Phenolasen oxydieren Polyphenole.

Tyrosinasen oxydieren Tyrosin und andere Monophenole.

IV. Katalasen machen aus Wasserstoffsuperoxyd elementaren Sauerstoff frei.

C. Aktivatoren und Paralysatoren.

Zu den Enzymen treten noch weitere Stoffe, die teils fördern, wie die Aktivatoren, teils hemmen, wie die Paralysatoren. Ihre Wirkung ist z. T. unzertrennbar mit derjenigen der Enzyme verknüpft, wie besonders bei den spezifisch wirkenden Aktivatoren:

---

[1]) Früher sagte man Aldehydasen; die neue Bezeichnung soll andeuten, daß man das Enzym unter dem Gesichtspunkt der Dehydrierung betrachtet (S. 97).

den Co-Zymasen und der Co-Tryptase (Enterokinase), welche zu der Zymase bzw. dem Trypsin hinzukommen müssen, damit diese überhaupt wirksam sein können. Unter die Aktivatoren sind auch Neutralsalze zu rechnen, wie z. B. Chlornatrium ein sehr kräftiger Aktivator der Amylase ist. Von spezifischen Hemmungsstoffen sind vor allem die Spaltprodukte selbst zu nennen. Auf weiteres wird an geeigneter Stelle zurückzukommen sein.

Stoffliche Natur. Chemisch-physikalisch müssen die Enzyme als Hydro-Kolloide bezeichnet werden. Ihre stoffliche Natur ist jedoch ganz rätselhaft. Vielfach hatte man geglaubt, daß sie eiweißartiger Natur seien, und es wurde sogar der Gehalt an Eiweißbausteinen, z. B. von Tryptophan, bestimmt durch v. EULER. Nach der Ansicht von WILLSTÄTTER dagegen ist das von beiden Autoren in dieser Hinsicht untersuchte Hefe-Invertin völlig stickstofffrei. Allerdings sollen Eiweiß, gummiartige Stoffe usw. eine schützende Wirkung auf das Enzym ausüben, so daß eine Verunreinigung damit leicht möglich ist. Denn wenn solche Stoffe das Enzym vor Zerstörung schützen, andererseits das Enzym nur an seiner Wirkung erkannt werden kann, so fehlen einstweilen alle Vorbedingungen für die Möglichkeit der Herstellung eines absolut reinen Präparates.

Gewinnung und Reinigung. Enzyme sind Ektoenzyme, wenn sie nach außen abgeschieden werden wie Cellulase und Proteasen; es ist das verständlich, da Cellulose und Eiweiß ja nicht in die Zelle eindringen können. Andere Enzyme sind Endoenzyme, d. h. sie werden nicht nach außen sezerniert, sondern bleiben frei oder auch gebunden in der Zelle, aus der sie durch geeignete Maßnahmen herausgenommen werden können. Die Zymase der Alkoholgärung kann durch Zertrümmerung der Zellen oder durch Herabsetzen ihrer Permeabilität (S. 123) gewonnen werden; ebenso ist das Invertin der Hefe ein Endoenzym, das man jetzt hauptsächlich durch Autolyse der Zellen (s. unten) frei werden läßt. Aus ihrer wäßrigen Lösung können die Enzyme mit Alkohol ausgefällt und weitergereinigt werden; ein anderes, besseres Verfahren ist die Adsorption an verschiedene Stoffe, wie Aluminiumhydroxyd usw., wonach sie wieder mit Ammoniak usw. eluiert werden können. Das verschiedene Verhalten bei Adsorption und Elution kann zur Trennung benutzt werden. Auf diese letzte Weise ist WILLSTÄTTER besonders beim Hefe-Invertin zu sehr reinen Präparaten gekommen. Auf weitere Einzelheiten wird im speziellen Teil einzugehen sein.

In wäßriger Lösung sind die Enzyme nicht haltbar und gegen Temperatur äußerst empfindlich: oberhalb 60° C nimmt ihre

Wirksamkeit sehr rasch ab; bei 100⁰ werden sie sehr schnell vernichtet. In trockenem Zustand sind sie fast unbegrenzt haltbar und ertragen dann auch Temperaturen sogar über 100⁰, wenn ihre Wirksamkeit danach auch etwas geschwächt sein kann. Sehr zweckmäßig ist auch, sie nicht trocken, sondern in konzentriertem Glyzerin gelöst aufzubewahren. Auch gegen Gifte wie Sublimat, Schwefelwasserstoff, Blausäure, Formaldehyd usw. sind sie empfindlich, dagegen z. B. nicht gegen Toluol und Chloroform; derartige Stoffe setzt man denn auch einer Enzymlösung zu, wenn man die Lebenstätigkeit und Entwicklung von Organismen unterdrücken, also nur eine enzymatische Wirkung erzielen will. Auch gegen die Reaktion des Mediums können Enzyme äußerst empfindlich sein: jedes Enzym hat sein Wirkungsoptimum bei einer bestimmten Konzentration der Wasserstoffionen, von dem aus seine Wirksamkeit nach beiden Seiten hin schnell abfällt (vgl. z. B. Pepsin und Trypsin S. 140).

Als quantitative Enzymregulation bezeichnet man nach KYLIN die Tatsache, daß zwar ein bestimmtes Enzym immer gebildet, aber seine Bildung sehr gesteigert wird, wenn der betreffende Stoff, der durch das Enzym gespalten wird, zugegen ist (Diastase, Maltase, Invertase bei Aspergillus). Als qualitative Enzymregulation bezeichnet man die Erscheinung, daß ein Enzym überhaupt nur in Gegenwart des zu spaltenden Stoffes gebildet wird, wie die Tannase bei Aspergillus; dieser letzte Fall der qualitativen Enzymregulation ist jedenfalls weitaus seltener.

Die Möglichkeit der Abtrennung der Enzyme von dem lebenden Substrat, wie man sie ja bei der Enzymgewinnung erzielt, zeigt, daß sie das Leben der Zelle überdauern können. Das tritt auch normalerweise ein: Wenn die alternden Zellen absterben, werden ihre Enzyme frei und üben ihre Tätigkeit weiter aus; es kann so zu einer fast völligen Auflösung der ursprünglichen Organismensubstanz kommen. Man bezeichnet diesen Vorgang als Autolyse. Auf diese Weise können Endoenzyme, wie das Invertin der Hefe. gewonnen werden.

XIX. Betriebsstoffwechsel (Fortsetzung).

Enzyme, Forts. (Enzymatisches Gleichgewicht. Reversibilität der Enzymwirkung. Spezifität der Enzyme). Aërobe Atmung (Sauerstoffaktivierung).

Die Wirkung der Enzyme läßt sich in mancher Hinsicht mit dem Reaktionsverlauf chemischer Verbindungen vergleichen, der zu einem Gleichgewicht führt (Anwendung des Massenwirkungsgesetzes), wie z. B. die Bildung bzw. Zersetzung von Essigsäureäthylester, die folgendes Bild zeigt:

Essigsäure + Äthylalkohol $\rightleftarrows$ Essigsäureäthylester + Wasser, wobei also der Vorgang je nach der Menge der angewendeten Ausgangsstoffe von links nach rechts oder von rechts nach links verlaufen kann, bis das Gleichgewicht sich eingestellt hat. Denn es ist: $\dfrac{[c_1] \cdot [c_2]}{[c_3] \cdot [c_4]} = K$, wobei c Konzentration, K die Gleichgewichtskonstante bedeuten. Ähnliches ist auch bei vielen Enzymreaktionen der Fall, wobei das Enzym als Katalysator die Reaktionsgeschwindigkeit beeinflußt; nur kommt es allerdings bei Enzymreaktionen oft zu einem falschen Gleichgewicht (TAMMANN), das dadurch bedingt ist, daß der Gleichgewichtszustand nicht allein durch die reagierenden Stoffe bedingt ist, sondern auch dadurch, daß das Enzym mit in die Reaktion eintritt und dabei zerstört bzw. inaktiviert wird.

In gewissen Fällen, wie z. B. bei der enzymatischen Rohrzuckerspaltung in sehr verdünnten Lösungen[1]), hat man eine Anpassung an den Verlauf der monomolekularen Reaktion gefunden; jedoch ist die Reaktionskonstante bei Änderung von Substrat, Enzymmenge usw. nicht die gleiche, während sie bei der Säurehydrolyse unverändert bleibt; das Reaktionsgleichgewicht ist also veränderlich, was zeigt, daß bei Prüfung der Gültigkeit des Massenwirkungsgesetzes hier die besonderen Verhältnisse, wie sie in der Enzym-Substrat-Bindung usw. vorliegen, berücksichtigt werden müssen. Bei anderen Enzymen können die Verhältnisse noch komplizierter liegen als bei demjenigen der Rohrzuckerspaltung; wir gehen jedoch hier nicht weiter auf diese Verhältnisse ein. Es sei nur erwähnt, daß zur Zeit die Kinetik der Enzymwirkung eine äußerst wichtige Rolle bei dem Studium der Enzyme spielt (v. EULER, KUHN, MYRBÄCK, WILLSTÄTTER u. a.).

Reversibilität der Enzymwirkung. Jedenfalls aber mußte die Auffassung der Enzyme als Katalysatoren der Reaktionsgeschwindigkeit zu der Annahme führen, daß, wenn die Gleichgewichtslage es gestattet, ihre Tätigkeit reversibel sein müsse, daß sie also auch synthetische Wirkung zeigen müßten, was TAMMANN voraussagte. Dieser Nachweis ist in der Tat vielfach schon gelungen (zuerst durch HILL): Durch Lipase hat man bei hoher Konzentration von Glycerin und Fettsäure, wobei also das Gleichgewicht sehr stark in der Richtung auf die Synthese verschoben ist, Fettbildung erzielt. Ebenso

---

[1]) Eigentlich ist die Reaktion Rohrzucker + Wasser = Glukose + Fructose bimolekular. Doch kann in sehr verdünnten Lösungen das in die Reaktion eintretende Wasser vernachlässigt werden.

hat man durch Maltase Maltose aus Glukose synthetisiert, aus Methylalkohol und Glukose durch β-Glukosidase das Methylglukosid usw. Es könnten noch viele Beispiele angeführt werden. Daß nicht immer eine glatte Synthese erwartet werden darf, zeigt der Umstand, daß oft das freie Spaltstück eine andere Struktur besitzt als in dem zu spaltenden Körper selbst. So entsteht bei der Rohrzuckerspaltung, da der Rohrzucker ein Fructose-α-Glukosid ist, die α-Modifikation der Glukose, die allmählich in die β-Modifikation durch Mutarotation (auch Multirotation genannt) übergeht, was sich durch Drehungsänderung anzeigt. Geht man nun von den fertigen Spaltstücken Glukose und Fructose aus, um eine Synthese durchzuführen, so hat man die β-Modifikation der Glukose; die Bedingungen zu einer Synthese des Rohrzuckers sind also gar nicht erfüllt.

Von den anorganischen Katalysatoren sind die Enzyme ganz wesentlich durch die Spezifität ihrer Wirkung geschieden (wenn auch dieser Unterschied nicht ganz so streng ist, wie das hier dargestellt ist). Man kann z. B. durch Mineralsäuren alle die Spaltungen durchführen, welche durch die Hydrolasen ausgeführt werden. Aber eine bestimmte Hydrolase spaltet nur ihr Substrat. Man kann verschiedene Stufen der Spezifität unterscheiden. Klassenspezifität findet sich vielleicht bei den Proteasen Pepsin und Trypsin, welche alle Eiweißkörper angreifen können, also auf die ganze Klasse der Eiweißstoffe eingestellt sind, ohne daß sie irgendeinen Eiweißkörper bevorzugen. Doch könnte diese unsere heutige Kenntnis eines Tages umgestoßen werden. Ähnliches gilt von sonstigen Enzymen der Hauptgruppe der Hydrolasen, wie Lipasen usw.; die Aufteilung des Emulsins wurde schon erwähnt.

Sonst finden wir jedoch die Spezifität weiter eingeengt: Keines der Enzyme der Gruppe II (Carbohydrasen) vermag z. B. mehrere Disaccharide zu spalten. Die Spaltung von Maltose und von Rohrzucker geht durch verschiedene Enzyme vor sich; die Enzyme sind jedoch nicht nur auf diese Körper spezifisch eingestellt. Die Maltase spaltet auch künstlich hergestellte α-Alkylglukoside, weil die Maltose ja ebenfalls ein α-Glukosid (Glukose-α-Glukosid) ist, das Invertin von Aspergillus auch Raffinose (S. 95). Unter den β-Glukosidasen finden wir 2 Gruppen, von denen die eine diejenigen Enzyme umfaßt, die solche Stoffe spalten, bei denen die Glukose an andere Glukosereste gebunden ist (etwa zu einem Disaccharid wie bei der Cellobiose); hierzu gehören die unter sich wieder verschiedenen Enzyme Cellobiase und Gentiobiase. Die zweite Gruppe wird durch die eigentliche

β-Glukosidase, die Prunase (als den Hauptbestandteil des Emulsins) gebildet, welche die meisten künstlichen und natürlichen β-Glukoside spaltet, bei denen die Glukose an aromatische oder aliphatische Alkohole gebunden ist. Aber auch die Enzyme der ersten Gruppe spalten in geringem Maße Alkoholglukoside, so daß also die beiden verschiedenen Enzymgruppen doch gewisse gemeinschaftliche Eigenschaften aufweisen, gemäß der chemischen Verwandtschaft der betreffenden Stoffe, die gespalten werden. Hierbei ist aber noch eines zu erwähnen: Das Aspergillus-Invertin spaltet den Rohrzucker bedeutend schneller als die Raffinose, die Prunase spaltet die Phenolglukoside erheblich schneller als die Alkylglukoside. Man nimmt an, daß es sich zwar um jeweils das gleiche Enzym handelt, daß aber die Affinität gegenüber dem Rohrzucker größer ist als gegenüber der Raffinose und entsprechend in dem anderen Beispiel.

Mit der Besprechung der Glukosidasen haben wir schon eine weitere wichtige Seite der Spezifität berührt, nämlich die stereochemische Spezifität; je nachdem, ob die α- oder β-Form der Glukose das Glukosid bildet, wird es nur von Enzymen des betreffenden Typus gespalten, wie obige Beispiele gezeigt haben.

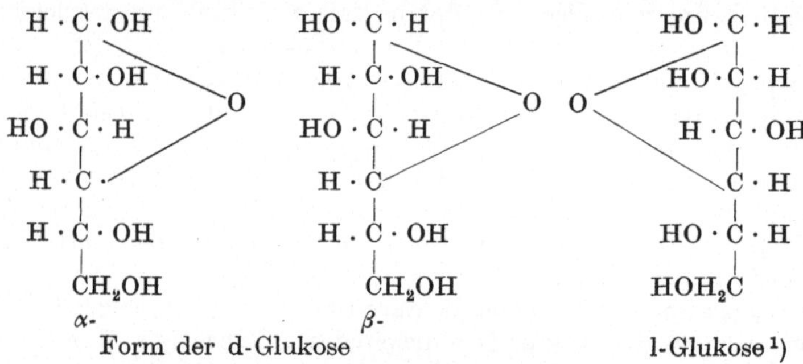

Bleiben wir nun weiter bei der Betrachtung der Glukose, so besteht hier ja auch noch eine d- und eine l-Form, die sich beide wie Bild und Spiegelbild verhalten und die Ebene des polarisierten Lichtes nach verschiedenen Richtungen drehen. Durch die Zymase wird nun nur die d-Form angegriffen, nicht die l-Form: Spezifität gegen optische Antipoden. Diese d-Form ist aber die in den natürlichen Stoffen des Pflanzen- und Tierreiches vorkommende Form. Auch überall sonst, wenn optisch aktive Stoffe von Enzymen angegriffen werden, ist es stets nur die natürlich vorkommende Form, wie weitere Beispiele später zeigen werden.

---

1) Nur entsprechend der einen Form der d-Glukose geschrieben.

Das läßt sich am einfachsten dadurch erklären, daß die Enzyme selbst asymmetrisch gebaut sind. Wenn man eine Beteiligung der Enzyme auch am Stoffaufbau der Organismen annimmt, so würde dadurch auch weiter die Notwendigkeit der Entstehung optisch aktiver Formen erklärt werden.

Bisher haben wir diejenigen enzymatischen Vorgänge besprochen, bei denen ein Enzym in seinem Verhältnis zu verschiedenen Stoffen betrachtet wird. Nun kommen auch Fälle vor, in denen verschiedene Enzyme auf ein und denselben chemischen Körper verschieden wirken: Spezifität des Reaktionsweges. In der obigen Enzymübersicht ist z. B. das Invertin in eine α-Fructosidase und eine α-Glukosidase getrennt. Es hat sich nämlich herausgestellt, daß das Hefe-Invertin zu dem Fructose-, das Aspergillus-Invertin zu dem Glukosebestandteil des Rohrzuckers Affinität hat. Das tritt dadurch zutage, daß das Hefe-Invertin durch Fructose, das Aspergillus-Invertin durch Glukose gehemmt wird, wenn man diese vor Beginn der Reaktion zusetzt. D. h. also, daß das Enzym mit den schon in freier Form vorhandenen Spaltstücken des Zuckers, an die sie sich im Rohrzuckermolekül anlagern, Bindungen eingeht, somit seine Wirksamkeit auf das Rohrzuckermolekül geschwächt werden muß. Die Verschiedenheit zeigt sich hier also nur indirekt; d. h. die Endprodukte sind gleich, wenn auch der Weg verschieden ist.

Noch bemerkenswerter ist das Beispiel der Raffinose, eines Trisaccharides, das aus je 1 Molekül Glukose, Fructose und Galactose besteht. Es wird durch ein Teilenzym des Emulsins in Rohrzucker und Galactose, durch Hefe-Invertin in Melibiose, ein aus Glukose und Galactose bestehendes aber von Lactose verschiedenes Disaccharid, und Fructose gespalten. Das ist verständlich: Denn für das Hefe-Invertin wurde ja mitgeteilt, daß es am Fructosekomplex angreift, während im Emulsin ein Enzym mit Affinität zur Galactose (aber keine eigentliche Lactase) vorkommt. In diesem Fall entstehen also aus dem gleichen Stoff ungleiche Endprodukte.

Auf weitere Einzelheiten wird später gelegentlich hinzuweisen sein; sie werden sich in die obigen theoretischen Ausführungen ohne weiteres einordnen lassen. Alle unsere Kenntnisse über die Enzyme kann man auch heute noch in dem treffenden Vergleich von EMIL FISCHER zusammenfassen: Enzym und Substrat passen zueinander wie Schlüssel und Schloß.

Bevor wir uns nun zur Besprechung der von den Mikroorganismen durchgeführten Oxydationsvorgängen wenden, müssen wir in großen Zügen die Vorstellungen kennenlernen, die man sich in theoretischer Hinsicht über die Atmung macht; sie werden uns gleichzeitig auch in wesentlichen Punkten das Verständnis der Spaltungsgärungen bzw. deren Zusammenhänge mit den Oxydationsgärungen erschließen. Im wesentlichen stehen sich hier 2 Anschauungen gegenüber: Die eine rechnet mit einer Aktivierung des Sauerstoffs, die andere mit einer Aktivierung des Wasserstoffs.

1. Sauerstoffaktivierung.

Sauerstoff-
aktivierung. Man stellt sich dabei vor, daß der verhältnismäßig träge molekulare Luftsauerstoff dadurch aktiviert würde, daß er an einen Autoxydator (A), der so zu einem Peroxyd wird, gebunden wird. Dieses Peroxyd soll nun 1 Sauerstoffatom abspalten und

$$A \quad + \quad O_2 \quad = \quad AO_2 \quad + \quad B \quad = \quad AO + BO$$

Autoxydator   Sauerstoff   Peroxyd   Acceptor   Oxydationsprodukt

damit den zu oxydierenden Stoff, den Acceptor (B), oxydieren. Wenn nun weiter AO auch noch das zweite Sauerstoffatom aktiviert an den Acceptor abgibt, so wäre damit der Autoxydator A wieder regeneriert, und auf diese Weise könnte der Prozeß dauernd in Gang gehalten werden, bis alles B oxydiert ist. BACH hat den Autoxydator als organischen Körper betrachtet und sein Peroxyd (von enzymartigem Charakter) Oxygenase genannt, während er als Peroxydase ein Enzym bezeichnete, das diese Oxygenase wiederum katalysiert. Die Oxygenase kann dabei durch Wasserstoffsuperoxyd ersetzt werden.

Nach WARBURGS Vorstellungen fungiert nun als Autoxydator im wesentlichen das Eisen, das an der Oberfläche fester Zellbestandteile, vielleicht in organischer Bindung, eben durch Peroxydbildung Sauerstoff auf die zu oxydierende Substanz übertragen soll. Man nimmt heute jedoch an, daß Eisen nicht überall in Frage kommen kann, da praktisch eisenfreie „Peroxydasen" hergestellt sind, die trotzdem wirksam sind. Allerdings wirken diese Peroxydasen gerade nicht auf diejenigen Stoffe, die das eigentliche Atmungsmaterial bilden, sondern auf Phenolderivate (S. 113), während gerade bei den eigentlichen Atmungsvorgängen die sehr erhebliche Empfindlichkeit gegen Blausäure, die festgestellt wurde, auf die Wichtigkeit des Eisens bei dem eigentlichen Atmungsvorgang hinweist: Denn das Eisen wird durch Blausäure in komplexen, unwirksamen Zustand übergeführt, so daß es seine katalytische Wirksamkeit verlieren muß.

So muß man also mit der Möglichkeit rechnen, daß es eisenfreie und eisenhaltige Oxydationssysteme gibt und wohl auch alle möglichen Abstufungen von spezifischen (enzymatischen) bis zu ganz unspezifischen Oxydationsreaktionen, wie solche auch im Reagenzglas mit rein anorganischen Systemen vor sich gehen (z. B. Eisen in feiner Verteilung an großer Oberfläche wie Tierkohle usw.).

XX. Betriebsstoffwechsel (Fortsetzung).
Aërobe Atmung, Forts. (Wasserstoffaktivierung. Allgemeines. Vollkommene Oxydation des Zuckers).

2. Wasserstoffaktivierung.

WIELAND stellt sich vor, daß eine Oxydation nicht primär durch den Sauerstoff der Luft erfolgt, sondern daß zunächst von dem zu oxydierenden Körper nur Wasserstoffatome paarweise (H_2) weggenommen und von irgendeinem Acceptor aufgenommen werden. Da es sich somit zunächst also um die Aktivierung von Wasserstoff handelt, spricht WIELAND von Dehydrierung. Als Wasserstoffacceptor können dabei verschiedene Substanzen dienen, z. B. auch der molekulare Luftsauerstoff, wobei sich intermediär Wasserstoffsuperoxyd bildet, dem somit eine zentrale Stellung bei allen unter Aufnahme des freien Sauerstoffs der Luft durchgeführten Oxydationen zugeschrieben wird. Dieses Wasserstoffsuperoxyd kann aber selbst wieder als Wasserstoffacceptor dienen, wobei Wasser entsteht. Auf diese Weise könnte auch das Vorkommen des Enzyms Katalase erklärt werden, das in allen Pflanzen, einschließlich der Mikroorganismen, weitverbreitet ist

$$R\!\!\begin{array}{c}\nearrow H \\ \searrow H\end{array} \quad + \quad \begin{array}{c}O \\ | \\ O\end{array} \quad = \quad R \quad + \quad H_2O_2$$

hydrierter Acceptor Sauerstoff Acceptor Wasserstoffsuperoxyd

und nur bei den Anaëroben stärker zurücktritt bzw. fehlt; es macht aus Wasserstoffsuperoxyd molekularen Sauerstoff frei, greift aber andere Peroxyde nicht an. Seine Bedeutung für die Organismen könnte eben darauf beruhen, daß es einen etwaigen Überschuß an Wasserstoffsuperoxyd unschädlich machen kann. Es sind in der Tat auch katalasefreie Mikroorganismen gegen Wasserstoffsuperoxyd äußerst empfindlich.

Nun ist noch ein weiterer Punkt sehr wesentlich: Da ja das Entscheidende die Aktivierung und Abschiebung des Wasserstoffs ist, so kann man natürlich auch ohne freien Sauerstoff oxydieren, wenn nur ein Wasserstoffacceptor zugegen ist, der den aktivierten Wasserstoff aufnehmen kann. Wir wollen einige Fälle dieser Art aus dem Stoffwechsel der Mikroorganismen betrachten.

Wasserstoffaktivierung.

Bei der Oxydation von Äthylalkohol zu Essigsäure, die man früher als eine typische Oxydation ansah, zeigen zwar die Essigbakterien vital aëroben Stoffwechsel, oxydieren also nach der alten Auffassung den Alkohol mit Hilfe des Luftsauerstoffs. Aber lebende Bakterien und auch enzymatisch wirksame Bakterienpräparate können diesen Vorgang, wie WIELAND zeigte, auch ohne den freien Sauerstoff der Luft durchführen. Es ist dann nur nötig, einen Acceptor für den aktivierten Wasserstoff des Alkohols hinzuzufügen. Als solchen benutzt man insbesondere Methylenblau, das leicht Wasserstoff an sein Cl-Atom anlagert, wobei es zur farblosen Leukoverbindung wird. (Bei Zutritt des freien Luftsauerstoffs wird diese wieder zu Methylenblau oxydiert.) Die Tatsache,

$$N \underset{C_6H_3 \cdot N(CH_3)_2}{\overset{C_6H_3 \cdot N(CH_3)_2}{<\quad>}} S \cdot Cl \qquad \text{Methylenblau}$$

daß Methylenblau sauerstofffrei ist, zeigt auch deutlich, daß keine andere Sauerstoffübertragung stattfinden kann. Hierbei würde also der Alkohol ($CH_3 \cdot CH_2 \cdot OH$) in Acetaldehyd ($CH_3 \cdot CHO$) übergehen, der dann eine CANNIZAROsche Umlagerung erfährt, so daß Essigsäure entsteht (s. unten). Für die Auffassung eines Oxydationsvorganges als einer Dehydrierung spielt diese Möglichkeit der Oxydation bei Ausschluß des Luftsauerstoffs in Gegenwart eines H_2-Acceptors eine ausschlaggebende Rolle, weshalb man jetzt also auch nicht mehr von Alkoholoxydase, sondern von Alkoholdehydrase spricht. Wenn beim normalen Ablauf eines solchen Vorganges freier Sauerstoff verwendet wird, so kommt ihm also lediglich eine sekundäre Bedeutung als Acceptor für den aktivierten Wasserstoff zu.

Von diesem Gesichtspunkt aus betrachtet man nun auch die „Atmungschromogene" PALLADINS. Es sind Stoffe von Chinonnatur, die durch Oxydation in Pigmente (Atmungspigmente) übergehen (s. unten S. 113), welche ihrerseits den aktivierten Wasserstoff aufnehmen und zur Leukoverbindung zurückverwandelt werden. Als Pigmente treten sie nur in Erscheinung, wenn z. B. bei Verletzung der Pflanze das Gleichgewicht irreversibel nach dem Oxydationsprodukt verschoben ist (S. 113).

Ein anderer Fall von äußerst großer biologischer Bedeutung ist die sogenannte CANNIZAROsche Reaktion, wobei 2 Aldehydmoleküle sich zu je 1 Molekül Säure und Alkohol umsetzen. Hier ist der Vorgang so zu denken, daß zuerst sich das Hydrat bildet, worauf dessen Wasserstoff aktiviert wird. Als Acceptor fungiert

nun einfach ein 2. Aldehydmolekül, das somit in Alkohol übergeht, während das andere Molekül eben die Säure ist. Wir sehen
somit, daß als Endwirkung eine ohne freien Sauerstoff verlaufende

$$R \cdot C{<}^{O}_{H} + {}^{H}_{H}{>}O = R \cdot CH{<}^{-OH}_{-OH}$$

$$\text{Aldehyd} \quad \text{Wasser} \quad \text{Aldehyd-Hydrat}$$

$$R \cdot CH{<}^{-OH}_{-OH} + R \cdot C{<}^{O}_{H} = R \cdot COOH + R \cdot CH_2OH$$

$$\text{Aldehyd-Hydrat} \quad \text{Aldehyd} \quad \text{Säure} \quad \text{Alkohol}$$

gleichzeitige Oxydation und Reduktion, eine Oxydoreduktion,
erscheint, was für die Auffassung der anaërob verlaufenden Vorgänge sehr bedeutsam ist. Da also auch hier der Gesichtspunkt
der Dehydrierung das Entscheidende ist, so faßt man auch das
diesen Vorgang katalysierende Enzym als Dehydrase auf und nennt
es Aldehydrase (früher Aldehydase). Man spricht auch von
Dismutation des Aldehyds.

Es scheint jedoch, daß man mit dieser Dehydrierungsvor-
stellung doch nicht alle Vorgänge der Sauerstoffatmung erklären
kann, vor allem in Hinsicht auf die unzweifelhaft festgestellte
Wirkung des Eisens, das bei WIELAND keinen Platz findet. Demnach besteht die Möglichkeit, daß man tatsächlich sowohl mit
einer Wasserstoff- wie auch mit einer Sauerstoff-Aktivierung bei
der Gesamtheit der Lebensvorgänge zu rechnen hat, so daß also
beide oben besprochenen extremen Anschauungen sich nicht ganz
auszuschließen brauchen. Und gerade über die Vorgänge bei der
eigentlichen Sauerstoffatmung, also bei der aëroben Verbrennung
der Kohlenhydrate, wissen wir noch gar nichts, was auch in der
obigen Enzym-Übersicht zum Ausdruck kommt. Es wäre durchaus möglich, daß hier echte Oxydationssysteme, mit Aktivierung
des Sauerstoffs durch oxydierende Enzyme, Oxydasen, be-
stünden, worauf insbesondere, wie schon hervorgehoben, die für
die Atmung völlig unentbehrliche Rolle des Eisens hinweist.

In der Form der aëroben Atmung, welche unter Verschwinden
des freien Sauerstoffs der Luft durchgeführt wird, ist der Betriebsstoffwechsel bei allen aëroben Organismen ausgebildet. Jedoch
geht oft eine anaërobe Atmung nebenher, wie z. B. im tierischen
Organismus, in dem Sauerstoff-Atmung und Milchsäurebildung
diese beiden Energiestoffwechseltypen darstellen. Auch die Hefe
kann aëroben und anaëroben Betriebsstoffwechsel durchführen.
Wir wollen uns aber zunächst nur mit den eigentlichen Oxydations-

Aërobe
Atmung.
Allgemeines

erscheinungen[1]) der aëroben Mikroorganismen beschäftigen. Durch
ihr Bedürfnis nach dem freien Sauerstoff zeigen sie ja an, daß bei
ihnen dieser Typus des Betriebstoffwechsels hauptsächlich hervortritt. Hierbei muß noch auf eines hingewiesen werden: Zur Oxydation werden organische Verbindungen verwendet. Zwar können
ja auch, wie oben erwähnt, anorganische Verbindungen oxydiert
werden, in erheblichem Maße z. B. durch die Autotrophen; aber
wir wissen nicht, ob die so gewonnene Energie auch für den eigentlichen Bedarf der Zelle in derselben Weise verwendet werden kann,
wie etwa die aus der Oxydation des Zuckers gewonnene Energie
bei den Heterotrophen. Es scheint sogar, daß dies nicht der Fall
ist, wie in neuester Zeit festgestellt wurde; denn es hat sich
herausgestellt, daß bei solchen Autotrophen eine normale Kohlen-
hydratatmung nebenherläuft. Sicherlich darf man also die Oxydation anorganischer Verbindungen durch die Autotrophen nicht
mit Atmung gleichsetzen. Jedenfalls betrachten wir hier nur die
Oxydation des organischen Moleküls. Allgemein kann zunächst
gesagt werden, daß die höheren Pilze (Ascomyceten, mit Ausnahme der Hefen, und Basidiomyceten) fast ausschließlich aëroben
Stoffwechsel haben; bei den Zygomyceten und den Hefen (einschließlich Torula und Mycoderma) finden wir beide Typen,
ebenso auch bei den Bakterien.

　　　Es können 2 Fälle unterschieden werden, wobei wir zunächst
nur die Umwandlung des Zuckers oder dessen Abbauprodukte
betrachten: Die unvollkommene Oxydation, wobei die Oxydation nur bis zu einer gewissen energieärmeren Stufe verläuft,
das Endprodukt also stets noch ein organischer Stoff ist und
in erster Linie eine Anzahl organischer Säuren auftreten, und die
vollkommene Oxydation, bei der eine vollkommene Verbrennung zu Kohlensäure (und Wasser) erfolgt, den beiden Endprodukten also der Verbrennung jeder (wasserstoffhaltigen) organischen Substanz. Beide Typen gehen jedoch ineinander über:
Denn bei Nahrungsmangel werden später auch die Stufen der unvollkommenen Verbrennung weiterverbrannt.

Vollkom-
mene Oxy-
dation des
Zuckers.
　　　Vollkommene Oxydation (wir betrachten zunächst nur
Kohlenhydrate) wird durch eine Anzahl von Bakterien durchgeführt, z. B. durch Azotobacter chroococcum, bei dem man
keine anderen Endprodukte festgestellt hat wie Kohlensäure.
Wasser tritt natürlich, da sich diese Vorgänge in einem wäßrigen

---

　　　[1]) Wir sprechen in solchem Zusammenhang allgemein von Oxydation ohne Rücksicht darauf, ob theoretisch Oxydation oder Dehydrierung vorliegt, da wir hier nur den physiologischen Effekt, nicht
den Mechanismus darunter verstehen.

Medium vollziehen, nicht in Erscheinung. Es kann aber hier darauf hingewiesen werden, daß das Feuchtwerden etwa von stark verschimmelten lufttrockenen Futtermitteln u. dgl. dieser Wasserbildung infolge der biologischen Verbrennung zuzuschreiben ist. Der Atmungsvorgang verläuft in seiner gesamten Wirkung genau umgekehrt wie die Synthese von Zucker aus Kohlensäure, wenn wir Zucker als Beispiel nehmen wollen:

$$C_6H_{12}O_6 + 6\,O_2 = 6\,CO_2 + 6\,H_2O + 674\ \text{Cal.}$$

Der Atmungsquotient: aufgenommener Sauerstoff / ausgeatmete Kohlensäure ist also $= 1$. In einem geschlossenen Gefäß würde sich also auch das Gasvolumen nicht ändern, da gemäß dem Gesetz von Avogadro die gleiche Anzahl von Molekülen verschiedener Gase gleiches Volumen besitzen. Dieser Atmungsquotient ist natürlich bei Fetten usw. als Atmungsmaterial entsprechend anders, wie ohne weiters klar ist, und stellt daher ein wichtiges quantitatives Hilfsmittel zur Untersuchung der Stoffwechselvorgänge dar. Jedes Material, das als Kohlenstoffquelle geeignet ist, wird auch als Energiematerial für die Sauerstoffatmung verwendet, wie wir es oben schon bei Besprechung der Kohlenstofferernährung gesehen haben. Selbstverständlich treten bei der Veratmung auch Zwischenprodukte auf, worüber aber noch wenig bekannt ist. Doch hat man Acetaldehyd abfangen (S. 118) können und nimmt an, daß zuerst ähnliche Zwischenstufen durchlaufen werden wie bei der Alkoholgärung und den übrigen Spaltungsgärungen, daß also das Zuckermolekül zunächst gespalten wird und die eigentliche Veratmung erst bei den untersten Abbaustufen einsetzt; schon Pfeffer hat diese Annahme gemacht.

XXI. Betriebsstoffwechsel (Fortsetzung).

Aërobe Atmung, Forts. (Unvollkommene Oxydation des Zuckers durch Bakterien. Säurebildung durch Aspergillus.)

Bei der unvollkommenen Oxydation, wobei wir uns aber vorerst auf die Betrachtung des Zuckermoleküls und der ihm zunächst stehenden Stoffe beschränken, können wir auch wieder 2 Fälle unterscheiden: Entweder kommt es nur zu einer oxydativen Veränderung des Moleküls, ohne daß dessen Gefüge weiter erschüttert wird; oder das Molekül wird weitgehend verändert, d. h. gespalten. Einige Beispiele für den ersten Fall sind folgende: Ein noch nicht näher bekanntes Bakterium bildet aus Zucker Glukonsäure (s. ferner S. 103 bei Aspergillus), also das auch bei einer milden chemischen Oxydation entstehende Produkt. Dasselbe oder ein nahe verwandtes Bakterium kann diese weiter zu Oxy-Glukonsäure oxydieren:

$$CH_2OH \cdot (CHOH)_4 \cdot CHO \longrightarrow CH_2OH \cdot (CHOH)_4 \cdot COOH$$

Glukose · Glukonsäure

$$\longrightarrow CH_2OH \cdot CO \cdot (CHOH)_3 \cdot COOH$$

Oxy-Glukonsäure

Weitere einfache Oxydationen können durch Essigbakterien durchgeführt werden; z. B. werden höhere Alkohole wie die 6-wertigen Alkohole Mannit und Sorbit zu den entsprechenden Keto-Zuckern oxydiert. **Bacterium xylinum** fand sich denn

$$CH_2OH \cdot (CHOH)_4 \cdot CH_2OH \longrightarrow CH_2OH \cdot (CHOH)_3 \cdot CO \cdot CH_2OH$$

Mannit bzw. Sorbit · · · · · · · · · · · · · · Fructose bzw. Sorbose

auch in der Flora des gärenden Saftes von Vogelbeeren (Sorbus aucuparia), in denen Sorbit als natürliches Produkt vorkommt.

Säure-
bildung
durch As-
pergillus. **Oxalsäure.** Unter den unvollkommenen Oxydationsstufen des Zuckers hat die Oxalsäure teils wegen ihres häufigen Auftretens, teils wegen der Leichtigkeit ihrer quantitativen Bestimmung (als Calcium-Oxalat; bei den höheren Pflanzen leicht mikroskopisch nachweisbar) von jeher besondere Beachtung gefunden. Unter den Bakterien sind namentlich Essigbakterien befähigt, aus Glukose Oxalsäure zu bilden, einige auch aus einfachen aliphatischen Kohlenstoffverbindungen wie Äthylalkohol, Essigsäure usw., jedoch nicht aus Aminosäuren. Sehr charakteristisch ist die besonders von WEHMER untersuchte Bildung von Oxalsäure durch Schimmelpilze, namentlich durch **Aspergillus niger.** Über einige Bedingungen der Oxalsäurebildung unterrichtet zunächst folgende Übersicht:

Kohlenstoff-Quelle	Calcium-Oxalat in gr	Pilzgewicht in gr
Glukose	0,278	0,228
Olivenöl	0,194	0,810
Freie Milchsäure	0	0,260
Pepton	0,530	0,162
Freie Zitronensäure . . .	0	0,240
Ammoniumcitrat	0,390	0,056
Freie Weinsäure	0	0,155
Ammoniumtartrat	0,767	0,030

Wir können daraus ersehen, daß außer Zucker eine ganze Anzahl von Stoffen zur Oxalsäurebildung herangezogen werden kann, und daß diese ganz unabhängig von der gebildeten Menge Pilzsubstanz ist, wie vor allem der Vergleich der Ammoniumtartrat-Zahlen etwa mit denjenigen des Olivenöls zeigt. Es geht ferner daraus hervor, daß bei freien organischen Säuren als Kohlenstoffquelle die Bildung der Oxalsäure sehr zurückgedrängt bzw. ganz unterlassen wird, was offenbar damit zusammenhängt, daß die schädliche Wasserstoffionen-Konzentration nicht weitergetrieben werden kann. Daher wirken auch Pepton und die Ammoniumsalze der betreffenden Säuren günstig auf die Oxalsäurebildung, weil diese durch Ammoniak, das in Hinsicht auf den Stickstoffbedarf überschüssig ist, abgestumpft werden kann. Das physiologisch saure Ammoniumsulfat und das physiologisch alkalische Kalium- oder Natriumnitrat wirken sinngemäß.

Auch ist der Zusatz von kohlensaurem Kalk sehr förderlich für die Oxalsäurebildung. Man hat z. B. ohne $CaCO_3$ nach 16 Tagen 0,070, nach 66 Tagen 0,298, nach 175 Tagen 0,014 g Calciumoxalat gefunden; mit $CaCO_3$ nach 11 Tagen 0,282, nach 72 Tagen 1,340, nach 274 Tagen 1,730 g Calciumoxalat jeweils aus 1,5 g Glukose. Es ist das gleichzeitig ein Beispiel für die spätere Veratmung der Oxalsäure, wenn diese nicht wie im 2. Falle als Calciumoxalat festgelegt ist. Kräftige Lüftung hemmt eben aus diesem Grunde der intensiven Veratmung die Säurebildung. Bis zu 70 vH des Zuckers können in Oxalsäure verwandelt werden. Freie Oxalsäure ist ziemlich giftig und kann nur bis zu etwa 0,2 vH der Lösung vom Pilz vertragen werden, freie Citronensäure dagegen bis zu 8 vH. Es ist also zu beachten, daß die Bildung freier Oxalsäure nicht nur vom Gesichtspunkt der Wasserstoffionenkonzentration aus zu betrachten ist.

Glukonsäure, Citronensäure, Fumarsäure. Außer Oxalsäure kann aus Zucker von Asperg. niger, sowie von Citromyces- (die Gattung hat daher den Namen erhalten), von Penicillium- und von Mucor-Arten Citronensäure gebildet werden, während das von Bakterien noch nicht bekannt ist, von Aspergillus außerdem noch Glukonsäure. Es können dabei, wie bei der Oxalsäure, etwas 70 vH des Zuckers zu Citronen- oder Glukonsäure umgewandelt werden. Endlich ist noch von WEHMER Aspergillus fumaricus aufgefunden worden, der in ebensolchem Ausmaße Fumarsäure bildet.

Es ist bemerkenswert, daß Aspergillus alle diese Säuren zu bilden vermag. Auch ihre Bildung hängt quantitativ von ähnlichen Bedingungen ab, wie sie oben für die Bildung von Oxalsäure unter dem Einfluß der Reaktion des Mediums erwähnt wurden. Aber sie schließen sich bis zu einem gewissen Grade aus: Es soll Stämme geben, die fast ausschließlich die eine oder andere Säure bilden, z. B. nur Citronen- oder nur Glukonsäure; der Fu-

marsäure bildenden Form hat man ja auch einen besonderen
Namen gegeben. Andererseits ist sicher, daß die Versuchsbedingungen z. T. entscheidend sind: So wird Glukonsäure nur bei annähernd neutralen Lösungen, etwa bei Zusatz von Calciumcarbonat,
gebildet, Citronensäure in etwas mehr saurem Medium. Aus demselben Grunde ist die Neigung zur Glukonsäurebildung bei physiologisch alkalischen Stickstoff-Quellen (KNO_3, Pepton) stärker
als bei physiologisch sauren Stickstoffquellen (Ammoniumsulfat).
Andererseits ist auch die Stickstoffversorgung selbst von Einfluß,
indem (nach MOLLIARD, BERNHAUER) eine dürftige Versorgung
damit die Glukonsäure-, eine reichliche Citronensäurebildung
fördert. Hinsichtlich der Stellung der Oxalsäure zu diesen beiden
Säuren kann gesagt werden, daß sie stets nach ihnen auftritt,
wie sie sich ja auch (s. oben) daraus bilden kann. Werden also
alle 3 Säuren nebeneinander gebildet, so würden sie sich in der
Reihenfolge Glukonsäure, Citronensäure, Oxalsäure ablösen, was
jedoch nur „im allgemeinen" gelten kann.

Fragt man nach dem Chemismus dieser Vorgänge, so läßt sich
noch nichts Sicheres darüber sagen. Vor allem muß hierbei beachtet werden, daß wir in Kultur jeweils ganz anomale Bedingungen haben, ein Stoffwechselprodukt gewissermaßen durch
Schaffung einseitiger Bedingungen einseitig angehäuft, im gewissen Sinne „abgefangen", werden kann; sein Auftreten würde
somit noch nichts über seine quantitative Bedeutung bei der
normalen Umwandlung des Zuckers besagen.

Über die Entstehung der genannten Säuren gibt es zur Zeit
2 Anschauungen: Die eine (KOSTYCHEW, RUHLAND) rechnet mit
ihrer Bildung im Verlaufe des Eiweißstoffwechsels, die andere
(BUTKEWITSCH, WEHMER) mit der unmittelbaren oxydativen Umwandlung des Zuckermoleküls. Daß Citronen- und Oxalsäure
beim Eiweißabbau entstehen können, ist sicher. Aber die Menge
des durch Aspergillus zu Säuren umgewandelten Zuckers und
die Tatsache, daß die Säuren in einem frühen Entwicklungsstadium gebildet und später veratmet werden, schließt zum
wenigsten die Möglichkeit auf dem Wege des Eiweißabbaus,
also bei Vorgängen, welche die Autolyse der Mikroorganismen begleiten, aus. Es bliebe somit nur die Möglichkeit, daß sie im
Verlaufe des Eiweißaufbaus entstehen, was aber auch wenig
wahrscheinlich ist. Denn wenn bei reichlicher Stickstoffzufuhr in
Form von Ammoniaksalzen organischer Säuren oder von Pepton
z. B. sehr viel Oxalsäure gebildet wird, so zeigt der gleiche Effekt
bei Zusatz von kohlensaurem Kalk, daß dieser Vorgang nicht
unmittelbar mit der Stickstoffernährung zusammenhängen muß.

Auch werden die Säuren auf reinen, stickstofffreien Zucker-
lösungen gebildet, wenn man fertig ausgebildete Pilzdecken
daraufsetzt, in einer Menge, welche die Entstehung durch Eiweiß-
umsetzungen ausschließt.

Sieht man zunächst von Citronensäure ab, so ist jedenfalls
auffallend, daß die bei Aspergillus und auch sonst im Pflanzenreich quantitativ hervortretenden Säuren entweder auch bei der
chemischen Oxydation des Glukosemoleküls auftreten oder dasselbe 4 gliedrige Kohlenstoffskelett haben, wie folgende Übersicht zeigt:

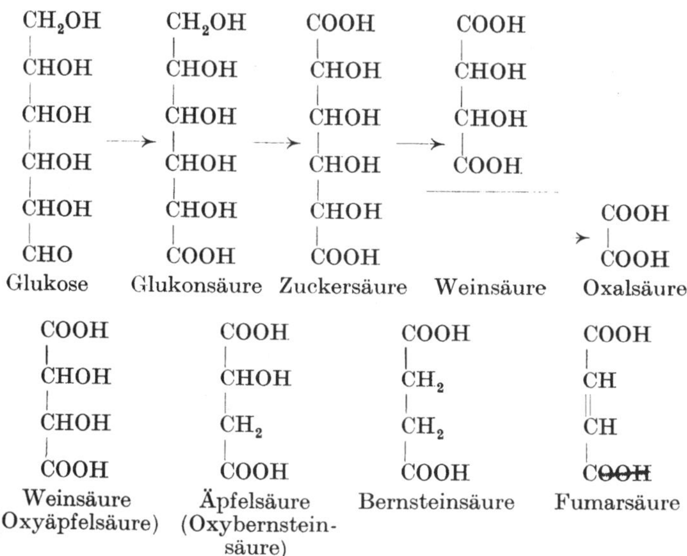

Es tritt bei einer milden chemischen Oxydation der Glukose zunächst die Glukonsäure (mit 1 Carboxylgruppe) auf, dann die
von Mikroorganismen noch nicht bekannte Zuckersäure (mit
2 Carboxylgruppen); bei noch weiterer Oxydation wird das ur-
sprüngliche Molekül gesprengt in Weinsäure und Oxalsäure.
Weinsäure hat man in kleinen Mengen auch bei Aspergillus
gefunden, ebenso Äpfelsäure; es sind das auch die bei höheren
Pflanzen verbreiteten und als offensichtliche Atmungsprodukte
entstehenden organischen Säuren. Auf ähnliche Weise würde
also (schematisch!) ihre Entstehung aus der oxydativen Spaltung
des Zuckermoleküls verstanden werden können, da dem Organismus ja genügend Hilfsmittel zur Oxydation und Reduktion zur
Verfügung stehen.

Eine Anschauung rechnet bei der Zuckerumwandlung durch Aspergillus damit, daß zunächst ein labiles Umwandlungsprodukt des Zuckers entsteht; tatsächlich konnte auch ein derartiges Produkt, eine Säure mit 2 Carboxylgruppen (bis etwa 25 vH der Zuckermenge), festgestellt werden, das starkes Reduktionsvermögen besitzt. Durch die kirschrote Färbung mit Eisenchlorid zeigt es seinen Gehalt an Enolgruppen (CH = COH) an, die sich nach der Vorstellung von BUTKEWITSCH mit Ketogruppen im labilen Gleichgewicht befinden sollen, wodurch die Labilität des Körpers bedingt sei. Der Mechanismus soll ähnlich sein wie bei der ebenfalls bei Aspergillus festgestellten Umwandlung von Chinasäure in Protocatechusäure, wobei ferner noch Phenole, wie Brenzcatechin auftreten. Summarisch jedenfalls handelt es sich in beiden Fällen um eine von Oxydation begleitete Dehydratation:

$$2C_6H_{12}O_6 - H_2O + 3O = C_{12}H_{12}O_9$$
$$\text{Glukose} \qquad\qquad \text{gefundenes Zwischenprodukt}$$

$$C_6H_7(OH)_4 \cdot COOH - 3H_2O + O = C_6H_3(OH)_2 \cdot COOH$$
$$\text{Chinasäure} \qquad\qquad \text{Protocatechusäure}$$

Es ist jedoch noch nicht ersichtlich, wie man sich weiter die Entstehung der erwähnten Säuren auf dem geschilderten Wege vorzustellen hat.

Was insbesondere die Citronensäure betrifft, so steht sie insofern abseits, als sie eine verzweigte Kohlenstoffkette besitzt; daher rechnen die Chemiker auch damit daß sie

$$COOH \cdot CH_2 \cdot COH \cdot CH_2 \cdot COOH$$
$$|$$
$$COOH$$

aus Spaltprodukten des Zuckers wieder aufgebaut wird, während neuere biochemische Vorstellungen, auf die wir hier jedoch nicht eingehen, ihre Entstehung durch unmittelbare Umwandlung des Zuckermoleküls, wenn wir von der Entstehung im Eiweißstoff wechsel absehen, annehmen.

XXII. Betriebsstoffwechsel (Fortsetzung).

Aërobe Atmung, Forts. (Essigsäuregärung. Sonstige Oxydationen durch Essigbakterien. Oxydation der Fette. Sonstige Oxydationen stickstoffreier Verbindungen).

Essigsäure-gärung. Oben wurde schon die Fähigkeit von Essigbakterien zur Durchführung milder Oxydationen erwähnt. Ihre eigentliche Tätigkeit ist die Bildung von Essigsäure aus Äthylalkohol, ein weiteres Beispiel für unvollkommene Oxydationen. Es sind eine ganze Reihe von Bakterien dieser Art bekanntgeworden; man hat wohl auch teilweise etwas viel mit neuen Benennungen um sich geworfen. Bieressigbakterien sind Bacterium aceti, Pasteurianum, Kützingianum, Schützenbachi; die ersten beiden, im Gegensatz zu dem dritten, mit deutlich kettenförmigem Wuchs. Bei Past. und Kütz. färben sich Zellwand und Schleim mit Jod blau, bei aceti nicht. Außerdem unterscheiden sie sich etwas durch die Minimumtemperaturen; das Optimum liegt etwa bei 30° C. Sie bilden durchschnittlich 6—7 vH freie Essigsäure, Schützenbachi sogar 14—15 vH, es ist daher technisch besonders wichtig. Weinessigbakterien sind u. a. Bacterium xylinum (mit seinen starken Schleimdecken), xylinoides, orleanense.

Summarisch verläuft die Essigsäuregärung folgendermaßen:

$$CH_3 \cdot CH_2OH + O_2 = CH_3 \cdot COOH + H_2O + 116 \text{ Cal.}$$

Diese Oxydation verläuft über Acetaldehyd, der sich bei ungenügender Lüftung anreichern kann (eigenartiger wein- oder gewürzartiger Geruch). Auch kann Acetaldehyd durch Sulfit abgefangen werden (wie bei der alkoholischen Gärung; s. diese S. 118). Es besteht somit die Möglichkeit, daß die eigentliche Alkoholoxydation überhaupt nur bis zum Acetaldehyd geht, während dann weiter aus diesem durch eine CANNIZAROsche Umlagerung (Dismutation) Essigsäure und Alkohol entstehen würde (s. oben S. 99):

$$CH_3 \cdot CH_2OH + O = CH_3 \cdot CHO + H_2O + 50{,}4 \text{ Cal}$$
$$CH_3 \cdot CHO + CH_3 \cdot CHO + H_2O = CH_3 \cdot COOH + CH_3 \cdot CH_2OH + 15{,}2 \text{ Cal.}$$

Daß tatsächlich die Möglichkeit dieses Verlaufes des Vorganges besteht, konnte NEUBERG einmal dadurch zeigen, daß die Essigbakterien den Acetaldehyd unter anaëroben Verhältnissen quantitativ zu Alkohol und Essigsäure (50 : 50) dismutieren; und ferner dadurch, daß bei Luftzutritt die Verwendung eines Trockenpräparates der Bakterien, wobei also deren Lebenstätigkeit etwas geschwächt war, die Bildung von Alkohol (25 vH des Acetaldehyds) neben Essigsäure aus Acetaldehyds ergab; es ging also die Dismutation des Acetaldehyd schneller vor sich als die Reoxydation des aus dem Acetaldehyd gebildeten Alkohols zu Acetaldehyd. Die Bildung der Essigsäure könnte sich somit auf dem merkwürdigen Umwege vollziehen, daß immer wieder ein Teil des schon aus dem Alkohol durch Oxydation entstandenen Acetaldehyds in Alkohol zurückverwandelt wird. Bemerkenswert ist noch, daß auch die Dismutation des Acetaldehyds unter Energiegewinn verläuft, wie obige Formel zeigt.

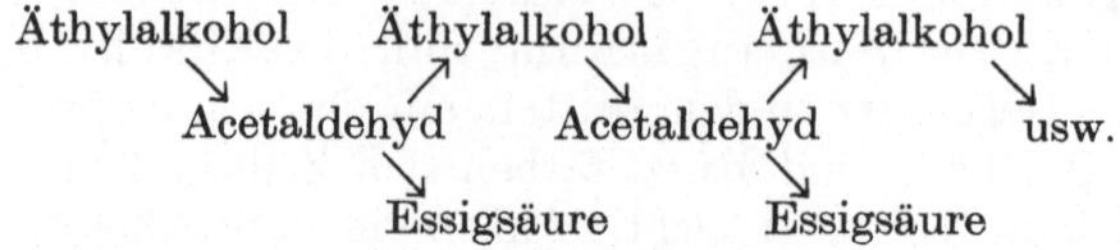

Was die wirksamen Enzyme betrifft, so kommen sicher zwei in Frage, nämlich **Alkoholdehydrase**, welche den Alkohol oxydiert, und **Aldehydrase**, welche den Aldehyd verarbeitet, wobei es im letzten Fall gleichgültig ist, ob der Acetaldehyd direkt oxydiert oder ob er dismutiert wird. Die Theorie dieser Enzymwirkung haben wir oben S. 98 bereits kennengelernt und gesehen, daß es sich um Dehydrasen, nicht um Oxydasen handelt. Die Enzyme konnten auch in dem Extrakt von mit Aceton abgetöteten Bakterien nachgewiesen werden, aber nicht im Preßsaft (wie bei der Hefe, S. 123), da offenbar die Kleinheit der Zellen ein Zerreiben unmöglich machte.

Zur **technischen Gewinnung** von Essigsäure mit Hilfe der Essigbakterien hat man 2 Methoden: Im **Orleansverfahren** befinden sich die Bakterien als Kahmhaut auf der Oberfläche der alkoholhaltigen Flüssigkeit; bei der **Schnellessigfabrikation** läßt man die alkoholhaltige Flüssigkeit langsam über Holzspäne (Buchenspäne; Fichte z. B. ist wegen des Harzgehaltes nicht geeignet) herabrieseln; dabei kommt der Alkohol in großer Oberfläche mit den zwischen und auf den Spänen befindlichen und angereicherten Bakterien in intensive Berührung, wodurch eine sehr schnelle Oxydation gewährleistet ist. Bei dieser biologischen Oxydation tritt immer etwas Essigäther (Essigsäureäthylester, $CH_3 \cdot CO \cdot O \cdot C_2H_5$) auf.

Sonstige Oxydationen durch Essigbakterien.

Bei Alkoholmangel können die Essigbakterien die Essigsäure weiter zerstören (veratmen) zu Kohlensäure und Wasser; technisch spricht man dann von „Überoxydation“. Sie können aber noch eine Reihe weiterer Oxydationen durchführen: Die Bildung von Oxalsäure aus Zucker, Essigsäure, Äthylalkohol, Glycerin wurde S. 102 schon erwähnt, ebenso die Oxydation von Mannit zu Fructose, von Sorbit zu Sorbose. Entsprechend kann auch Glycerin zu Dioxyaceton oxydiert werden:

$$CH_2OH \cdot CHOH \cdot CH_2OH \rightarrow CH_2OH \cdot CO \cdot CH_2OH$$

Glycerin　　　　　　　　　　　　Dioxyaceton.

Wesentlich ist nun noch die Frage nach der Oxydation der Homologen des Äthylalkohols, worüber folgende Übersicht unterrichtet:

Bei 14 geprüften Arten von Essigbakterien oxydierten:

CH_3OH . . . . Methylalkohol . . · 0
$CH_3 \cdot CH_2OH$ . . . . Äthylakohol 14
$CH_3 \cdot CH_2 \cdot CH_2OH$ . . . . n-Propylalkohol . . 14
$CH_3 \cdot CHOH \cdot CH_3$ . . . . . . iso-Propylakohol . . 0
$CH_3 \cdot CH_2 \cdot CH_2 \cdot CH_2OH$ . . . . n-Butylalkohol . . . 2
$(CH_3)_2 : CH \cdot CH_2OH$ . . . . . . iso-Butylalkohol . . 2
$CH_3 \cdot CH_2 \cdot CH_2 \cdot CH_2 \cdot CH_2OH$. n-Amylalkohol . . . 0
$CH_2OH \cdot CH_2OH$ . . . . Glykolalkohol . . . 14

Es zeigt sich also, daß — von der Unangreifbarkeit des Methylalkohols abgesehen — die Oxydationsfähigkeit bei den höheren Gliedern rasch abnimmt, daß auch nur die primären Alkohole oxydiert werden, nicht sekundäre wie der iso-Propylalkohol. Stets entsteht die betreffende Fettsäure. Aber es kann z. B. Propionsäure nicht wie Essigsäure weiter veratmet werden. Bemerkenswert ist, daß auch die Dismutation der entsprechenden Aldehyde ohne weiteres gelang, und zwar auch die Dismutation des iso-Valerianaldehyds $(CH_3)_2 : CH \cdot CH_2 \cdot CHO$, während ja der entsprechende Amylalkohol gänzlich unangreifbar ist. Die Alkoholdehydrase ist also erheblich empfindlicher als die Aldehydrase. Auch z. B. Glykolaldehyd (Äthylenglykol) wurde von allen Arten zu Glykolsäure $(CH_2OH \cdot COOH)$ oxydiert.

Bemerkenswert ist ferner noch, daß Essigbakterien aus Brenztraubensäure $(CH_3 \cdot CO \cdot COOH)$ und Oxalessigsäure $(HOOC \cdot CH_2 \cdot CO \cdot COOH)$ durch Decarboxylierung (S. 124) Acetaldehyd und weiter Essigsäure zu bilden vermögen. Sie zeigen also damit in ihrem Stoffwechsel erhebliche Ähnlichkeit mit dem der Hefe; nur fehlt ihnen die Zymase. Auch hieraus ersehen wir die gemeinsamen Prinzipien von Oxydations- und Spaltungsgärung, wie aus den theoretischen Vorbemerkungen ja hervorging.

Eine Oxydation der Fette wird stets eingeleitet durch Spaltung in Glycerin und Fettsäure unter der Wirkung von Lipasen, die man auch bei Bakterien (z. B. Ps. fluorescens, Bac. putrificus, Mycobact. tuberculosis) und Pilzen (Aspergillus usw.) verbreitet fand. Diese Lipasen sind leicht in Wasser löslich und bei p_H 7—9 wirksam, verhalten sich somit wie die tierischen Lipasen, während die Lipasen aus den Samen höherer Pflanzen bei z. T. sehr stark saurer Reaktion wirksam und wasserunlöslich sind. Das bei der Spaltung auftretende Glycerin wird nun zuerst verzehrt, so daß sich freie Fettsäuren anhäufen können (Ranzigkeit der Butter).

Der Atmungsquotient ist bei der Veratmung von Fett, wenn diese, wie es meist der Fall ist, restlos zu Kohlensäure und Wasser erfolgt, erheblich anders als bei Zucker, da viel mehr Sauerstoff aufgenommen als Kohlensäure abgegeben wird. Damit hängt auch zusammen, daß der calorische Wert von Fett viel höher ist als von Zucker (2,4 zu 1). Es kann daher aus einer gleichen Menge Fett auch erheblich mehr Körpersubstanz gebildet werden als aus Zucker: Aspergillus bildete auf 100 Teile Fett bis 77 Teile Mycel. Vom Fett fielen hier etwa 20 vH, von Zucker im Parallelversuch dagegen 70 vH dem Betriebstoffwechsel zum Opfer.

Nach dem eben Gesagten ist zur Veratmung der Fette ausreichende Sauerstoffversorgung notwendig. Eine Folge davon ist, daß nur typisch aërobe Organismen zum Veratmen von Fetten befähigt sind. Interessante Beobachtungen sind an Aspergillus gemacht. Ernährt man ihn mit Fett, so geht er in jungem Zustand bei Sauerstoffentzug sehr bald zugrunde, wenn er noch keine Kohlenhydrate gebildet hat: Denn nur mit Kohlenhydraten kann er bei Sauerstoffmangel seinen Energiebedarf durch „intramolekulare Atmung" decken.

Sonstige Oxydationen stickstofffreier Verbindungen. Wie oben schon betont wurde, dient jede für Mikroorganismen verwendbare Kohlenstoffquelle sowohl zum Bau- wie auch zum Betriebsstoffwechsel, muß also unter aëroben Verhältnissen auf oxydativem Wege zerstört werden. Außer dem aber, was über die aërobe Säurebildung aus Zucker, die Alkoholoxydation und die vereinzelten erwähnten Oxydationsvorgänge gesagt wurde, wissen wir im wesentlichen nur, daß diese Stoffe oxydiert werden, wobei schließlich als Endprodukte Kohlensäure und Wasser erscheinen, ohne daß man jedoch über den Chemismus mit den etwa auftretenden Zwischenstufen Genaueres aussagen kann. Von den in Frage kommenden Kohlenstoffverbindungen sind in diesem Zusammenhang vor allem die organischen Säuren wichtig, die ja auch bei der unvollkommenen Oxydation auftreten und nach Verbrauch der primären Kohlenstoffquelle weiterverbraucht, d. h. oxydiert werden. Man kennt durch THUNBERG bisher mit Sicherheit erst einen Vorgang dieser Art, wobei durch das Enzym Succinodehydrase Bernsteinsäure zu Fumarsäure dehydriert wird (s. Übersicht S. 89); dieses Enzym wurde bei Bac. coli und Ps. pyocyaneus gefunden. Alle weiteren Vorstellungen dagegen sind bisher lediglich Vermutungen. Daß man auch über den Verlauf der eigentlichen Atmung, namentlich im Endvorgang, nichts weiß, wurde schon erwähnt. Bei der Dürftigkeit unserer

Kenntnisse hierüber dürfte ein weiteres Eingehen auf diese Frage
für uns überflüssig sein.

XXIII. Betriebsstoffwechsel (Fortsetzung).

*Aërobe Atmung, Forts. (Oxydation stickstoffhaltiger Verbindungen
[Purinderivate, Tyrosin, Polyphenole]).*

Die Oxydation von Ammoniak zu Nitrit und von diesem zu
Nitrat ist ein Beispiel für eine sich unmittelbar am Stickstoffatom
vollziehende Oxydation. Ob es eine ähnliche Reaktion gibt, wenn
der Stickstoff im Verbande eines organischen Moleküls sitzt, ist
zur Zeit noch völlig unbekannt. Jedenfalls betreffen aber die
zur Zeit bekannten sich an stickstoffhaltigem organischen Material
abspielenden Oxydationsvorgänge mit Sicherheit nur das Kohlenstoffskelett, während der Stickstoff als Ammoniak oder Harnstoff
frei wird (wie es auch bei den nicht·mit freiem Sauerstoff verlaufenden Umsetzungen, auf die später eingegangen wird, der
Fall ist). Im Grunde genommen ist es also nur der rein äußerliche
Grund des Stickstoffgehaltes bzw. der physiologische Gegensatz
zu den stickstofffreien Verbindungen, weshalb wir diese Vorgänge
hier abgetrennt haben. Auch die oxydative Veränderung von Phenol-
derivaten, deren Auftreten wohl stets mit dem Eiweißstoffwechsel
zusammenhängt, ist aus diesem Grunde hier angeschlossen.

Oxydation stickstoffhaltiger Verbindungen.

Ein typisches Beispiel ist die Oxydation von Purinderivaten, die als Bausteine der Nuclëine eine wichtige physiologische Rolle spielen. Sie kann von Schimmelpilzen und Bakterien
durchgeführt werden; namentlich hat man aus Vogelexkrementen,
die ja Harnsäure (ein Purinderivat) enthalten, aber auch aus Erdboden, derartige Bakterien züchten können. So wird zunächst
durch Xanthindehydrase

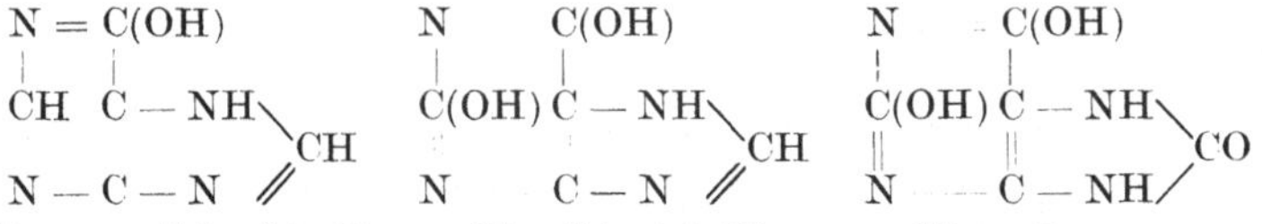

Purinderivate.

$$N = C(OH) \qquad N \quad C(OH) \qquad N \quad C(OH)$$
$$CH \quad C-NH \qquad C(OH) \, C-NH \qquad C(OH) \, C-NH$$
$$\hspace{6em} CH \hspace{7em} CH \hspace{8em} CO$$
$$N-C-N \quad\!\! \qquad N \quad C-N \qquad N \quad C-NH$$

Hypoxanthin (+ O) ⟶ Xanthin (+ O) ⟶ Harnsäure.

Hypoxanthin zu Xanthin und dieses zu Harnsäure oxydiert.
Harnsäure wird durch ein weiteres Enzym, die Uricase, zu

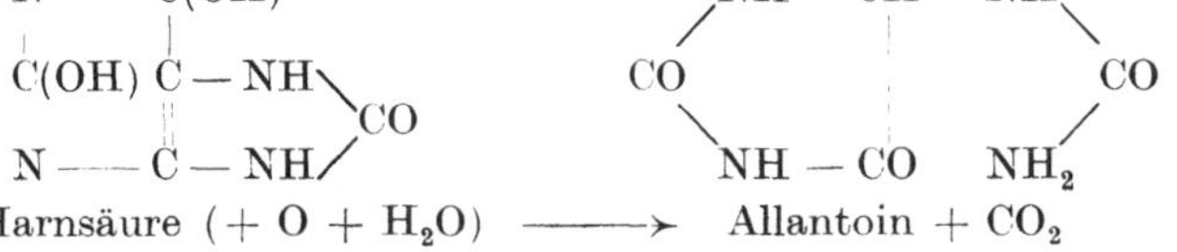

$$N \quad C(OH) \qquad\qquad NH-CH-NH$$
$$C(OH) \, C-NH \qquad\qquad CO \hspace{6em} CO$$
$$\hspace{6em} CO$$
$$N-C-NH \qquad\qquad NH-CO \quad NH_2$$

Harnsäure (+ O + H₂O) ⟶ Allantoin + CO₂

Allantoin oxydiert, das weiter durch Allantoinase zu Glyoxylsäure und Harnstoff oxydiert wird, während schließlich die
Glyoxylsäure in Oxalsäure übergeht.

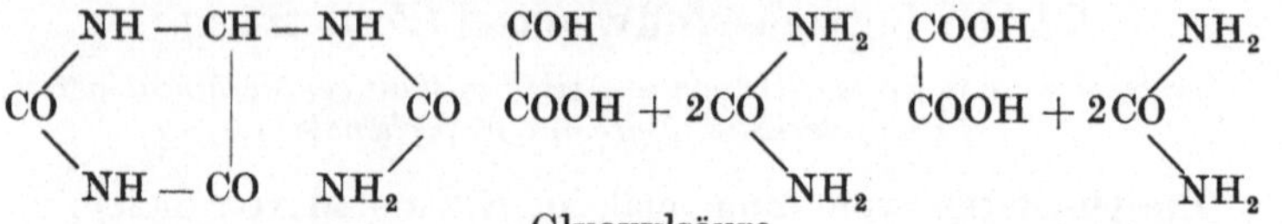

$$\begin{array}{ccc}
\text{NH—CH—NH} & \text{COH} & \text{NH}_2 & \text{COOH} & \text{NH}_2 \\
\diagup\quad\Big|\quad\diagdown & \Big| & \diagup & \Big| & \diagup \\
\text{CO}\qquad\qquad\text{CO} & \text{COOH}+2\text{CO} & & \text{COOH}+2\text{CO} \\
\diagdown\quad\Big|\quad\diagup & & \diagdown & & \diagdown \\
\text{NH—CO}\quad\text{NH}_2 & & \text{NH}_2 & & \text{NH}_2
\end{array}$$

Allantoin $(+ 2\,\text{H}_2\text{O}) \longrightarrow \begin{array}{c}\text{Glyoxylsäure}\\ \text{Harnstoff}\end{array} (+ \text{O}) \longrightarrow$ Oxalsäure Harnstoff.

Aus diesem Beispiel ist also zu ersehen, daß allmählich
das Kohlenstoffskelett oxydiert wird, und die im ursprünglichen
Molekül präformierten Harnstoffmoleküle freigelegt werden.

In ähnlicher Weise können andere Umwandlungen an Purinderivaten durchgeführt werden, wie z. B. Guanin zu Guanidin,
Harnstoff und Kohlensäure oxydiert werden kann. Da für unsere
Betrachtung jedoch keine prinzipiell neuen Gesichtspunkte hinzukommen, so sollen hier keine weiteren Einzelheiten mehr auf-
geführt werden.

Tyrosin.   Charakteristischen oxydativen Veränderungen sind nun die
aromatischen Gruppen des Eiweißmoleküls unterworfen. Eine
sehr eigenartige Umwandlung ist die Melaninbildung aus
Tyrosin; das betreffende Enzym ist die Tyrosinase. Melanine
sind stickstoffhaltige amorphe braune bis schwarze Substanzen,
die im ganzen Organismenreich bei Eiweißabbauvorgängen
(Tyrosin ist ja eine der aromatischen Aminosäuren) verbreitet
sind und die schwarze Pigmentierung der Haut usw. bedingen.
Tyrosinase findet sich auch bei Bakterien, z. B. bei gewissen Rassen
von Bac. radicicola. Azotobacter vermag lebend aus Tyrosin
Pigment zu bilden; die Schwarzfärbung, die er im Alter erfährt,
ist wohl auf Melaninbildung zurückzuführen. Über die Umwandlung anderer Phenolderivate wird unten noch einiges zu sagen sein.

Während man früher annahm, daß bei der oxydativen Umwandlung des Tyrosins zuerst Ammoniak abgespalten wird, hat
sich jetzt (RAPER) herausgestellt, daß dies nicht der Fall ist.

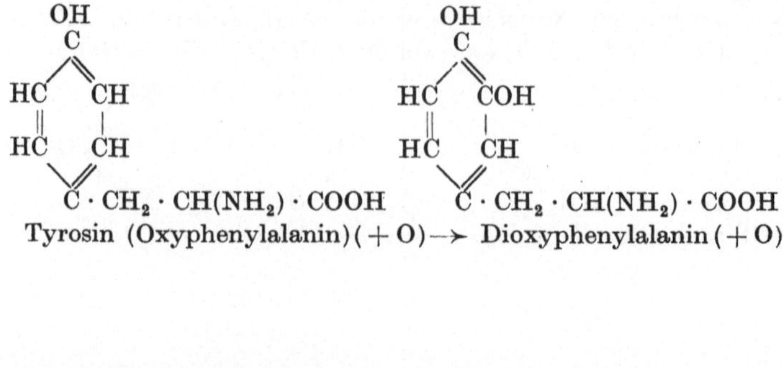

$$\begin{array}{cc}
\text{OH} & \text{OH} \\
\Big| & \Big| \\
\text{C} & \text{C} \\
\diagup\diagdown & \diagup\diagdown \\
\text{HC}\quad\text{CH} & \text{HC}\quad\text{COH} \\
\Big\|\quad\Big| & \Big\|\quad\Big| \\
\text{HC}\quad\text{CH} & \text{HC}\quad\text{CH} \\
\diagdown\diagup & \diagdown\diagup \\
\text{C}\cdot\text{CH}_2\cdot\text{CH(NH}_2)\cdot\text{COOH} & \text{C}\cdot\text{CH}_2\cdot\text{CH(NH}_2)\cdot\text{COOH}
\end{array}$$

Tyrosin (Oxyphenylalanin) $(+ \text{O}) \longrightarrow$ Dioxyphenylalanin $(+ \text{O})$

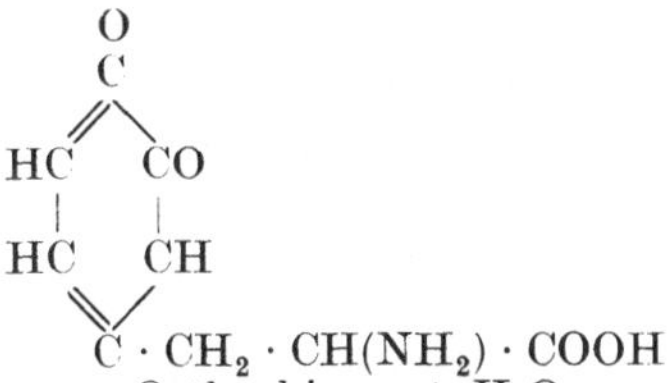

$$\begin{array}{c} \text{O} \\ \| \\ \text{C} \\ \end{array}$$

$$\mathrm{C} \cdot \mathrm{CH_2} \cdot \mathrm{CH(NH_2)} \cdot \mathrm{COOH}$$
$$\rightarrow \text{Orthochinon} + \mathrm{H_2O}$$

Man glaubt jetzt, daß sich zunächst durch die eigentliche Tyrosinase ein Dioxyphenylalanin bildet, aus diesem durch ein anderes Enzym, eine Oxydase, ein Orthochinon, als welches man einen roten Körper ansieht, der das erste äußerlich sichtbare Umwandlungsprodukt darstellt und dann wieder verschwindet. Weiterhin soll dann ein Ringschluß stattfinden (Verschwinden des roten Körpers), wobei der Stickstoff der Aminogruppe in den Ring eintritt, so daß also heterozyklische Produkte, wie Indole oder Pyrrole entstehen, die durch Oxydation vermittels des Luftsauerstoffes in alkalischer Lösung schnell, in saurer langsamer in die Melanine übergehen. Dieser letzte Vorgang ist sicher nicht mehr enzymatischer Natur: er tritt auch in aufgekochten Lösungen ein. Auf aliphatische Aminosäuren wirkt Tyrosinase nicht ein, wohl aber in Gegenwart von Phenolen wie etwa p-Kresol. Man sieht demnach jetzt die Bedeutung der Tyrosinase in der Oxydation zu Diphenolen, bezeichnet sie demgemäß auch als Monophenolase.

Neben der Tyrosinasewirkung sind noch zahlreiche Oxydationen von Phenolen bekannt, und zwar von Polyphenolen. Zum Teil betrachtet man sie als die Wirkung von Chromodehydrasen (früher Peroxydasen); doch können auch echte Oxydasen und auch Oxydationen nicht enzymatischer Natur beteiligt sein. Es entstehen dabei Chinone und weiter Pigmente, wie wir sie bei den Atmungspigmenten kennengelernt haben. Man nimmt dabei die Wirkung von Polyphenolasen an, die aber von dem das Dioxyphenylalanin oxydierenden (s. oben) verschieden sein müssen. Denn die die Tyrosinase begleitende Polyphenolase vermag diese Polyphenole nicht anzugreifen. Es sind das aber noch sehr ungewisse Vorstellungen, die wir nur ganz kurz erwähnen wollen.

Jedenfalls kommen solche Phenoloxydationen sehr häufig vor: Sie treten augenfällig in Erscheinug durch die schnelle Bildung von Pigmenten beim Durchschneiden von Pflanzen (Bräunung von Meerrettich, Sellerie, Kartoffel usw.). Bei vielen Hutpilzen erscheinen sie als die gelbe, blaue, grüne, rötliche, violette, braune, schwarze Verfärbungen beim Durchschneiden oder bei Verletzungen. Die Oxydation von Chinasäure zur Protocatechusäure wurde oben S. 106 bereits erwähnt. Auch bei Bakterien sind Phenoloxydationen verbreitet. Als Beispiel sei die Gewinnung des Orseillefarbstoffes erwähnt, wobei das aus der Lecanorsäure der betreffenden Flechten gebildete Orcin zu Orcëin durch Bakterientätigkeit oxydiert wird. Es ist weiter zu vermuten, daß auch die Bildung vieler nach außen abgeschiedener Bakterienfarbstoffe in den weiteren Zusammenhang dieser Erscheinungen gehört (S. 31).

Es scheint ferner durchaus möglich, daß ebenfalls in diesen weiteren Zusammenhang auch z. B. die Schwarzfärbung der Sporen von Aspergillus niger, ferner die Bräunung der Nährlösung durch diesen Pilz bei alkalischer Reaktion, endlich vielleicht auch die Entstehung der Humusstoffe des Ackerbodens gehören; wir können jedoch noch nichts Bestimmtes hierüber aussagen.

XXIV. Betriebsstoffwechsel (Fortsetzung).

Anaërobe Atmung (Denitrifikation. Desulfurikation. Alkoholgärung [Allgemeines. Schema des Zuckerzerfalls]).

Denitrifikation.

Wenn wir uns nunmehr zu den Vorgängen der anaëroben Atmung wenden, so muß noch ein Sonderfall besprochen werden. Es können Kohlenstoffverbindungen bei Fehlen von freiem Sauerstoff mit Hilfe des Sauerstoffs sauerstoffreicher anorganischer Verbindungen, von Nitraten und Sulfaten, veratmet werden. Dieser Vorgang ist nicht immer zu einem besonderen Stoffwechseltypus bestimmter Organismen entwickelt, sondern wird bei Sauerstoffmangel von einer Reihe verbreiteter aërober oder fakultativ anaërober Bakterien durchgeführt wie besonders im Falle der Denitrifikation, die u. a. von Ps. fluorescens durchgeführt werden kann. Freier Sauerstoff tritt dabei nicht auf, wohl aber nach Beijerinck manchmal oder sogar meist, wie bei Bac. nitroxus, Stickstoffoxydul (N_2O). Im übrigen erscheint der Stickstoff in elementarer Form. Diese Denitrifikation kann als sehr stürmische „Gärung" in Erscheinung treten.

Man kann sich wohl vorstellen, daß der Sauerstoff der Nitrate als Wasserstoffacceptor für den Wasserstoff des organischen Körpers dient unter katalytischer Beeinflussung durch den Organismus bzw. dessen Enzyme. Möglicherweise entsteht dabei intermediär die leicht N_2O abspaltende untersalpetrige Säure $(HNO)_2$. Sehr bemerkenswert ist auch Thiobac. denitrificans (Beijerinck), der (unter Freimachen von elementarem Stickstoff) denitrifiziert und dabei elementaren Schwefel zu Schwefelsäure oxydiert, wobei also auch hier, wie bei gewissen Autotrophen, elementarer Schwefel Kohlenstoffverbindungen in gewisser Hinsicht gleichwertig sein kann.

In ähnlicher Weise werden von einer ganzen Anzahl Bakterien (Spirillum desulfuricans im Süß-, Sp. aestuaria im Meerwasser) mit Sulfaten organische Stoffe oxydiert, die Schwefelsäure dabei zu Schwefelwasserstoff reduziert: Desulfurikation. Für die beiden eben genannten Bakterien ist dieser Stoffwechsel jedoch obligatorisch geworden. Desulfurikation.

Derartige Fälle leiten zur Reduktion reduktionsfähiger Verbindungen über, wie z. B. auch die Hefe Sulfate zu Schwefelwasserstoff, Nitrate zu Nitrit und Ammoniak zu reduzieren vermag; doch handelt es sich dabei nur um den Umsatz geringer Mengen, nicht um einen quantitativ verlaufenden Umsatz, wie das bei Denitrifikation und Desulfurikation der Fall ist. Wir werden auf die Reduktionserscheinungen noch zurückkommen.

Die nunmehr zu besprechende Alkoholgärung ist der Typus der anaëroben Kohlenhydratumsetzungen und wird uns daher eingehend beschäftigen; die bei ihr gemachten Erfahrungen haben weitgehend auch die Vorstellungen des Zuckerabbaus überhaupt befruchtet und stehen daher augenblicklich mit im Mittelpunkt der Forschung. Alkoholgärung.

Theoretisch würde die Alkoholgärung, Glukose als Ausgangsmaterial genommen, in quantitativer Hinsicht die angegebenen Mengenbeziehungen der Hauptprodukte Alkohol und Kohlensäure zeigen: Allgemeines.

$$C_6H_{12}O_6 \quad = \quad 2C_2H_5OH \quad + \quad 2CO_2$$
$$\text{Glukose (100 g)} \quad \text{Äthylalkohol (51,1 g)} \quad \text{Kohlensäure (48,9 g)}$$

Diese theoretisch zu fordernden Gewichtsmengen werden praktisch aber natürlich nicht erreicht, da einmal ein Teil des Zuckers (etwa 1 vH) von der Hefe zum Aufbau ihres Körpers verwendet wird, und andererseits noch in geringer Menge Nebenprodukte auftreten. Man fand z. B., auf 100 g Glukose bezogen, 48,3 g Alkohol und 46,4 g Kohlensäure. Die Nebenprodukte haben zweierlei Herkunft: sie stammen entweder aus dem Zuckerzerfall selbst oder aus den Eiweißspaltstücken (Aminosäuren) der von den Hefen zu vergärenden Maische (etwa des Malzes bei der Bierbereitung). Diese letztgenannten Nebenprodukte treten denn auch nicht auf, wenn wir reinen Zucker mit Hefepreßsaft vergären. Die Nebenprodukte sind:

	Herkunft aus		
Glycerin . .	} Zuckerzerfall	Aminosäuren	{ Fuselöle
Acetaldehyd		der Maische	{ Bernstein-
Essigsäure .			säure

Nach einigen Angaben sollen auch Ameisensäure und Milchsäure

auftreten; doch sind diese Angaben zu umstritten, als daß hier
weiter darauf eingegangen werden soll. Milchsäure, die früher als
Zwischenprodukt der alkoholischen Gärung angesehen wurde,
kommt jetzt nicht mehr dafür in Betracht; ihr Entstehen in geringen Mengen wäre aus dem Methylglyoxal, analog der Milchsäurebildung bei Bakterien (S. 129), leicht verständlich.

Schema des Zuckerzerfalls. Das Schema des Zuckerzerfalls ist unten wiedergegeben. Erst
bei der Brenztraubensäure ist man jedoch auf völlig sicherem Boden.
Ganz unbekannt sind dagegen die ersten Stadien der Zuckerspaltung. Auch Methylglyoxal ist nur theoretisch als Zwischen-

Schema der alkoholischen Gärung.

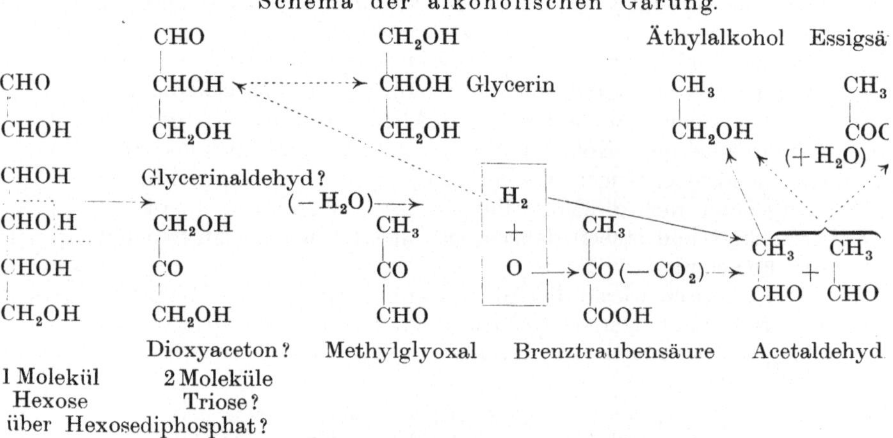

Nur als rohes Übersichtschema zu betrachten!

stufe gefordert, jedoch nicht als solche nachgewiesen; es ist sogar
für Hefe völlig unangreifbar. Gleichwohl legt man auf diesen
letzten Punkt wenig Gewicht, da Methylglyoxal in vielen z. T.
auch asymmetrischen Strukturen vorkommen kann, vielleicht
also eine besondere „Status-nascens-Form" des unmittelbaren
Hexosezerfalls vorhanden sein könnte. Wenn in obiger Übersicht
Methylglyoxal einfach als durch Wasserabspaltung aus einer der
beiden Triosen Glycerinaldehyd oder Dioxyaceton entstanden
dargestellt ist, so soll das nur ein Übersichtsschema sein, das keine
Richtigkeit im einzelnen bedeuten soll.

Es ist nämlich durchaus noch fraglich, ob der Zucker, die
Hexose, von der wir aus später anzugebenden Gründen hier nur
ausgehen können, bzw. wie er zunächst zerfällt. Es wäre ja am
einfachsten, anzunehmen, daß die Hexose zunächst in 2 Moleküle

Triosen zerfällt. Aber die beiden, die hier in Frage kommen, Glycerinaldehyd und Dioxyaceton, sind entgegen früheren Angaben unangreifbar für die Hefe, wenn das auch in Hinsicht auf das oben über den Methylglyoxal Ausgeführte nicht ohne weiteres von Bedeutung ist. Jedenfalls rechnet man einstweilen mit der Bildung von Glycerinaldehyd, wozu ja auch die Bildung von Glycerin zwingt.

Noch eine Erscheinung tritt bei dem ersten Abbau auf, die wir nur andeutungsweise in das obige Schema aufgenommen haben: Sie hängt mit der Rolle der Phosphorsäure zusammen, die außerordentlich gärungsfördernd wirkt. Allerdings wird die Tätigkeit lebender Hefe durch Phosphatzusatz nur um etwa 25 vH gesteigert, diejenige von Hefepreßsaft dagegen um 2000 vH (das 20 fache). Dabei verschwindet anorganische Phosphorsäure, die mit dem Zucker zu Zymophosphat verestert wird; es handelt sich um ein Hexosediphosphat: $C_6H_{10}O_4(PO_4K_2)_2$; auch Hexosemonophosphat kommt vor. Später tritt wieder anorganisches Phosphat auf, und der aus der Bindung frei gewordene Zucker wird dann gespalten. Das die Veresterung bewirkende Enzym nennt man Phosphatese, das die Veresterung lösende Phosphatase.

Man weiß jedoch nicht, ob dieser Vorgang notwendig ist (HARDEN-EULER) oder nicht etwa pathologisch („Wirkung entfesselter Enzymkräfte" nach NEUBERG). Denn die letzterwähnte Anschauung basiert darauf, daß lebende Hefe weder Zymophosphat bildet noch dieses angreift; das geschieht nur durch Hefepreßsaft, Trockenhefe, Acetondauerhefe (S. 123) sowie durch Hefe, deren Permeabilität durch Gifte wie Toluol weitgehend gestört ist. Immerhin wäre es möglich, daß sich der Vorgang der Zymophosphatbildung bei lebender Hefe nur in der Zelle vollzieht und die Steigerung der Gärung durch Phosphat bei Hefepreßsaft lediglich dadurch zustande kommt, daß die für das Zellinnere maßgebende und bei gut ernährter Hefe annähernd optimale Konzentration des Phosphates im Vergleich zum Zucker hergestellt wird; an und für sich würde nämlich auch die 20 fache Steigerung der Hefepreßsaftwirkung bei Zusatz von Phosphat die Leistung der lebenden Zelle noch nicht erreichen, wenn auch ein exakter Vergleich aus begreiflichen Gründen äußerst schwierig ist. Wenn tatsächlich die Zymophosphatbildung für die Gärung notwendig ist, so würde es sich wahrscheinlich um die Überführung des Zuckers in eine labile Form handeln, die man als „alloiomorph" bezeichnet hat. (Man spricht kurz von „am-Zucker").

In die ersten Stadien des Zuckerabbaus gehört auch die Tätigkeit der Co-Zymase; sie hat vielleicht ihre Bedeutung bei dieser Phosphatzuckerveresterung, ist also eng mit dieser Frage verknüpft.

Wir kehren nunmehr zum Methylglyoxal zurück. Das nächste Stadium ist die Bildung der Brenztraubensäure, wie man sieht ein Oxydationsvorgang[1]). Da nun die Alkoholgärung ohne jede Mitwirkung von freiem Sauerstoff verläuft, so muß der zur Oxydation notwendige Sauerstoff anderswoher genommen werden und zwar aus dem Wasser, etwa über ein Hydrat des Methylglyoxals, wie in dem Übersichtschema angedeutet ist, wobei die Elemente des Wassers durch Umrahmung kenntlich gemacht sind. Diese Oxydation kann eben dann nur die Form einer Oxydoreduktion haben, wobei der aktivierte Wasserstoff (Gärungswasserstoff) an einen Wasserstoffacceptor herantritt. Als solcher fungiert normalerweise die weitere Abbaustufe, der Acetaldehyd, auf den wir gleich zu sprechen kommen, oder aber Glycerinaldehyd, aus dem somit Glycerin entsteht, dessen Auftreten als Nebenprodukt somit klargestellt ist. Man kann diese Vorgänge auch als gekreuzte Dismutation zwischen Methylglyoxal und Acetaldehyd bzw. Glycerinaldehyd auffassen.

Die auf die Brenztraubensäure folgende Abbaustufe ist der Acetaldehyd, der aus jener durch Kohlensäureabspaltung entsteht, ein Vorgang, den Hefe, Hefepreßsaft usw. mit Hilfe der Carboxylase glatt bewerkstelligen. Hier ist alles also leicht verständlich. Die gesamte bei der alkoholischen Gärung entstehende Kohlensäure wird auf diesem Wege gebildet. Acetaldehyd wurde mit dem oben S. 101 schon erwähnten Abfangverfahren nachgewiesen. Es wird dabei Sulfit der gärenden Lösung zugesetzt, wobei Aldehyd an der Aldehydgruppe gebunden wird, so daß eine weitere Veränderung unmöglich ist. Auch noch andere Abfangmittel sind bekannt. Zuerst hat KOSTYTSCHEW qualitativ die Rolle der Acetaldehyds als Zwischenprodukt erkannt; dann wurde durch NEUBERG die ganze Alkoholgärung, vom Acetaldehyd ausgehend, quantitativ und grundlegend ausgebaut.

---

[1]) Die Entstehung der Brenztraubensäure wird von LEBEDEW anders, und zwar so erklärt, daß durch Dismutation des Glycerinaldehyd Glycerin und Glycerinsäure entstünden, welch letzte durch Wasserabspaltung in Brenztraubensäure übergehen solle. Dann wäre Glycerin aber kein Nebenprodukt, sondern ein Hauptprodukt, und es ist schwierig, sich seine weitere Verarbeitung vorzustellen. Glycerinsäure hat aber den einen Vorteil, daß sie durch Hefe vergärbar ist, was als Beweis für die erwähnte Anschauung besonders hervorgehoben wird. Wir erwähnen das als Beispiel für die Schwierigkeit dieser Fragen.

Der Acetaldehyd ist nun der normale Wasserstoffacceptor für den obenerwähnten Gärungswasserstoff und wird auf diese Weise zu Äthylalkohol reduziert.

XXV. Betriebsstoffwechsel (Fortsetzung).

Anaërobe Atmung, Forts. (Alkoholgärung [Gärungsabweichungen. Nebenprodukte aus Aminosäuren. Gärfähige Kohlenhydrate. Wirksame Enzyme].)

Wird nun der Acetaldehyd etwa auf die eben geschilderte Weise abgefangen, so kann er nicht zu Alkohol hydriert werden. Die Folge ist dann, daß Glycerin entsteht, und zwar, wie experimentell durch Neuberg gezeigt wurde, in äquimolekularem Verhältnis zum festgelegten Acetaldehyd, wie es ja der Theorie nach sein muß. Daß Acetaldehyd normalerweise als Nebenprodukt gefunden wird, ist also auch verständlich, da umgekehrt die Bildung von Glycerin als Nebenprodukt keinen Gärungswasserstoff zur Reduktion entsprechender Mengen Acetaldehyd verfügbar läßt. [Gärungsabweichungen.]

In alkalischen Medien ($p_H > 8$) verläuft die Gärung wieder anders insofern, als es hier zu einer Dismutation des Acetaldehyds (S. 99) kommt, wobei also Äthylalkohol und Essigsäure, je 1 Mol aus 2 Molen Acetaldehyd, entstehen. Auch die Essigsäure ist somit als normales Nebenprodukt erklärt, da sich der Vorgang der Dismutation normalerweise ebenfalls, wenn auch in sehr geringem Grade, vollzieht. Bei der Dismutation des Acetaldehyds wird dieser also gewissermaßen durch sich selber abgefangen. Da hierbei ebenfalls Gärungswasserstoff verfügbar bleibt, so muß entsprechend Glycerin entstehen, je 2 Mol auf 1 Mol Essigsäure, was experimentell auch gefunden wurde. Auf diesem Wege der Glycerinbildung in alkalischen Medien hat man während des Krieges das für den Betrieb der Feldküchen unentbehrliche Glycerin gewonnen.

Wir stellen nach der Ausdrucksweise von Neuberg nochmals zusammen:

1. Vergärungsform: Alkohol + CO_2 (1:1),
2.   ,,   Acetaldehyd + CO_2 + Glycerin (1:1:1),
3.   ,,   Essigsäure + Alkohol + CO_2 + Glycerin (1:1:2:2).

Weiterhin wollen wir nun zunächst die Entstehung der aus den Aminosäuren der Maische stammenden Nebenprodukte kennenlernen. Unter ihnen sind vor allem Fuselöle, insbesondere Amylalkohol, bemerkenswert, da sie vor allem Geruch, Ge- [Nebenprodukte aus Aminosäuren.]

schmack und Bekömmlichkeit alkoholischer Produkte bedingen.
Das Vorherrschen des Amylalkohols zeigt folgende Übersicht:

vH-Anteil an	Kartoffelfuselöl	Kornfuselöl
n-Propylalkohol...	6,85	3,69
iso-Butylalkohol ..	24,95	15,76
Amylalkohol......	68,76	75,85

Diese Fuselöle entstehen nach F. EHRLICH durch Umwandlung
von Aminosäuren, wobei unter Wasseraufnahme Abspaltung von
Ammoniak und Kohlensäure erfolgt und der um 1 Kohlenstoff-
atom ärmere primäre Alkohol entsteht. So aus dem Leucin der
Isoamylalkohol, aus dem Isoleucin der aktive Amylalkohol; auch aromatische Alkohole werden angegriffen: aus dem
Tyrosin entsteht Tyrosol. Diesen Vorgang faßt man als eine
oxydative Desaminierung der Aminosäuren auf, wobei die α-Keto-

$$\begin{array}{l}CH_3\\CH_3\end{array}\!\!\bigg\rangle CH \cdot CH_2 \cdot CH(NH_2) \cdot COOH\,(+\,H_2O)\longrightarrow$$
Leucin

$$\begin{array}{l}CH_3\\CH_3\end{array}\!\!\bigg\rangle CH \cdot CH_2 \cdot CH_2OH + CO_2 + NH_3$$
Isoamylalkohol

$$\begin{array}{l}CH_3\\C_2H_5\end{array}\!\!\bigg\rangle CH \cdot CH(NH_2) \cdot COOH\,(+\,H_2O)\longrightarrow$$
Isoleucin

$$\begin{array}{l}CH_3\\C_2H_5\end{array}\!\!\bigg\rangle CH \cdot CH_2OH + CO_2 + NH_3$$
aktiver Amylalkohol

$$HO \cdot C_6H_4 \cdot CH_2 \cdot CH(NH_2) \cdot COOH\,(+\,H_2O)\longrightarrow$$
Tyrosin

$$HO \cdot C_6H_4 \cdot CH_2 \cdot CH_2OH + CO_2 + NH_3$$
Tyrosol

säure entsteht, welche decarboxyliert (S. 124) wird und den entsprechenden Aldehyd liefert, der zu dem primären Alkohol hydriert
wird:

$$R \cdot CH(NH_2) \cdot COOH\,(+\,H_2O + H_2\text{-Acceptor})\longrightarrow$$
Aminosäure

$$R \cdot CO \cdot COOH + NH_3 + (\text{Acceptor} = H_2)\longrightarrow$$
α-Ketosäure

$$R \cdot CHO + CO_2\,(+\,H_2)\longrightarrow R \cdot CH_2OH$$
Aldehyd   Alkohol

Amylalkohol ist unter den Fuselölen deshalb vorherrschend, weil
das Leucin, seine Muttersubstanz, neben der Glutaminsäure, deren

Schicksal wir sofort kennenlernen werden, die hauptsächlichste Aminosäure der höheren Pflanzen ist; bei Bier-, Wein-, Schnapsbereitung werden ja Teile höherer Pflanzen als Ausgangsmaterial genommen.

Bernsteinsäure entsteht aus der Glutaminsäure. Der Vorgang verläuft dem eben geschilderten analog über die α-Ketoglutarsäure, CO_2-Abspaltung zum Halbaldehyd der Bernsteinsäure, der in Bernsteinsäure übergeht.

$$HOOC \cdot CH_2 \cdot CH_2 \cdot CH(NH_2) \cdot COOH\,(+\,H_2O) \longrightarrow$$
Glutaminsäure

$$HOOC \cdot CH_2 \cdot CH_2 \cdot CO \cdot COOH + NH_3 + H_2 \longrightarrow$$
α-Ketoglutarsäure

$$HOOC \cdot CH_2 \cdot CH_2 \cdot CHO + CO_2(+\,O) \longrightarrow$$
Bernsteinsäurealdehyd

$$HOOC \cdot CH_2 \cdot CH_2 \cdot COOH\,.$$
Bernsteinsäure

Es steht unbedingt fest, daß die Hefe die Alkoholgärung im wesentlichen nur mit den 4 Hexosen (Glukose, Fructose, Mannose, Galactose) durchführen kann, wenn wir zunächst die Monosaccharide betrachten. Die Vergärbarkeit von Triosen, wie Glycerinaldehyd oder Dioxyaceton, sowie von Nonosen ist durchaus fraglich (es ist eigentümlich, daß man über solche grundlegenden Fragen noch nichts unbedingt Sicheres aussagen kann). Sicher aber ist, daß andere Monosaccharide, die nicht die 3-C-Gliederung haben, wie die Pentosen, gänzlich unvergärbar sind. Jedoch werden die 4 Hexosen nicht gleich gut vergoren; insbesondere steht die im allgemeinen viel schwerer vergärbare Galactose etwas abseits, wie auch die folgende Übersicht wenigstens andeutet:

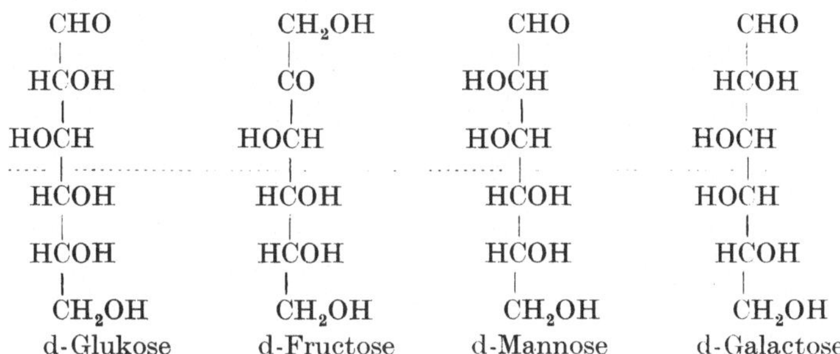

<table>
<tr><td>CHO</td><td>CH₂OH</td><td>CHO</td><td>CHO</td></tr>
<tr><td>|</td><td>|</td><td>|</td><td>|</td></tr>
<tr><td>HCOH</td><td>CO</td><td>HOCH</td><td>HCOH</td></tr>
<tr><td>|</td><td>|</td><td>|</td><td>|</td></tr>
<tr><td>HOCH</td><td>HOCH</td><td>HOCH</td><td>HOCH</td></tr>
<tr><td>|</td><td>|</td><td>|</td><td>|</td></tr>
<tr><td>HCOH</td><td>HCOH</td><td>HCOH</td><td>HOCH</td></tr>
<tr><td>|</td><td>|</td><td>|</td><td>|</td></tr>
<tr><td>HCOH</td><td>HCOH</td><td>HCOH</td><td>HCOH</td></tr>
<tr><td>|</td><td>|</td><td>|</td><td>|</td></tr>
<tr><td>CH₂OH</td><td>CH₂OH</td><td>CH₂OH</td><td>CH₂OH</td></tr>
<tr><td>d-Glukose</td><td>d-Fructose</td><td>d-Mannose</td><td>d-Galactose</td></tr>
</table>

Man sieht, daß die Struktur der Galactose in der unteren Hälfte des Moleküls sich von derjenigen der 3 anderen Hexosen unterscheidet. Vor allem können schwache Alkoholbildner die Galactose nicht gut oder überhaupt nicht vergären, wie z. B. Schizosaccharomyces Pombe und Saccharomyces Ludwigii. Andererseits sind Hefen, die in Milch vorkommen, besonders an die Vergärung der Galactose angepaßt (Milchzucker, Lactose, besteht ja aus je 1 Molekül Glukose und Galactose). Alle Hefen aber sind an die Vergärung der Galactose allmählich zu gewöhnen (Enzymregulation).

Schließlich sei hier nochmals erwähnt, daß nur die in der Natur vorkommenden optisch aktiven Zucker vergoren werden, also die d-Form, wobei zu beachten ist, daß auch die links drehende Fructose chemisch eine d-Form ist.

Disaccharide werden meist glatt vergoren; aber sie werden vorher in die entsprechenden Monosaccharide gespalten; nach einer neueren Anschauung, die aber noch zweifelhaft ist, sollen sie sogar ohne vorherige Spaltung vergoren werden. Wichtig ist vor allem in praktischer Hinsicht die Maltose, die durch Maltase, ein Endoenzym, in 2 Moleküle Glukose gespalten wird. S. Ludwigii und Marxianus können Maltose nicht spalten. Saccharose wird durch das Invertin (Invertase, Saccharase) in je 1 Molekül Glukose und Fructose gespalten, Invertin ist ebenfalls ein Endoenzym, das durch WILLSTÄTTERS Untersuchungen als das bisher am besten bekannteste gelten darf; immerhin findet es sich nicht in allen Hefen, z. B. nicht in S. apiculatus, d. h. einer auf süßen Früchten häufigen Form; hier liegt der Zucker ja auch fast ausschließlich als Invertzucker vor. S. Marxianus dagegen führt von disaccharidspaltenden Enzymen nur Invertase. Lactose wird durch die Lactase gespalten, diese findet sich nur bei wenigen in Milch vorkommenden Formen (S. Kefir).

Das verschiedene Verhalten der Hefen zu Mono- und Disacchariden, wovon wir oben nur einige wenige Beispiele erwähnt haben, wird auch zum qualitativen Nachweis und zur quantitativen Trennung und Bestimmung dieser Zuckerarten benutzt, ist also ein wertvolles chemisch analytisches Hilfsmittel. Man würde z. B., wenn ein fragliches Gemisch aus Hexosen vorliegt, durch Vergären mit Bäckereihefe alle außer Galactose beseitigen können, die ihrerseits dann in der Restlösung durch Zufügen einer Galactosehefe an der Kohlensäurebildung nachgewiesen oder mit anderen Methoden quantitativ bestimmt werden könnte. Auch können überhaupt Hexosen durch Vergären vermittels Hefe qualitativ nachgewiesen werden (durch die Kohlensäurebildung).

Dextrin, die Zwischenstufe des Stärkeabbaus zum Zucker, wird von einigen Hefen vergoren, sehr energisch von Schizosaccharomyces Pombe; das Enzym wäre als Dextrinase zu bezeichnen. Glykogen wird von der lebenden Zelle, wenn es von außen geboten wird, nicht angegriffen, da es seiner Molekülgröße wegen nicht in die Zelle eindringen kann, aber von Hefepreßsaft vergoren. Daß Hefe Glykogen überhaupt zu verarbeiten vermag, ist selbstverständlich, da dieses ja den eigentlichen Kohlenhydratresevestoff darstellt. Stärke ist für sie unangreifbar.

Sammelbegriff für die Enzyme der Alkoholgärung ist die Zymase. Sie ist ein Endoenzym, das nicht aus der Zelle heraustritt. *Wirksame Enzyme.* 1897 gelang es BUCHNER, durch Zerreiben der Hefezellen mit Quarzsand und Kieselgur und Auspressen dieser Masse den Vorgang der Alkoholgärung unabhängig von der eigentlichen Lebenstätigkeit der Zelle mit diesem Preßsaft durchzuführen. Man hat seit dieser Zeit noch weitere „Präparate" kennengelernt: Plasmolysesaft, wobei durch Mischen von Hefe mit osmotisch wirksamen Stoffen (z. B. Kochsalz, mindestens 2 vH) Austritt von Zellsaft und schließlich von Zymase erzielt wird. Alkoholdauerhefe erzielt man durch Behandeln von Hefe mit einem Alkoholäthergemisch (z. B. 250 g Hefe + 3 l abs. Alkohol + 1 l Äther), wobei nach etwa 4—5 Minuten Einwirkung der Alkohol durch Äther verdrängt und das Präparat schnell an der Luft getrocknet wird. Acetondauerhefe wird ähnlich durch Behandeln mit Aceton, Auswaschen mit Äther und schnelles Trocknen hergestellt. Während aber diese Dauerhefen an Wasser keine Zymase abgeben, ist das bei anderen der Fall: Trockenhefe nach LEBEDEW wird hergestellt, indem frische Hefe 2 Tage bei $25—30^0$ getrocknet wird, wobei die Zellen absterben. Durch Mazerieren mit Wasser, 2 Stunden bei 35^0, wird infolge Austritts von Zymase ein wirksamer Mazerationssaft erhalten. Es gibt ferner noch weitere Verfahren zur Herstellung von Trockenhefen, je nach der Schnelligkeit der Trocknung und sonstigen Behandlung, wobei die Zellen mehr oder weniger absterben. Es ist aber noch nicht recht geklärt, welchen Einfluß der geringere oder höhere Gehalt solcher Präparate an lebenden Zellen für die Wirkung der Präparate hat.

Wenn mit solchen Präparaten gearbeitet wird, ist es notwendig, ein Antisepticum, etwas Toluol, hinzuzusetzen, damit die Entwicklung von fremden Mikroorganismen verhindert wird.

Das Temperaturoptimum der Zymase beträgt $28—30^0$, bei $40—50^0$ wird sie zerstört. Das p_H-Optimum ist für lebende Hefe 4—5, für das Enzym 6,2—6,8.

Wenn wir nun einzelne Enzyme dieses Zymasekomplexes betrachten, so zeigt ja die Lückenhaftigkeit unserer Vorstellungen über den Chemismus des Abbaus gleichzeitig auch die Lückenhaftigkeit unserer enzymatischen Kenntnisse. Gut definierbar ist die von NEUBERG aufgefundene Carboxylase, welche aus allen α-Ketosäuren, wie Brenztraubensäure, Oxalessigsäure usw. Kohlensäure abspaltet: unter Bildung des um

$$R \cdot CO \cdot COOH = R \cdot CHO + CO_2$$
$$\alpha\text{-Ketosäure} \qquad \text{Aldehyd} \quad \text{Kohlensäure}$$

1 C-Atom ärmeren Aldehyds. Auch aromatische α-Ketosäuren werden angegriffen. Die Carboxylase ist etwas widerstandsfähiger als die Zymase, kann z. B. in Trockenhefe, die nicht mehr gärt, noch wirksam sein. Auch kann sie durch Erhitzen 10—15 Minuten auf 50—51° von der dabei zerstörten Zymase getrennt werden.

Die Aldehydrase, welche Acetaldehyd dismutiert, haben wir schon kennengelernt; es mag hier nur erwähnt sein, daß von Hefe auch andere Aldehyde dismutiert werden können. Ketonaldehydmutase, die aus Methylglyoxal Milchsäure bildet (wir werden sie bei der Milchsäurebildung noch genauer kennenlernen), hat man in obergärigen Hefen gefunden.

Besondere Beachtung beansprucht noch die von HARDEN und YOUNG aufgefundene Co-Zymase, von der oben schon erwähnt wurde, daß sie vermutlich in den allerersten Stadien des Zuckerabbaues eine Rolle spielt. Sie ist eigentlich kein Enzym, sondern ein Aktivator: Die Co-Zymase ist kochbeständig und dialysiert, was beides für die Zymase nicht zutrifft. Der Dialyse unterworfener Preßsaft ruft infolgedessen, da die hindurchdiffundierte Co-Zymase fehlt, keine Gärung hervor, wird aber durch Zusatz von Hefekochsaft, in dem eben die Co-Zymase noch wirksam ist, aktiviert. Es kommen noch mehr Aktivatoren in Frage; hier sei nur erwähnt, daß ein solcher nachgewiesen wurde, der die Zymase vor eiweißverdauenden Enzymen, gegen die sie sehr empfindlich ist, und ein anderer, der die Co-Zymase vor fettspaltenden Enzymen schützt.

Phosphatese und Phosphatase wurden schon erwähnt. Es mag ferner noch kurz festgestellt sein, daß auch Proteasen, Lipasen usw. in der Hefe nachgewiesen wurden. Die Wirkung von Proteasen bedingt, daß man bei der Autolyse von Hefezellen keine Zymase gewinnen kann, da sie von diesen zerstört wird; in Gegensatz dazu gewinnt man das Invertin auf diese Weise (S. 90).

XXVI. Betriebsstoffwechsel (Fortsetzung).

Anaërobe Atmung, Forts. (Alkoholgärung [Synthetische Vorgänge.
Förderung und Hemmung. Energieumsatz. Wirkung des Sauer-
stoffs. Technisches. Alkoholbildung durch Nichthefen]).

Von ganz besonderem Interesse bei der Hefe ist die von Syn-
thetische
Vorgänge. NEUBERG aufgefundene Carboligase, ein Kohlenstoffketten in einer rein chemisch bisher nicht bekannten Weise knüpfendes Enzym (wobei man aber „Enzym" cum grano salis nehmen muß). Sie ist deshalb bemerkenswert, weil man damit rechnet, daß über den Acetaldehyd auch wieder Aufbauvorgänge zu anderen Produkten führen (s. Buttersäuregärung). Bei dieser Synthese, der Acyloinsynthese, werden 2 Moleküle Acetaldehyd zu Acetoin (Methylacethylcarbinol) oder 1 Molekül Acetaldehyd mit 1 Molekül Benzaldehyd zu Phenylacethylcarbinol asymmetrisch verknüpft:

$$CH_3 \cdot CHO + OHC \cdot CH_3 = CH_3 \cdot CHOH \cdot CO \cdot CH_3$$
$$\text{Acetaldehyd} \qquad\qquad\qquad \text{Acetoin}$$
$$C_6H_5 \cdot CHO + OHC \cdot CH_3 = C_6H_5 \cdot CHOH \cdot CO \cdot CH_3$$
$$\text{Benzaldehyd} \quad \text{Acetaldehyd} \quad \text{Phenylacethylcarbinol}$$

Bemerkenswert ist hierbei jedoch, daß diese Kondensation offenbar nur mit Acetaldehyd im „status nascens" eintritt: Sie erfolgt nicht, wenn nicht in Gärung befindliche Hefe mit Acetaldehyd oder Benzaldehyd versetzt wird; sie tritt aber ein, wenn diese Hefe gärt, wenn also offenbar nascierender Acetaldehyd vorhanden ist. Da normalerweise der Acetaldehyd als Acceptor für den Gärungswasserstoff dient, kann die Kondensation unter natürlichen Verhältnissen nicht erfolgen; nur beim Vergären von Brenztraubensäure tritt Acetoin spontan (d. h. ohne Zusatz fremden Acetaldehyds) auf, da in diesem Falle ja der Gärungswasserstoff fehlt.

Außer den oben schon als Aktivatoren erwähnten Stoffen Förderung
und
Hemmung. (einschließlich der Phosphate) fördern noch eine ganze Anzahl anderer Stoffe zum Teil erheblich die Gärung. Wir erwähnen hier nur, daß nach NEUBERG darunter gehören Aldehyde, Ketone, Chinone, Verbindungen mit Doppelkohlenstoffbindung, kolloidaler Schwefel, Polysulfide usw.; d. h. es sind alles Stoffe, die als Wasserstoff-Acceptoren dienen können. Die Gärungsbeschleunigung fällt vornehmlich in die erste Zeit, offenbar also in das Stadium, in dem noch nicht genügend Aldehyd als normaler H_2-Acceptor gebildet ist.

Eine Hemmung der Gärung tritt vornehmlich durch die Gärprodukte selbst ein, d. h. vor allem durch den gebildeten Alkohol. Biologisch faßt man diesen als einen Kampfstoff auf, welcher es der Hefe ermöglicht, die Entwicklung anderer Mikroorganismen zu unterdrücken, was man ja bei jeder Spontangärung sehen kann. Auch die Hefe selbst wird schließlich durch den gebildeten Alkohol gehemmt, etwa von 4 vH an. Aber die einzelnen Hefen sind sehr verschieden widerstandsfähig: Niedrigvergärende Hefen, wie Hefe Saaz, vertragen wenig, die hochvergärende Hefe Frohberg mehr Alkohol, noch mehr Weinhefen, besonders solche aus schweren Südweinen. Saké-Hefe (S. 128) soll sogar bis zu 24 vH Alkohol vertragen.

Auch steigende Zuckerkonzentrationen hemmen (S. 78); hier finden wir ebenfalls Verschiedenheiten: 8—20 vH ist die normale, 60 vH eine außergewöhnlich hohe Grenze. Mit Preßsaft kann sogar 100 vH Zuckerlösung vergoren werden, da hier ja die eigentliche Lebenstätigkeit der Zelle wegfällt.

Von anderen hemmenden Stoffen seien hier nur noch Blausäure und Schwefelwasserstoff erwähnt, welche die Atmung, die ja eine Schwermetallkatalyse ist, sistieren; sie hemmen auch die Alkoholgärung, bringen sie aber nicht zum Stillstand, so daß also die anaërobe Atmung ein prinzipiell anderes Verhalten zeigt als die aërobe Atmung.

Energieumsatz. Der Energieumsatz bei der Alkoholgärung ist außerordentlich gering:

$$(674,0 \quad + \quad 2,1)\ \text{Cal} - 2\ (326,25 \quad - \quad 2,25)\ \text{Cal} = 28,1\ \text{Cal}$$

1 Mol Zucker Lösungs-   2 Mol   Lösungs-
(Glukose)   wärme   Alkohol   wärme

Experimentell hat man 18,4 bis 24,0 Cal gefunden, was mit der Theorie ganz gut in Einklang steht. Die potentielle Energie des Zuckers wird also nur etwa zum 25. Teil ausgenutzt. Dieser Energiegewinn muß schließlich als Wärme erscheinen; es ist gänzlich unbekannt, ob ein Teil der Wärme an irgendeinem Teilvorgang in die Reaktion eintritt; es könnte sich dann natürlich nur um die geringe Differenz zwischen dem theoretischen Wert und dem experimentell gefundenen handeln, die aber noch weiter um den calorischen Wert des in Organismensubstanz und Nebenprodukten festgelegten Zuckers vermindert werden müßte.

Wirkung des Sauerstoffs. An und für sich ist die Alkoholgärung ja gänzlich anaërob. Sie wird bei der Hefe aber kaum vom Sauerstoff beeinflußt, sehr stark dagegen bei sonst aëroben Organismen, auch den meisten zur Bildung von Alkohol befähigten Schimmelpilzen: Sauerstoff verhindert bei ihnen jede Alkoholgärung. Aber hinsichtlich der Hefe gilt das Gesagte lediglich für die Gärung; für das Wachstum ist Sauerstoff zum mindesten förderlich, wenn nicht notwendig. Sporenbildung und -keimung treten nur bei Gegenwart von Sauerstoff ein. Die Hefe zeigt also noch deutliche Relikte eines aëroben Stoffwechsels und deutet darin wohl auch noch ihre Abstammung von sauerstoffliebenden Pilzen an. Wir hatten ja auch die morphologische Erscheinung der Hefe als eine Sonderanpassung an das Milieu kennengelernt.

Äußerst bemerkenswert ist nun, daß Hefe bei kräftiger Lüftung aus Alkohol usw. wieder Kohlenhydrate (Glykogen) aufzubauen vermag, was diese Verhältnisse noch schärfer beleuchtet. Hierbei wird die Gärung natürlich völlig ausgeschaltet.

Die Alkoholgärung und die (im weiteren Sinne) daran beteiligten Organismen haben eine weitgehende Anwendung im menschlichen Haushalt gefunden; wir verzichten jedoch auf Aufzählung aller der bei den verschiedenen Völkern sich findenden Besonderheiten und greifen nur Typisches und besonders Bemerkenswertes heraus. Bei der Herstellung von Bier wird durch die Diastase der Gerste die Stärke des Gerstenkornes zu Maltose verzuckert, die gebildete Maltose von Hefen zu Alkohol vergoren. Bei dem Negerbier Pombe ist das Rohmaterial Hirse. Bei der Herstellung von Wein finden die Hefen im Trauben- oder Beeren- usw. Most fertigen Zucker (hauptsächlich Invertzucker) zum Vergären vor. Bei der Herstellung von Schnaps aus Kartoffeln, Roggen usw. wird die Stärke durch künstlichen Zusatz von Gerstenmalz verzuckert, der Zucker durch Bierhefen vergoren, der Alkohol abdestilliert. Rum wird aus den Rückständen der Zuckerfabrikation aus Zuckerrohr, Arrak meist aus Reis gewonnen. Bei der Preßhefefabrikation wird ebenfalls aus einer verschieden zusammengesetzten Maische Alkohol durch Vergären gewonnen, die Hefe zu Backzwecken (Lockerung des Teiges infolge der Kohlensäurebildung) verwendet. Die bei der Bierbereitung erzielte Hefe wird als Futtermittel verwendet. Auch Nährmittel usw. werden aus Hefe hergestellt.

Die Vergärung von Milch durch Hefen spielt ebenfalls eine gewisse Rolle: Kefir ist ein so hergestelltes alkoholhaltiges Getränk der Kaukasusländer, Kumys (aus Stuten- oder Eselsmilch) ein solches der russischen und sibirischen Steppengebiete, bei der Herstellung sind neben Milchsäurebakterien Hefen als Alkoholbildner beteiligt (Saccharomyces Kefir).

Wir wollen noch einen Blick auf die Alkoholbildung durch Nichthefen und ihre praktische Verwendung werfen. Die Verhältnisse bei Bakterien werden wir gleich kennenlernen. Unter den Mucorineen finden wir Alkoholbildner wie Mucor javanicus. Dieser verhält sich der Hefe insofern analog, als er auch bei Luftzutritt Alkohol bildet. Selbst eine gewisse morphologische

Parallele kann gezogen werden: Es treten oft kugelige Zellen mit Knospungserscheinungen auf.

Unter den Aspergillaceen ist vor allem Allescheria Gayoni bemerkenswert; dieser Pilz bildet ebenfalls, allerdings nur bei beschränktem Luftzutritt, Alkohol; ohne Sauerstoff stirbt er schnell ab. Er stellt also einen physiologischen Übergangstypus dar. Aspergillus- usw. Arten bilden Alkohol nur bei völligem Abschluß von Sauerstoff, dann aber nicht nur aus Zucker wie die Hefen, sondern auch aus Weinsäure, Glycerin, Chinasäure usw., kurz aus allen Stoffen, die sie auch aërob verarbeiten können. Sie bilden Alkohol jedoch nur in neutraler Lösung; selbst schwach saure hemmt völlig (KOSTYTSCHEW). Diese Pilze sind zum Teil auch technisch interessant:

Aspergillus oryzae wird zur Bereitung des Reisweins, des Saké der Japaner benutzt. Er verzuckert Stärke, vertritt also die Malzdiastase, mit der wir z. B. unsere Kartoffelstärke vor dem Vergären verzuckern müssen. Die Alkoholgärung wird aber wohl durch Hefen (Sakéhefen) durchgeführt. Auf Reismehl mit aromatischen Kräutern zusammen mit Hefe gezüchtet kommt dieser Aspergillus in Form talergroßer, pfeffernußartiger Stücke als chinesische Hefe in den Handel. Ein anderes Aspergilluspräparat ist Takadiastase (nach dem Verfahren von Takamine), wobei der Pilz auf Weizenkleie gezüchtet, dann getrocknet wird, in welchem Zustand er bei Extraktion die Diastase abgibt. Es ist merkwürdig, daß man in der Technik das teure Gerstenmalz bisher durch diesen Pilz noch nicht hat ersetzen können.

XXVII. Betriebsstoffwechsel (Fortsetzung).

Anaërobe Atmung, Forts. (Milchsäuregärung [Organismen. Chemismus. Kohlenstoffquelle. Stickstoffquelle. Nebenprodukte und verwandte Gärungen. Technische Bedeutung]).

Milchsäuregärung. Organismen.   Wie wenden uns nunmehr zur Milchsäuregärung. Die Unterscheidung der Milchsäurebakterien ist sehr problematisch; auch gibt es sehr viele Bakterien, die zwar Milchsäure in wechselnden Mengen, daneben aber noch eine Reihe weiterer Nebenprodukte bilden, so daß oft zweifelhaft ist, was man als „reine Milchsäurebakterien“ ansprechen soll. Unter den wesentlichen heben sich 2 Gruppen hervor: 1. Bacterium acidi lactici (= lactis aërogenes), mehr aërob bzw. fakultativ anaërob, reichlich Gas bildend; 2. Bacterium Güntheri (=Streptococcus lactis acidi) mehr anaërob, nicht oder sehr wenig Gas bildend. Hierbei spielt wohl das Verhalten gegen Sauerstoff eine

Rolle in Hinsicht auf die Bildung der entstehenden Produkte, wie weiter unten noch zu sagen sein wird (S. 131).

Bei der 2. Gruppe verläuft der Vorgang summarisch: Chemismus.

$$C_6H_{12}O_6 = 2C_3H_6O_3 + 28 \text{ Cal}.$$

Auch hier ist also der Energiegewinn im Vergleich zur potentiellen Energie des Zuckers äußerst gering, etwa in der Größenordnung wie bei der Hefe (pro Mol). Es können bis 95 vH des Zuckers auf diese Weise in Milchsäure zerfallen. Die biologisch gebildete Säure ist stets die Äthylidenmilchsäure (α-Oxypropionsäure), niemals die Äthylenmilchsäure.

$$CH_3 \cdot CHOH \cdot COOH \qquad CH_2OH \cdot CH_2 \cdot COOH$$
Äthylidenmilchsäure   Äthylenmilchsäure

Es handelt sich bei dieser „Gärungsmilchsäure" um die inaktive, die d- oder l-Form, während die im tierischen Muskel gebildete Säure („Fleischmilchsäure") stets nur in der d-Form auftritt. Das Entstehen der optisch aktiven Formen kann auf zweierlei Weise zustande kommen: Einmal dadurch, daß die eine optische Komponente weiterverarbeitet wird, die andere aus der ursprünglich gebildeten inaktiven Säure also zurückbleibt, sodann durch unmittelbares Entstehen optisch aktiver Komponenten. Beide Möglichkeiten sind wahrscheinlich bei Bakterien verwirklicht, was aber ganz von der Kohlenstoff- und Stickstoffquelle abhängen kann: Bacillus coli bildete z. B. in Glukose + Pepton die d-, in Glukose + Ammoniaksalz die l-Säure. Die obengenannte Gruppe 1 soll vorwiegend l-, die Gruppe 2 d-Säure bilden.

Man nimmt an, daß auch die Milchsäurebildung über Methylglyoxal verläuft; typische Milchsäurebakterien, ferner Bacillus coli und Bacillus propionicus vermögen nach NEUBERG diese Verbindung quantitativ in Milchsäure überzuführen. Auch hat TÖNNIESSEN kürzlich, zwar nicht bei Bakterien, aber bei der Milchsäurebildung im tierischen Muskel, Methylglyoxal als Zwischenprodukt feststellen können, aber nur bei Hexosephosphat, nicht bei Glukose, als Ausgangsmaterial. Das wirksame Enzym bezeichnet man als Ketonaldehydmutase (Glyoxalase), wobei vorläufig unentschieden bleibt, wie sie wirkt. NEUBERG faßt sie einfach als Aldehydrase auf, die Bildung von Milchsäure aus Methylglyoxal als eine „innere" Cannizaroreaktion. Jedenfalls also nimmt man an, daß der Vorgang zunächst so verläuft wie die Alkoholgärung, daß dann aber das Methylglyoxal durch die Umwandlung zu Milchsäure gewissermaßen „stabilisiert" wird. Auch die Co-Zymase hat man bei Milchsäurebakterien festgestellt.

Mit Preßsaft von Milchsäurebakterien konnte man bisher keine Milchsäuregärung erzielen, vielleicht, weil die Zellzerstörung bei deren Kleinheit nicht möglich war, wohl aber mit Acetonpräparaten, die analog denjenigen der Hefe hergestellt waren.

Kohlenstoff-quelle.   Als **Kohlenstoffquelle** dienen die für Hefen gärfähigen Hexosen und Disaccharide, weiter aber noch Mannit, Glycerin und **Pentosen** (Arabinose und Xylose). Das ergibt natürlich eine Schwierigkeit: Denn der Vorgang der Spaltung kann in diesen letzten Fällen primär nicht ebenso verlaufen wie bei der Alkoholgärung aus Hexosen. (Bemerkenswert ist auch, daß im tierischen Muskel die Milchsäurebildung nicht oder nur schwach mit den Hexosen erfolgen kann, sondern nur mit Glykogen, Stärke usw.)

Stickstoff-quelle.   Als **Stickstoffquelle** können Nitrate von den Milchsäurebakterien nicht verwertet werden, Ammoniak meist schlecht; am geeignetsten sind Peptone. Auch aus Pepton allein kann Milchsäure gebildet werden, allerdings nur in geringen Mengen (0,006—0,03 vH); sie entsteht hier vielleicht auf ganz andere Weise, nämlich aus dem Alanin (S. 143).

Neben-produkte und verwandte Gärungen.   Bei der 2. Gruppe der Milchsäurebakterien treten eine Reihe von oft quantitativ überwiegenden **Nebenprodukten** auf, die bei Gruppe 1 nur in Spuren entstehen. Als Gase Kohlensäure, Wasserstoff, Methan, ferner Äthylalkohol, Essigsäure, Bernsteinsäure, Propionsäure. Eine Form bildet sogar normalerweise überwiegend Propionsäure (**Bacterium acidi propionici**). Folgende Übersicht möge als Beispiel der Mannigfaltigkeit auch bei dem gleichen Organismus aber verschiedenen Kohlenstoffquellen dienen.

Der fakultativ anaërobe Friedländersche Pneumoniebacillus bildete nach Grimbert:

Aus je 100 g Ausgangsmaterial in g	Äthylalkohol	Essigsäure	l-Milchsäure	Bernsteinsäure
	g	g	g	g
Glukose	Spur	11,06	58,49	—
Galactose	7,66	16,60	53,33	—
Mannit	11,40	10,60	36,63	—
Dulcit	29,33	9,46	—	21,63
Lactose	16,66	30,66	Spur	26,76

Hierbei ist die Entstehung von Alkohol und Essigsäure nach dem Gärungsschema durch Dismutation von Acetaldehyd ohne weiteres verständlich; dieser konnte dann auch unter Unterdrückung der Bildung von Alkohol und Essigsäure abgefangen werden. Auch die Entstehung von Wasserstoff ist verständlich:

Denn wenn der Acetaldehyd dismutiert, so muß Wasserstoff verfügbar bleiben, der hier dann mangels eines Acceptors als freier
Wasserstoff erscheint; Glycerin tritt ja auch nicht auf, weil
offenbar die entsprechenden Zuckeranteile zu Milchsäure „stabilisiert" werden. NEUBERG bezeichnet diese Form der Zuckerspaltung als die 4. Vergärungsform des Zuckers.

Wie die Bildung der Bernsteinsäure erfolgt, kann nicht gesagt
werden; sie scheint sich nach obiger Übersicht mit der Milchsäure
auszuschließen. Jedenfalls aber muß sie ihrer Menge nach aus
dem Zuckerabbau stammen, kann also nicht wie bei der Hefe aus
dem Eiweißabbau, also der Glutaminsäure, entstehen. Methan
entsteht vielleicht aus der Essigsäure (s. unten S. 136).

An die eigentlichen Milchsäurebakterien schließen sich eine
Reihe weiterer stoffwechselphysiologisch verwandter Bakterien an.
Das obengenannte Bacterium acidi propionici bildet aus
Lactose Propionsäure, Essigsäure und Kohlensäure im Verhältnis
2 : 1 : 1. Der Umstand, daß es diese Säuren im gleichen Verhältnis
auch aus Lactaten bildet, und Methylglyoxal fast quantitativ
zu Milchsäure umzusetzen vermag, gibt die Berechtigung zu seiner
Einreihung unter die Milchsäurebakterien.

Bacterium aërogenes kann man gewissermaßen als die
Wildform der obengenannten Gruppe 1 bezeichnen. Es bildet
etwas Essigsäure, sehr wenig Milchsäure, Aceton, Bernsteinsäure
usw., ferner viel Gas, das z. B. aus Kohlensäure (31,3 vH), Wasserstoff (52,5 vH), Methan (16,2 vH) bestand.

Bacillus coli ist ferner hier noch von besonderem Interesse.
Unter gewissen Umständen vergärt er Zucker zur Hälfte zu
Milchsäure, die andere Hälfte zu Essigsäure, Äthylalkohol, Kohlen-
säure, Wasserstoff. Es hat sich jedoch herausgestellt, daß die
Versuchsbedingungen entscheidend sind: Unter anaëroben Ver-
hältnissen wurde eine Milchsäurebildung bis zu 82 vH des Zuckers
erzielt. Es scheint also die Sauerstoffversorgung wesentlich zu
sein, und es ist bemerkenswert, daß bei den beiden obengenannten
Gruppen die mehr anaërobe Gruppe 2 sich ebenfalls der reinen
Milchsäuregärung nähert.

Die Gas- und Säurebildung bei Bacillus coli sind von großer
praktischer Bedeutung, da sie wichtige Unterscheidungsmerkmale
dem morphologisch sehr ähnlichen Bacillus typhi gegenüber
sind. Kultur auf Lackmusagar zeigt durch Verfärbung von Blau zu
Rot oder auf Fuchsinsulfitagar (Endoagar) durch rote Färbung die
Säurebildung an. Gasbildung ist in Röhrchen leicht zu erkennen.

In Wein finden sich als Schädlinge Mannitbakterien;
Bacterium mannitopoeum bildete aus Lävulose in einem

Versuch 12,0 vH Milchsäure, 13,6 vH Essigsäure, 27,9 vH Mannit, aus Glukose nur Milchsäure und Essigsäure. Für ein anderes Bakterium werden sogar 62,72 vH der Lävulose als zu Mannit verarbeitet angegeben. Vielleicht wird hier Gärungswasserstoff einfach zur Reduktion des Zuckers benutzt.

Technisches.   Die praktische Verwendung der Milchsäurebakterien ist ähnlich groß wie diejenige der Hefen. Ihr eigentlicher Standort ist die Milch, die in rein ermolkenem Zustand steril ist (von Krankheiten des Tieres abgesehen), aber durch den Zitzenkanal und von der Stalluft her infiziert wird. Es setzt dann eine schnelle Entwicklung von Milchsäurebakterien ein, wobei die Milchsäure, wie der Alkohol bei den Hefen, ebenfalls als Kampfstoff die Entwicklung weiterer Mikroorganismen hemmt. Milch enthielt z. B.

Nach Stunden	bei 15°	25°
Sofort	9300 Keime pro 1 cm³	
3	10000	18000
24	5700000	577500000

Äußerlich tritt die Bildung der Milchsäure durch Ausflockung des Caseïns scharf in Erscheinung. Verwendet man dieses durch Milchsäure geflockte Caseïn zur Käsebereitung, so entstehen die sogenannten Sauermilchkäse (Harzer, Mainzer u. a.); aus dem durch Lab (S. 141) ausgefällten Caseïn entstehen Camembert-, Schweizer-, Holländerkäse usw. Die Käsereifung selbst jedoch, die einen Eiweißabbau darstellt, kann erst nach dem Verschwinden der Milchsäure (Kampfstoff insbesondere gegen Eiweißzersetzer!) in Gang kommen. Die Zerstörung der Milchsäure erfolgt durch Pilze wie Oidium lactis u. a.

Neben Hefen sind die Milchsäurebakterien die eigentlichen Organismen bei der Herstellung der schon erwähnten Kefir, Kumys und der bulgarischen Sauermilch Joghurt. Auch im Sauerteig sind neben Hefen Milchsäurebakterien tätig.

Sehr wichtig sind in praktischer Hinsicht ferner die Einsäuerungsverfahren bei Gurken, Bohnen, Sauerkraut und der landwirtschaftlich so bedeutsamen Sauerfutterbereitung; es werden dabei etwa 0,2—2,5 vH freie Milchsäure gebildet, welche die Entwicklung sonstiger Mikroorganismen hemmt, wobei natürlich die Praxis des Verfahrens in erster Linie auf Schaffung der für Milchsäurebakterien günstigsten Elektivbedingungen (Schaffung anaërober Verhältnisse durch Pressung) beruht. Man arbeitet jetzt auch bereits mit künstlicher Reinkulturimpfung, was insbesondere in Hinsicht auf die Unterdrückung etwaiger

Buttersäurebildner wichtig ist (S. 135). Die Milchsäurebildung geschieht selbstverständlich auf Kosten der in dem einzusäuernden Material vorhandenen löslichen Kohlenhydrate, bedingt also einen nicht zu umgehenden Verlust an wertvoller Nahrung.

XXVIII. Betriebsstoffwechsel (Fortsetzung).

Anaërobe Atmung, Forts. (Buttersäuregärung [Organismen. Chemismus. Praktische Bedeutung]. Sonstige Spaltungsgärungen [Schleimgärung. Bacillus macerans. Wasserstoffgärung der Ameisensäure. Methangärung der Essigsäure]. Reduktionen).

Die Buttersäuregärung ist biologisch genommen ein Vorgang, der noch strenger anaërob verläuft wie die Milchsäuregärung. Sie wird von einer Reihe typisch anaërober sporenbildender Bakterien durchgeführt. Die vornehmlichste Art ist nach BREDEMANN der auch sonst in mancher Hinsicht bemerkenswerte Bacillus amylobacter, ein Sammelname für eine Reihe von Stämmen, die man früher und zum Teil jetzt noch mit verschiedenen Namen belegte (Clostridium Pasteurianum, pectinovorum usw.) Ferner sind zu nennen die Bakterien der Methan- und Wasserstoffgärung der Cellulose (OMELIANSKI) (Bacterium fermentationis cellulosae) sowie eine Reihe pathogener Arten: Rauschbrand- und Gasphlegmone-Bacillus, Bacillus des malignen Ödems usw., die zum Teil allerdings vorwiegend Milchsäure bilden, welche auch bei amylobacter nicht fehlt: Es ist keine scharfe Trennung der anaëroben Gärungen möglich. *(Buttersäuregärung. Organismen.)*

Andererseits erfolgt bei den letztgenannten die Bildung der Buttersäure wohl auch aus Eiweißspaltprodukten, wie es sicher bei Bacillus putrificus, dem wichtigsten anaëroben Fäulniserreger, der Fall ist, der aus Kohlenhydraten nur Milchsäure und Alkohol bildet. Als dritte Entstehungsart der Buttersäure ist schließlich ihre Bildung bei der Zersetzung der Fette zu nennen.

Wir wollen hier als eigentliche Erreger der Buttersäuregärung nur die beiden erstgenannten betrachten und im wesentlichen nur B. amylobacter. Als Kohlenstoffmaterial dienen ihm die für Hefen gärfähigen Hexosen und Disaccharide, von Pentosen die Arabinose, dann Glycerin, Mannit, Stärke, Dextrin, Inulin, selbst Pektin. Cellulose wird von ihm nicht angegriffen, aber von den genannten Cellulosezersetzern. Ferner werden Lactate vergoren. Calciumlactat ist denn auch das Rohmaterial, aus dem technisch Buttersäure auf diesem biologischen Wege gewonnen wird. Bei der Vergärung treten mannigfaltige Nebenprodukte auf, wie die nachstehende Tabelle zeigt. *(Chemismus.)*

Bac. amylobacter bildete aus 100 g Ausgangsmaterial (Glycerin bzw. Glukose) in Gramm (nach BUCHNER - MEISENHEIMER)

	Glycerin	Glukose
n-Butylalkohol	19,6	0,7
Äthylalkohol	10,4	2,5
Ameisensäure.	4,0	3,9
Essigsäure	1,0	7,5
Milchsäure	3,4	10,0
n-Buttersäure	0,7	26,0
Kohlensäure	42,1	48,1
Wasserstoff	1,9	1,6

Unter den Nebenprodukten fällt der Butylalkohol auf, der sich bei Glycerin als Kohlenstoffquelle statt der Buttersäure bildete; man hat auch eine besondere Rasse, Bacillus butylicus, aufgestellt, die stets viel Butylalkohol bilden soll, aber wohl mit amylobacter identisch ist. Die Bildung von Butylalkohol wird ebenfalls technisch ausgewertet. Außer den genannten kommen noch weitere Nebenprodukte wie Alkohole und höhere Fettsäuren (Capron-, Capryl-, Caprinsäure) in geringen Mengen vor.

Da Lactate vergoren werden und auch Acetaldehyd unter Unterdrückung der Buttersäure- bzw. Butylalkoholbildung abgefangen werden konnte (sowohl bei amylobacter als auch bei den Cellulosezersetzern), so nimmt man auch hier denselben primären Spaltungsvorgang an wie bei der Alkoholgärung über die 3-Kohlenstoffkette zum Acetaldehyd, wobei eine Anschauung mit dem Zerfall von Milchsäure zu Acetaldehyd und Ameisensäure, die sich ja auch findet, rechnet:

$$CH_3 \cdot CHOH \cdot COOH = CH_3 \cdot CHO + HCOOH$$
$$\text{Milchsäure} \qquad \text{Acetaldehyd} \quad \text{Ameisensäure} \,.$$

NEUBERG denkt sich die Buttersäure so entstanden, daß Acetaldehyd über Aldol geführt würde, das eine Saccharinumlagerung erleidet zu Buttersäure:

$$CH_3 \cdot CHO + CH_3 \cdot CHO \longrightarrow CH_3 \cdot CHOH \cdot CH_2 \cdot CHO$$
$$\text{Acetaldehyd} \qquad\qquad\qquad \text{Aldol}$$
$$\longrightarrow CH_3 \cdot CH_2 \cdot CH_2 \cdot COOH$$
$$\text{Buttersäure}$$

Man läßt bei dieser Vorstellung einstweilen aber noch unbestimmt, ob die Acetaldehydstufe normalerweise erreicht wird oder ob die Aldolbildung bereits bei der Brenztraubensäure (mit nachfolgender CO_2-Abspaltung) einsetzt. Es ist hier noch alles unsicher. Jedenfalls aber wäre der Acetaldehyd festgelegt und könnte nicht als Acceptor für den Gärungswasserstoff dienen, was auch hier das Auftreten von freiem Wasserstoff verständlich machte. Die

Buttersäuregärung bezeichnet NEUBERG als die 5. Vergärungsform des Zuckers. Die Vorstellungen, die man sich über die
Entstehung der Buttersäure macht, sind auch von weitergehendem
Interesse für die Frage der Entstehung höherer Fettsäuren aus
niederen aliphatischen Gliedern überhaupt.

Bac. amylobacter ist ein wichtiges frei lebendes stickstoff- Praktische
Bedeutung.
bindendes Bakterium; es ist ferner bei der Röste von Gespinst-
fasern beteiligt, wobei ihm die Aufgabe des Herauslösens der
Faser zufällt, das durch Vergären der Pektinmittellamelle erfolgt.
Auch hierbei werden zur schnelleren Durchführung des Vorganges
teilweise Reinkulturen von B. amylobacter oder ihm nahestehenden
Arten verwendet. Bei Einsäuerung von Futtermitteln kann
die Buttersäurebildung wegen Geruch und Geschmack unangenehm
werden. Es tritt das vornehmlich bei zu stark anaëroben Verhältnissen ein, welche die Entwicklung der Buttersäurebildner
gegenüber derjenigen der Milchsäurebakterien begünstigen. Die
Naßfäule von Kartoffeln wird ebenfalls durch die Tätigkeit von
amylobacter wenigstens mit verursacht.

Es seien nun noch einige weitere Gärungen erwähnt, die den Sonstige
Spaltungs-
gärungen.
oben besprochenen Typen angeschlossen werden müssen, aber von
besonderem Interesse in anderer Hinsicht sind, wobei es sich allerdings bei den zu beschreibenden Umsetzungen nicht um eigentliche zum Zwecke des Energiegewinns durchgeführte Gärungen
handelt.

Als Schleimgärung bezeichnet man den Vorgang, daß Schleim-
gärung.
zucker-, besonders rohrzuckerhaltige Flüssigkeiten in stark faden-
ziehende, visköse, manchmal gelatinierende Massen umgewandelt
werden, z. B. Rübensaft. Das Froschlaichbakterium (Leuco-
nostoc mesenterioides) wurde bereits erwähnt. Auch in Bier,
Wein, Milch, Brot und zuckerhaltigen Infusen (z. B. in Apotheken)
können derartige Erscheinungen auftreten und das Produkt verderben. Die gallertartigen Stoffe sind im Rübensaft Dextran (mit
Glukose), Lävulan (mit Fructose) oder Galactan (mit Galactose
als Abbauprodukt); es sind mithin Zuckerpolymerisationsprodukte.
Es kann dabei auch, was bemerkenswert ist, Galactan aus Rohrzucker gebildet werden. Diese Stoffe entsprechen etwa den Dex-
trinen und sind optisch aktiv. Es ist nicht bekannt, ob sie
etwa, wie man vermuten könnte, gewissermaßen nur als eine besonders intensive Ausbildung der normalen Schleimmembran der
Bakterien aufzufassen sind oder ob sie einen anderen davon ganz
unabhängigen Vorgang darstellen. Bis zu 50 vH des Zuckers
können auf diese Weise umgewandelt werden. Die betreffenden
Bakterien sind den Milchsäurebakterien zuzurechnen: Man hat

Kohlensäure, Alkohol, Ameisen-, Essig-, d-Milchsäure als Umsetzungsprodukte festgestellt.

Bacillus macerans. Der von SCHARDINGER aufgefundene Bac. macerans führt einen eigenartigen Stärkeabbau durch, indem krystallisierte Polyamylosen auftreten: $(C_6H_{10}O_5)_n$; es wurden 4-, 6-, 8-Amylosen gefunden, und zwar bis zu 25—30 vH des Ausgangsmaterials. Diese Beobachtungen haben einen wesentlichen Anstoß zur modernen Entwicklung der Stärkechemie, wie sie von PRINGSHEIM und KARRER ausgegangen ist, gegeben. Das Bakterium ist ein typischer Pektinvergärer, der ferner Stärke, Mannose, Arabinose, Maltose, Lactose, nicht aber Fructose und Galactose verarbeiten kann. Er bildet Ameisen- und Essigsäure, Äthylalkohol und viel Aceton $(CH_3 \cdot CO \cdot CH_3$; z. B. wurden 0,58 Gew. -vH gefunden).

Wasserstoffgärung der Ameisensäure. Eine Wasserstoffgärung der Ameisensäure wird nach OMELIANSKI durch Bact. formicicum, ein fakultativ anaërobes Bakterium, durchgeführt, das auch Zucker anaërob vergären kann unter Bildung von Kohlensäure, Wasserstoff, Milch-, Essig-, Ameisensäure, Alkohol. Nicht vergoren werden Essig-, Propion-, Buttersäure. Bei Verwendung von ameisensaurem Kalk fand man das durch die folgende Beziehung angegebene Gasverhältnis:

$$(HCOO)_2Ca + H_2O = CaCO_3 + CO_2 + 2H_2.$$

Methangärung der Essigsäure. Eine Methangärung der Essigsäure wurde von SÖHNGEN bei einer „Pseudosarcina" gefunden:

$$(CH_3 \cdot COO)_2Ca + H_2O = CaCO_3 + CO_2 + 2CH_4.$$

Da Essigsäure und Ameisensäure stets als Nebenprodukte der anaëroben Gärungen auftreten, so liegt die Wahrscheinlichkeit nahe, daß Methan sich wohl meist auf diesem Wege der Essigsäurespaltung bildet. Inwieweit das für den Wasserstoff und seine Entstehung aus Ameisensäure zu vermuten ist, bzw. in welcher Beziehung solcher Wasserstoff zu dem „Gärungswasserstoff" steht, ist gänzlich unbekannt.

Reduktionen. Es wurde oben schon darauf hingewiesen, daß von Mikroorganismen zahlreiche Reduktionen ausgeführt werden können an solchen Stoffen, die als Wasserstoffacceptoren dienen können; mit diesem Ausdruck geben wir auch, im Sinne des oben S. 97 Ausgeführten, den alten Begriff der Redukasen als besonderer Enzyme auf. Ein solcher H_2-Acceptor ist das auch meist zu diesem Nachweis benutzte Methylenblau, dessen Reduktion an der Entfärbung leicht zu erkennen ist. Man kann auf diese Weise z. B. an der Schnelligkeit der Entfärbung (bei Sauerstoffabschluß) den mehr oder weniger großen Keimgehalt von Milch feststellen.

Besonderes Interesse in diesem Zusammenhang bietet noch das Schardinger-Enzym: Erwärmt man Milch auf 70^0, so tritt keine bakterielle Reduktion von Methylenblau mehr ein. Fügt man aber Formaldehyd oder Acetaldehyd hinzu, so tritt Reduktion ein: Der Aldehyd wirkt hier als Sauerstoffacceptor; denn die Reduktion kann nur sichtbar werden, wenn der gleichzeitig aus dem Wasser verfügbar werdende Sauerstoff festgelegt wird, da er ja sonst als Wasserstoffacceptor für den Wasserstoff des reduzierten Methylenblaus dienen und dieses zurückoxydieren müßte.

Einige Reduktionen mit Hilfe von „Gärungswasserstoff" sollen nunmehr erwähnt werden. Sehr eingehend ist in dieser Hinsicht die Hefe untersucht; sie vermag zu reduzieren: jodsaure Salze zu Jodiden, Permanganat zu Manganosalz, elementaren Schwefel zu Schwefelwasserstoff. Viele Bakterien vermögen, was die Hefe ebenfalls, wenn auch in geringem Umfange vermag, Nitrate zu Nitriten und Ammoniak zu reduzieren, Sulfate zu Schwefelwasserstoff, selenig- und tellurigsaure Salze zu kolloidalem Selen bzw. Tellur; endlich sei hier noch die Bildung von Arsenwasserstoff aus Schweinfurtergrün durch Penicillium brevicaule erwähnt. Als für Tapeten noch Arsenfarben erlaubt waren, gab dieser Vorgang zu Vergiftungen Veranlassung.

Die Reduktion organischer Verbindungen wurde (durch Neuberg) besonders bei Hefe (S. 125) untersucht. Aldehyde werden, analog dem Acetaldehyd, zu den entsprechenden primären Alkoholen reduziert, auch wenn sie überhaupt nicht in den Stoffkreislauf hineingehören, so (mit 80 vH Ausbeute) Isobutylaldehyd zu Isobutylalkohol, Citral zu Geraniol:

$$\begin{array}{cc}
\mathrm{CH_3}\!\!\diagdown & \mathrm{CH_3}\!\!\diagdown \\
\quad\ \mathrm{CH\cdot CHO} = & \quad\ \mathrm{CH\cdot CH_2(OH)} \\
\mathrm{CH_3}\!\!\diagup\ {}_{+H\ +H} & \mathrm{CH_3}\!\!\diagup \\
\text{Isobutylaldehyd} & \text{Isobutylalkohol}
\end{array}$$

$$\mathrm{CH_3\cdot C}\!\!\diagup^{\textstyle \mathrm{CH\cdot CHO}}_{\textstyle \diagdown_{\mathrm{CH_2\cdot CH_2\cdot CH:C:(CH_3)_2}}}\ {}_{+H\ +H}$$
Citral

$$\mathrm{CH_3\cdot C}\!\!\diagup^{\textstyle \mathrm{CH\cdot CH_2(OH)}}_{\textstyle \diagdown_{\mathrm{CH_2\cdot CH_2\cdot CH:C:(CH_3)_2}}}$$
Geraniol

Ketone waren etwas schwieriger und unvollständiger zu reduzieren als isomere Alkohole, und zwar zu sekundären Alkoholen, so Methyläthylketon zu sekundärem n-Butylalkohol (mit nur 10 vH Ausbeute):

$$CH_3 \cdot CO \cdot C_2H_5 = CH_3 \cdot CH(OH) \cdot C_2H_5$$
$$\underset{+H \; +H}{}$$

Methyl-Äthylketon   sek. n-Butylalkohol.

Diketone wurden ziemlich leicht (35 vH Ausbeute) reduziert:

$$CH_3 \cdot CO \cdot CO \cdot CH_3 = CH_3 \cdot CHOH \cdot CHOH \cdot CH_3.$$
$$\underset{+H+H \; +H+H}{}$$

Diacetyl   Butylenglykol (linksdrehend).

Nitroverbindungen wurden zu den betreffenden Aminen reduziert:

$$CH_3 \cdot NO_2 + 3H_2 = CH_3 \cdot NH_2 + 2H_2O.$$

Nitromethan   Methylamin

Thioverbindungen wurden zu Mercaptanen reduziert:

$$CH_3 \cdot CHS = CH_3 \cdot CH_2SH.$$
$$\underset{+H \; +H}{}$$

Thioacetaldehyd   Äthylmercaptan

Diese Beispiele mögen genügen, um die verschiedenartigsten Möglichkeiten mikrobiologischer Reduktionen zu erläutern.

XXIX. Betriebsstoffwechsel (Fortsetzung).

Anaërobe Atmung, Forts. (Eiweißabbau [Allgemeines. Schema des Eiweißabbaues. Organismen. Enzyme. Ammoniakbildung]).

Eiweißab-
bau. Allge-
meines. Wenn auch der im Betriebstoffwechsel erfolgende Abbau der stickstoffhaltigen und der stickstofffreien Verbindungen nicht immer ganz streng auseinanderzuhalten ist, da vielfach die gleichen Produkte auftreten, so erhält diese getrennte Betrachtung doch ihre besondere Berechtigung dadurch, daß es sich im wesentlichen um das Schicksal der Eiweißverbindungen bis zu ihrer völligen Zertrümmerung handelt und hierbei eine Anzahl sehr charakteristischer Stoffe entstehen.

Die Fähigkeit, Eiweiß im Betriebstoffwechsel zu zertrümmern, kommt wohl jedem Organismus zu, da Eiweiß stets als Reservestoff auftritt, und nach Erschöpfung der Kohlenhydrate (und evtl. der Fette), die zunächst zum Betriebstoffwechsel herangezogen werden, seinerseits das Material zur weiteren Aufrechterhaltung des Betriebstoffwechsels liefern muß. Es wird dabei schließlich auch Eiweiß der lebenden Substanz selbst, nicht nur Reserveeiweiß, angegriffen. Denn es tritt dann ja, wie oben S. 91

erwähnt, Autolyse, also eine völlige Auflösung der Organismensubstanz, ein.

Unter den Mikroorganismen kommt einer ganzen Reihe die Fähigkeit zu, fremde Eiweißstoffe bzw. deren Abbauprodukte anzugreifen, indem sie diesen Abbau als ihren besonderen Betriebstoffwechsel ausgebildet haben; man bezeichnet diesen Vorgang als Fäulnis. Es sind diejenigen Formen, welche in der Natur schließlich wieder allen organisch gebundenen Stickstoff in die anorganische Form des Ammoniaks überführen und so den Kreislauf des Stickstoffs (S. 150) in Gang halten.

Ganz roh würde das Schema des Eiweißabbaus folgendermaßen aussehen:

Schema des Eiweißabbaues.

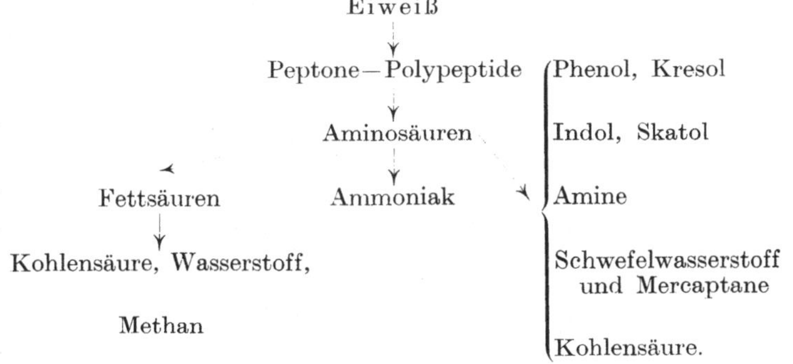

Dieser stufenweis verlaufende Abbau entspricht zunächst bis zu den Aminosäuren dem rein chemischen Abbau. Hier treten aber nun die spezifisch biologischen Vorgänge hinzu: auffallend sind in dieser Hinsicht vor allem die Entstehung charakteristischer Fäulnisprodukte, die sich zum Teil durch besonders intensiven Geruch auszeichnen. Auch bei diesen Vorgängen finden wir die Kombination von hydrolytischer Spaltung, Oxydation, Reduktion, Ammoniak- und Kohlensäuresabspaltung. Oxydative Vorgänge werden wir hier aber nur mehr ganz kurz streifen.

An der Eiweißzersetzung, wie sie im obigen Schema angedeutet ist, sind aërobe und anaërobe Mikroorganismen beteiligt. Im allgemeinen läßt sich sagen, daß sich eine kräftige Fäulnis mit Anhäufung von Zwischenprodukten mehr unter anaëroben Verhältnissen, unter aëroben Verhältnissen dagegen ein intensiverer Abbau der End- und Nebenprodukte vollzieht. Nach dem oben S. 66 Gesagten können die in Frage kommenden Organismen nicht alle den ganzen Abbau durchführen; sie vermögen sogar teilweise gar kein eigentliches Eiweiß anzugreifen. Unter den Anaëroben findet

Organismen.

sich als besonders bedeutsamer Eiweißzersetzer Bacillus putrificus, unter den fakultativ Anaëroben Bacillus vulgaris. Von aëroben Arten sind vor allem farbstoffbildende wie Bacillus prodigiosus, Pseudomonas fluorescens und pyocyaneus, und farblose wie Bacillus coli, subtilis, mycoides, mesentericus, tumescens zu nennen; die letztgenannten vermögen allerdings nur mehr Peptone anzugreifen. Auch Pilze wie Oidium lactis u. a. vermögen Eiweiß zu zersetzen.

Die Fähigkeit eines Organismus zur Eiweißzersetzung läßt sich auf verschiedene Weise nachweisen, z. B. durch die Verflüssigung von Gelatine an der betreffenden Kolonie auf Gelatineplatten (wobei aber die Gelatine auch durch etwa gebildete Säure verflüssigt werden kann), ferner an der Aufhellung von Milch- oder Caseïnplatten um die Kolonie, endlich natürlich durch Nachweis der Spaltprodukte.

Enzyme. Bei solchen Organismen, die biologisch nicht als eigentliche Eiweißzersetzer anzusprechen sind, sind die eiweißabbauenden Enzyme Endoenzyme, wie beispielsweise bei der Hefe. Hier kann man sie im Preßsaft nachweisen, und bei der Autolyse werden sie „entfesselt". Bei den eigentlichen Eiweißzersetzern dagegen sind es Ektoenzyme, die unter Umständen durch Tonkerzenfiltration von den Organismen getrennt werden können. Der Nachweis der rein enzymatischen Natur des Eiweißabbaues kann hier auf verschiedene Weise geführt werden: Durch Herstellung von Preßsaft, bei Vibrio cholerae durch $\frac{1}{2}$ stündiges Erhitzen auf 60°, wobei die Bakterien abgetötet werden, das Enzym intakt bleibt, ferner durch Zusatz von Carbolsäure zur Kultur mit gleicher Wirkung usw. Durch Alkoholfällung usw. hat man auch die Enzyme aus der Kulturflüssigkeit in reinerem Zustande gewinnen können.

Die Größe der Enzymproduktion ist bei den einzelnen Arten sehr verschieden und hängt von den äußeren Umständen ab; vor allem hemmt die Gegenwart von Kohlenhydraten (s. oben S. 138). Einen einfachen quantitativen Vergleich kann man so durchführen, daß man graduierte Röhrchen mit Gelatine füllt und etwas von den Kulturen oder den Enzympräparaten auf die Oberfläche der Gelatineschicht hinaufbringt. Durch Vergleich der Höhe der Gelatineverflüssigung erhält man einen Vergleich der Intensität des Abbaus. Auf diese Weise kann man z. B. noch Trypsin (unreines Präparat!) in einer Verdünnung 1 : 1400000 (= 0,007 mg Trypsin) nachweisen.

Ob Trypsin oder Pepsin bei den Bakterien vorkommen, ist noch nicht bekannt; denn die Proteasen der Bakterien zeigen einen etwas anderen Charakter, so daß die Zuordnung zweifelhaft ist. Es ist aber wahrscheinlich, daß sie eine Art Trypsin besitzen, dessen p_H-Optimum aber stärker nach der sauren Seite zu liegt (6—7) als beim Pankreastrypsin (7,5—8,5), (während das Pepsin des Magens sein Optimum bei p_H 1,5—2,5 besitzt). In dem Hefepreß- und Autolysesaft kommt nach DERNBY ein Pepsin (p_H 5), ein Trypsin (p_H 6) und ein Erepsin (p_H 7,8) vor. Auch die Co-Tryptase (Enterokinase), die sich im Darmsaft findet und die als Aktivator das Trypsin erst wirksam macht, hat man bei Bakterien gefunden, selbst bei solchen Formen, bei denen man kein Trypsin nachweisen konnte. Ferner hat man auch bei Mikroorganismen eine die Protease hemmende Antiprotease aufgefunden. Es ist sehr wahrscheinlich, daß das gegenseitige Verhältnis der Proteasen und der sie fördernden und hemmenden Substanzen bei dem Verlaufe der autolytischen Vorgänge und wohl auch sonst im Stoffwechsel, etwa bei dem Wachstumsverlauf, eine bedeutsame Rolle spielt (R. MELLER).

Das Vorkommen von Erepsin in Hefe wurde schon erwähnt. Überhaupt sind Peptidasen bei den Mikroorganismen sehr verbreitet, wie ja auch die Tatsache der guten Eignung der Peptone für die meisten Mikroorganismen verständlich macht.

Das im Kälbermagen sich in großer Menge findende Labenzym ist bei Mikroorganismen sehr verbreitet (Bacillus amylobacter, prodigiosus, Ps. fluorescens, Milchsäurebakterien u. a.). Dieses Enzym fällt aus Milch das Casëin aus, welcher Vorgang bereits die erste Stufe des Abbaus ist; man stellt sich vor, daß das Casëin der Milch ein komplexes, lösliches Kalksalz sei (man bezeichnet es auch genauer als Casëinogen), das ausgefällte Casëin dagegen ein echtes unlösliches Kalksalz der ersten Abbaustufe. Es sei hier ausdrücklich noch hervorgehoben, daß die Ausflockung des Casëins in saurer Milch nicht etwa durch von den Milchsäurebakterien ausgeschiedenes Labenzym, sondern durch die Säurebildung (Milchsäure) zustande kommt. Oft tritt bei Bakterien die Labenzymwirkung stärker hervor, als die Trypsinwirkung; z. B. hatte Bacillus prodigiosus 280000 Trypsin- und 150000 Labeinheiten, Pseudomonas fluorescens dagegen 90000 und 380000. (Als Trypsineinheit bezeichnet man hier die Menge, die 2 cm³ 10 vH Thymolgelatine bei 35⁰ in 24 Stunden so beeinflußt, daß sie nicht mehr erstarrt; als Labeinheit die Menge, die in 24 Stunden 2 cm³ Milch + 1 vH Carbolsäure bei 35⁰ völlig zum Gerinnen bringt; es mag das als Beispiel für solche Messungen dienen, die natürlich in dieser Ausführung keinen absoluten, sondern nur Vergleichswert haben.)

Amidasen sind bei Mikroorganismen ebenfalls verbreitet; wir werden gleich einige derartige Fälle kennenlernen.

Ammoniak-
bildung. Aller im Eiweiß und sonstigen organischen Stickstoffverbindungen vorhandene Stickstoff erscheint beim Abbau schließlich in der Form von Ammoniak; nur geringe Mengen bleiben in Form von Aminen zunächst in organisch gebundenem Zustande; im weiteren Stickstoffkreislauf in der Natur wird auch dieser Stickstoff schließlich zu Ammoniak. Wir wollen nunmehr die verschiedenen Typen der Ammoniakbildung kennenlernen. Beim Eiweißabbau kommen hierfür in erster Linie die Aminosäuren in Frage. Wir betrachten jedoch noch einige weitere Fälle.

Gewissermaßen den einfachsten Fall stellt die Ammoniakbildung aus Harnstoff dar; Quellen des Harnstoffs sind das Arginin (s. unten S. 145), Purinderivate (S. 143) und vor allem der Eiweißabbau, wie er durch den Tierkörper durchgeführt wird, wobei Harnstoff gebildet und im Harn ausgeschieden wird. Wichtig ist hier vor allem der im Erdboden weitverbreitete, sporenbildende Bacillus probatus (nach VIEHOEVER als Sammelbegriff für zahlreiche andere Bezeichnungen wie Urobacillus Pasteuri usw.).

$$O=C\underset{NH_2}{\overset{NH_2}{\diagdown}}\quad (+\ H_2O) = (NH_4)_2CO_3 + 14\ \text{Cal}$$

Harnstoff   Wasser   Ammoniumcarbonat

Der Harnstoff zerfällt hierbei glatt in Kohlensäure und Ammoniak, wobei natürlich nicht freies Ammoniak, sondern Ammoniumcarbonat auftritt. Man hat die Vermutung ausgesprochen, daß dieses Bakterium mit der bei der Spaltung gewonnenen Energie autotroph leben könne; doch ist bisher der Nachweis noch nicht geglückt.

Ein ähnlicher Vorgang ist die Entstehung von Asparaginsäure aus ihrem Halbamid, dem Asparagin, welchen Vorgang

$$H_2NOC \cdot CH_2 \cdot CHNH_2 \cdot COOH (+ H_2O)$$

Asparagin   Wasser

$$= HOOC \cdot CH_2 \cdot CHNH_2 \cdot COOH + NH_3$$

Asparaginsäure   Ammoniak

z. B. Pseudomonas pyocyaneus durchführen kann; das wirksame Enzym bezeichnet man als Asparaginase. Auch hier finden wir also eine einfache Ammoniakabspaltung (Desaminierung) aus einem Säureamid, wie es auch der Harnstoff ist.

Um eine glatte Desaminierung handelt es sich ferner bei der Wirkung der Purinamidasen, wobei Adenin durch Adenase

in Hypoxanthin, Guanin durch Guanase in Xanthin übergeführt wird. Diese Stoffe spielen in der Natur als Bausteine

$$N = C - NH_2 \quad (+ H_2O) \qquad N = C(OH) \quad + \quad NH_3$$
$$HC \quad C - NH \qquad = \qquad HC \quad C - NH$$
$$\qquad \qquad \diagdown CH \qquad\qquad\qquad\qquad \diagdown CH$$
$$N - C - N \qquad\qquad\qquad\qquad N - C - N$$

Adenin · · · · Wasser · · · · Hypoxanthin · · · Ammoniak

$$N = C(OH) \qquad\qquad\qquad N = C(OH)$$
$$_2HN - C \quad C - NH \quad (+ H_2O) = (HO)C \quad C - NH \quad + NH_3$$
$$\qquad \diagdown CH \qquad\qquad\qquad\qquad \diagdown CH$$
$$N - C - N \qquad\qquad\qquad\qquad N - C - N$$

Guanin · · · · Wasser · · · · Xanthin · · · · Ammoniak

und Abbauprodukte der Nuclëinsäure (S. 148) eine wichtige Rolle.

XXX. Betriebstoffwechsel (Fortsetzung).

*Anaërobe Atmung, Forts. (Eiweißabbau, Forts. [Ammoniakbil-
dung, Forts. Amine. Schwefelwasserstoff. Mercaptan. Phosphor.
Schicksal der aromatischen Gruppen. Nucleoproteide]).*

Wenn nun eine solch einfache Desaminierung an den Amino - Ammoniakbildung
(Forts.).
säuren stattfindet, so müßte aus diesen die betreffende Oxysäure
entstehen, z. B. aus dem Alanin die Milchsäure:

$$CH_3 \cdot CHNH_2 \cdot COOH = CH_3 \cdot CHOH \cdot COOH + NH_3$$
$$(+ OHH)$$

Alanin + Wasser · · · · Milchsäure · · · · Ammoniak .

Man zweifelt jedoch heute daran, ob es einen solchen enzymatischen Vorgang unter der Wirkung einer Aminoacidase
gibt (S. 88); auch für die Tyrosinase wurde ja oben S. 112 schon
erwähnt, daß keine einfache primäre Ammoniakabspaltung stattfindet. Man glaubt also, daß andere Enzyme in Frage kommen,
die so wirken, daß gleichzeitig mit der Ammoniakabspaltung
noch weitere Vorgänge verbunden sind, wie wir sie gleich kennenlernen werden. Andererseits ist es Tatsache, daß z. B. Oidium
lactis aus Tyrosin (Oxyphenylalanin) Oxyphenylmilchsäure und
aus Tryptophan (Indolalanin) Indolmilchsäure bildet, Vorgänge,
die ganz dem oben mitgeteilten Alaninmilchsäureschema entsprechen, wie man aus den unten S. 146/147 mitgeteilten Formeln
ohne weiteres ablesen kann. Wir erwähnen das hier, um zu zeigen
daß man nicht ohne weiteres eine Beobachtung mit einer Enzym-

wirkung bestimmter Richtung gleichsetzten darf und daß unsere
Kenntnisse in enzymatischer Richtung und somit auch hinsichtlich
des genauen Mechanismus der betreffenden Vorgänge noch sehr
lückenhaft sind.

Eine solche weitgreifende **Desaminierung verbunden mit
Kohlensäureabspaltung** haben wir oben S. 120 in der alkoholischen Gärung der Aminosäuren kennengelernt. Auch die
ebenda erwähnte Bildung der Bernsteinsäure aus der Glutaminsäure gehört in diesen Zusammenhang. Es wurde dort auch
schon erwähnt, daß es sich dabei um eine **oxydative** Desaminierung handelt, die über Ketosäure und Aldehyd verläuft.

Einen weiteren Typus finden wir in der **reduktiven Desaminierung**, wobei, vielleicht über die betreffende Oxysäure, die Fettsäure entsteht, die gleiche Anzahl C-Atome hat wie die Aminosäure:

$$CH_2NH_2 \cdot COOH \xrightarrow{} CH_2OH \cdot COOH + NH_3 \xrightarrow{} CH_3 \cdot COOH + H_2O$$
$$(+ OHH) \qquad (+ H_2)$$

Glykokoll Glykolsäure Essigsäure
(Aminoessigsäure) (Oxyessigsäure)

In gleicher Weise entstehen Propionsäure aus d-Alanin, Valerian-
säure aus d-Valin, Isobutylessigsäure aus l-Leucin, und zwar in den
beiden letzten Fällen die entsprechenden optisch aktiven Komponenten, wie es ja für enzymatische Reaktionen charakteristisch ist.

Bei gleichzeitiger Kohlensäureabspaltung entsteht entsprechend
die um 1 C-Atom ärmere Fettsäure. Das ist z. B. bei dem durch
Mikroorganismen bewirkten Abbau der Asparaginsäure und Glutaminsäure (zwei bei der Eiweißspaltung auftretenden Diamino-
säuren) verwirklicht. Es entsteht also aus Asparaginsäure Bernsteinsäure oder Propionsäure:

$$HOOC \cdot CH_2 \cdot CHNH_2 \cdot COOH \qquad \text{Asparaginsäure (Amino-}$$
$$(+H_2) \qquad \text{bernsteinsäure)}$$
$$\rightarrow HOOC \cdot CH_2 \cdot CH_2 \cdot COOH + NH_3 \qquad \text{Bernsteinsäure}$$
$$\rightarrow HOOC \cdot CH_2 \cdot CH_3 + CO_2 \qquad \text{Propionsäure}$$

und aus Glutaminsäure, Glutarsäure oder Buttersäure:

$$HOOC \cdot CH_2 \cdot CH_2 \cdot CHNH_2 \cdot COOH \qquad \text{Glutaminsäure}$$
$$(+H_2)$$
$$\rightarrow HOOC \cdot CH_2 \cdot CH_2 \cdot CH_2 \cdot COOH + NH_3 \qquad \text{Glutarsäure}$$
$$\rightarrow HOOC \cdot CH_2 \cdot CH_2 \cdot CH_3 + CO_2 \qquad \text{Buttersäure.}$$

Amine. Einen bemerkenswerten Fall bildet die Umwandlung von
Aminosäuren ohne Abspaltung von Ammoniak, nur mit Kohlensäureabspaltung, wobei **Amine** entstehen, die sog. **Fäulnis-
basen** (Ptomaine, Leichengifte), insbesondere Cadaverin und

Putrescin, die sich stets bei Eiweißfäulnis bilden. Das Cadaverin
entsteht aus dem Lysin (ELLINGER):

$H_2N \cdot CH_2 \cdot CH_2 \cdot CH_2 \cdot CH_2 \cdot CHNH_2 \cdot COOH$ Lysin (Diaminoca-
    pronsäure),

$H_2N \cdot CH_2 \cdot CH_2 \cdot CH_2 \cdot CH_2 \cdot CH_2 \cdot NH_2 + CO_2$ Cadaverin (Penta-
    methylendiamin).

Das Putrescin entsteht aus dem Arginin, allerdings indirekt,
indem Arginin zunächst in Harnstoff und Ornithin gespalten
wird; aus dem Ornithin entsteht dann das Putrescin:

$$HN = C \begin{cases} NH_2 \\ NH \cdot CH_2 \cdot CH_2 \cdot CH_2 \cdot CHNH_2 \cdot COOH(+ H_2O) \end{cases}$$ Arginin
    (Diaminovaleriansäure) =

$CO(NH_2)_2 + H_2N \cdot CH_2 \cdot CH_2 \cdot CH_2 \cdot CHNH_2 \cdot COOH$ Harnstoff
    + Ornithin

$H_2N \cdot CH_2 \cdot CH_2 \cdot CH_2 \cdot CH_2 \cdot NH_2 + CO_2$ Putrescin (Tetra-
    methylendiamin).

Die Spaltung von Arginin zu Ornithin und Harnstoff wird durch
das bei Mikroorganismen verbreitete Enzym Arginase durchgeführt. Das Auftreten von Harnstoff bei Aspergillus, das man
in ureasefreien Kulturen ohne Kohlenhydrat beobachtet hat,
ist auf Argininspaltung zurückzuführen. Es sei bemerkt, daß das
Auftreten von Harnstoff in höheren Pilzen, wie Bovist usw.,
anders zustande kommt, nämlich durch Synthese aus dem beim
Eiweißabbau gebildeten Ammoniak.

Ein weiteres charakteristisches Amin, das durch Mikroorganismentätigkeit gebildet wird, ist das Trimethylamin $(CH_3)_3N$.
Es verursacht den charakteristischen Geruch der Heringslake. Es
entsteht jedoch wohl nicht aus der Eiweißfäulnis selbst, sondern
jedenfalls aus dem Cholin des Lecithins. Lecithin ist ein Glycerin,
das an Stelle je eines H-Atoms einen Palmitinsäure-, Ölsäure-
und Phosphorsäurerest trägt; der Phosphorsäurerest ist seinerseits
noch mit Cholin $HO \cdot CH_2 \cdot CH_2 \cdot N(CH_3)_3OH$ verestert. Auch
bei der Zersetzung des dem Cholin verwandten, in der Rübe vorkommenden Betains entsteht Trimethylamin.

Schwefelwasserstoff und Mercaptane entstehen bei der   Schwefel-
Eiweißzersetzung aus den schwefelhaltigen Gruppen des Eiweiß- wasserstoff.
Mercaptane.
moleküls. Schwefelwasserstoff wird durch fast alle „Fäulnis-
bakterien" gebildet (Geruch nach faulen Eiern!) und ist leicht
durch Schwärzung von Bleiacetatpapier nachzuweisen. Die
wesentlichste schwefelhaltige Aminosäure ist das Cystin, das durch
Reduktion zunächst in 2 Moleküle Cystëin, die Thioform des
Oxyalanins, übergeht. Durch Desaminierung und Reduktion

würde Äthylmercaptan entstehen (Reduktion, reduktive Desaminierung, CO_2-Abspaltung):

$$\left.\begin{array}{l} S \cdot CH_2 \cdot CHNH_2 \cdot COOH \\ | \\ S \cdot CH_2 \cdot CHNH_2 \cdot COOH \end{array}\right\} \text{Cystin} (+ H_2)$$

$$= 2\,HS \cdot CH_2 \cdot CHNH_2 \cdot COOH \qquad \text{Cystëin} (+ H_2O + H_2)$$
$$= HS \cdot CH_2 \cdot CH_3 + NH_3 + CO_2 \qquad \text{Äthylmercaptan.}$$

Bei der Eiweißfäulnis entsteht jedoch, neben Schwefelwasserstoff, fast nur Methylmercaptan. Man hat z. B. festgestellt, daß bei der Zersetzung von Fibrin 23 vH des darin enthaltenen Schwefels als Methylmercaptan wiedergefunden wurden.

Phosphor. Der im Eiweiß enthaltene Phosphor wird bei der Zersetzung fast ausschließlich als Phosphorsäure frei; doch scheinen auch sehr geringe Mengen flüchtiger Phosphorverbindungen (etwa Phosphorwasserstoff) zu entstehen.

Schicksal der aromatischen Gruppen. Das Schicksal der aromatischen Aminosäuren, von denen vornehmlich Tyrosin und Tryptophan in Frage kommen, wurde zuerst von BAUMANN verfolgt und ist bei dem Eiweißabbau von ganz besonderem Interesse. Die Wichtigkeit bei der oxydativen Umwandlung in Hinsicht auf die Entstehung gefärbter Produkte wurde oben S. 113 bereits hervorgehoben. Auch die einfache Desaminierung wurde S. 143 schon erwähnt. Weiter sei noch hervorgehoben, daß auch Amine durch einfache Kohlensäureabspaltung entstehen können entsprechend den oben S. 145 angegebenen Fällen. So entsteht aus Tyrosin das p-Oxyphenyläthylamin $(OH) \cdot C_6H_4 \cdot CH_2 \cdot CH_2NH_2$ durch die Tätigkeit gewisser Darmbakterien. Die oxydative Desaminierung, wobei aus Tyrosin Tyrosol entsteht, wurde ebenfalls schon erwähnt (S. 120). Durch reduktive Desaminierung endlich entsteht z. B. aus dem Tyrosin (Bacillus putrificus, Pseudomonas pyocyaneus) die Hydrocumarsäure (Oxyphenylpropionsäure).

Gewöhnlich geht der Abbau aber weiter und führt zu ganz charakteristischen Produkten; aus Tyrosin bilden sich Phenol und p-Kresol (vorwiegend das letzte):

$$
\begin{array}{ccc}
\text{OH} & \text{OH} & \text{OH} \\
\text{C} & \text{C} & \text{C} \\
HC \quad CH & HC \quad CH & HC \quad CH \\
HC \quad CH & HC \quad CH & HC \quad CH \\
C \cdot CH_2 \cdot CHNH_2 \cdot COOH & C \cdot CH_3 & C \cdot H \\
\text{Tyrosin} & \text{p-Kresol} & \text{Phenol.} \\
\text{(p-Oxyphenylaminopropionsäure)} & &
\end{array}
$$

Über die Zwischenstufen ist noch nichts bekannt; doch nimmt man, wenigstens für das p-Kresol, die intermediäre Bildung der auch bei der Eiweißzersetzung festgestellten p-Oxyphenylessigsäure $(OH \cdot C_6H_4 \cdot CH_2 \cdot COOH)$ an.

Ganz ähnlich verläuft der weitere Abbau des Tryptophans; in dem ein Pyrrolring mit einem Benzolring verkoppelt ist:

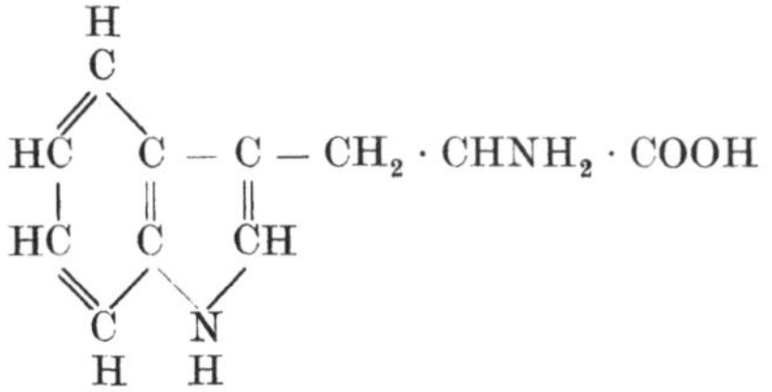

$$
\begin{array}{ccc}
 & & H \\
 & & C \\
HC & & C - C - CH_2 \cdot CHNH_2 \cdot COOH \\
HC & & C \quad CH \\
 & C & N \\
 & H & H
\end{array}
\qquad
\begin{array}{ccc}
 & & H \\
 & & C \\
HC & & C - C \cdot H \\
HC & & C \quad CH \\
 & C & N \\
 & H & H
\end{array}
$$

Tryptophan (Indolaminopropionsäure) 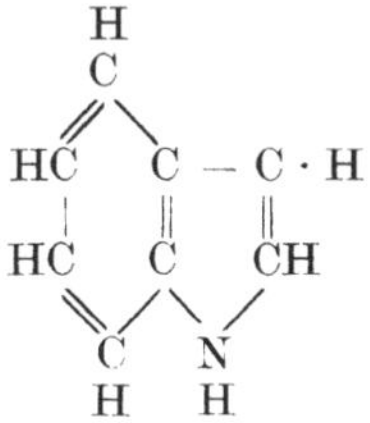   Indol

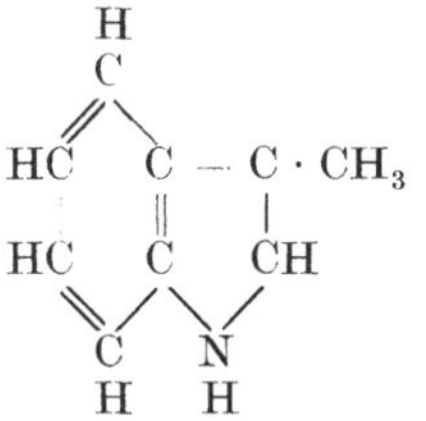

$$
\begin{array}{ccc}
 & & H \\
 & & C \\
HC & & C - C \cdot CH_3 \\
HC & & C \quad CH \\
 & C & N \\
 & H & H
\end{array}
$$

Skatol

Skatol wird hierbei weniger gebildet, zumeist Indol. Als Zwischenprodukt ist hier mit Sicherheit Indolpropionsäure und Indolessigsäure festgestellt worden. Nicht alle eiweißzersetzenden Bakterien bilden Indol; man kennt indolpositive und indolnegative. Es hat sich jedoch herausgestellt (FRIEBER), daß auch die letzteren das Tryptophan angreifen; nur bleibt ihre Tätigkeit auf der Stufe der Indolessigsäure stehen.

Es sei nochmals darauf hingewiesen, daß alle diese an den aromatischen Aminosäuren sich abspielenden Vorgänge lediglich die Seitenketten betreffen: die aromatischen Kerne bleiben völlig intakt; ob sie bei der Eiweißzersetzung auch aufgespalten werden können, ist unbekannt.

Noch ein Wort sei über den Abbau der Nucleoproteïde gesagt. Es greifen hier eine Menge enzymatischer Teilvorgänge ein, die aber noch zu wenig bekannt sind, als daß hier näher darauf eingegangen werden könnte. Es sei nur erwähnt, daß nach der heutigen Annahme die erste Aufspaltung bis zu der Nuclëinsäure durch die Proteasen erfolgt (S. 89). Jeden-

Nucleo-
proteïde.

falls können auch weiter alle die Bausteine, welche folgende
Übersicht

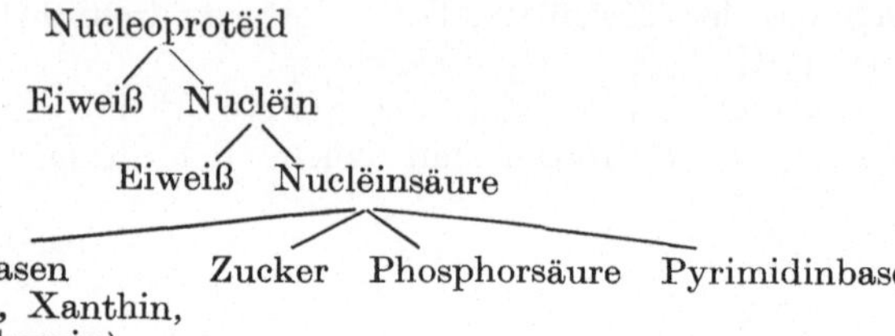

zeigt, im Verlaufe der Spaltung gefaßt werden. Unter natürlichen
Verhältnissen erfolgt der Abbau schnell und durchgreifend:
Bodenbakterien hatten nach einigen Wochen 50 vH des Nucleo-
protëidphosphors als anorganische Phosphorsäure abgespalten;
Bakterien der menschlichen Darmflora spalteten in 20 Tagen
70—100 vH des Nuclëinstickstoffs als Ammoniak ab, unter völliger Zerstörung der Puringruppen. Angaben über den Abbau
von Purinderivaten sind S. 111 und 143 gemacht.

XXXI. Zusammenleben der Organismen.

Allgemeines. Stoffkreislauf. Metabiose.

Zusammen-
leben der
Organismen.
Allgemeines.
Während bei der bisherigen Betrachtung der physiologischen
Erscheinungen des Stoffwechsels der Einzeltypus vornehmlich in
Erscheinung trat, wird die Stellung des Einzeltypus innerhalb
der Organismenwelt durch sein Verhältnis zu den übrigen Organis-
mentypen bedingt, von ihrem Gegeneinander-, Füreinander-,
Nacheinanderwirken. Darin liegt zugleich auch mit begründet,
was oben öfters hervorgehoben wurde, daß wir in Reinkultur oft
Verhältnisse finden, wie sie in der Natur nicht sein können, weil
der Organismus aus seinen natürlichen Lebensbedingungen her-
ausgerissen ist, welche eben nicht nur physikalisch und chemisch,
sondern auch durch das Zusammenleben der Organismen, also
biologisch bedingt sind.

Wenn wir uns zunächst einen Überblick über diese Verhältnisse
schaffen wollen, so können wir verschiedene Stufen des Zusammenlebens erkennen:

1. Stellung innerhalb des Stoffkreislaufes der gesamten
Organismenwelt.

2. Unmittelbares Nacheinanderleben: Metabiose.

3. Unmittelbares Zusammenleben mit gegenseitiger Unterstützung: Symbiose.

4. Unmittelbares Zusammenleben mit Ausnutzung des Einen: Parasitismus.

Daß eine solche Unterscheidung nicht immer streng durchgeführt werden kann bzw. die Einordnung einer Erscheinung manchmal etwas zweifelhaft sein kann, dürfte als selbstverständlich gelten können.

1. Stellung innerhalb der gesamten Organismenwelt. Stoffkreislauf. Wir haben eingangs die Stellung der Mikroorganismen in dieser Hinsicht bereits angedeutet. Jedes Element auf der Erde, das irgendwie in den aufbauenden Stoffwechsel des organischen Geschehens einbezogen wird, muß auch die Stufe des mikrobiologischen Abbaus durchlaufen. Die Stufe des Aufbaus repräsentiert die grüne Pflanze (S. 61), ebenso die quantitativ nicht erheblich in Erscheinung tretenden autotrophen Mikroorganismen. Der tierische Organismus mit seinem Stoffwechsel schiebt sich zwischen aufbauende und abbauende Stufe. Auf diese Weise macht also jedes Element seinen Kreislauf vom Anorganischen über das Organische wieder zum Anorganischen durch, und alles steht in gegenseitiger Abhängigkeit: Die grünen Pflanzen, von denen wieder die Tiere abhängig sind, von den Mikroorganismen, welche ihnen das aufgebaute organische Material wieder zu aufnahmefähigen Verbindungen verarbeiten, es mineralisieren; die Mikroorganismen wieder von den grünen Pflanzen, deren organische Substanz ihnen die zum Leben notwendige Energiequelle liefert.

Betrachten wir zunächst den Kohlenstoff, so zeigt sich hier die gegenseitige Abhängigkeit, über die eingangs S. 1 bereits einige quantitative Angaben gemacht wurden, sehr deutlich: Wir können die ganze Erde gewissermaßen als einen einheitlichen Organismus auffassen, wobei der Erdboden mit seiner Zersetzung der organischen Substanz ein einheitliches Organ, das Atmungsorgan, darstellen würde, das die Mineralisation des organisch gebundenen Kohlenstoffs zu Kohlensäure bewirkt. Es ist das mehr als ein bloßer Vergleich: Denn das Kennzeichen eines Organs ist seine korrelative Beziehung zu den übrigen Organen des Organismus, seine Abhängigkeit von diesen und seine Notwendigkeit für diese, was hier restlos zutrifft.

Die Mineralisation des Kohlenstoffs tritt im Erdboden alljährlich nicht ganz vollständig ein: Ein kleiner Rest der in den Boden gelangenden organischen Substanz bleibt unzersetzt in der Form von „Humussubstanzen", welche dem Erdboden die wertvollen Eigenschaften eines Kulturbodens verleihen, falls sie sich unter normalen Verhältnissen bilden; auch bei ihrer Entstehung sind Mikroorganismen die wesentlichste Ursache. Bisweilen ist die

Zersetzung noch unvollkommener, etwa dann, wenn infolge zu hohen ständigen Wassergehaltes die Durchlüftung ungenügend ist; dann häuft sich die unzersetzt bleibende Pflanzensubstanz an, wie z. B. in den Mooren als Torf. Auch Steinkohle und Braunkohle sind in früheren Erdperioden auf ähnliche Weise entstanden unter weiterer nachträglicher Veränderung.

Ebenso hat der Stickstoff seinen Kreislauf: Aller organisch festgelegte Stickstoff wird schließlich im Boden mineralisiert zu Ammoniak, das weiter zu Salpeter oxydiert wird, der von neuem seinen Kreislauf mit der Aufnahme seitens der grünen Pflanzen aufnimmt. Wenn auch die Mikroorganismen ihrerseits selbst in ihrer Körpersubstanz Stickstoff festlegen, was sich manchmal lokal bemerkbar machen kann, so überwiegt doch in der Gesamtheit bei weitem die Mineralisation, weil diese eben den Betriebsstoffwechsel begleitet, der quantitativ, wie wir oben S. 82 gesehen haben, über den Baustoffwechsel bei weitem dominiert. Auch vom Stickstoff wird ein gewisser Teil in den Humussubstanzen festgelegt, deren langsame Mineralisation den höheren Pflanzen alljährlich gewisse Stickstoffmengen zuführt, auch wenn eine sonstige Zufuhr zum Boden nicht stattfindet.

Gerade der Stickstoffumsatz wirkt sich unmittelbar sehr erheblich aus, weil der Vorrat an aufnehmbarem Stickstoff auf der Erde verhältnismäßig gering ist; denn die großen Mengen elementaren Stickstoffs der Luft sind durch Stickstoffbindung nur in sehr bescheidenem Maße ausnutzbar, wenn man den Gesamtumsatz des Stickstoffes betrachtet; diese Wirkung wird auch dadurch wieder teilweise kompensiert, daß auf dem Wege der Denitrifikation wiederum wertvoller Nitratstickstoff zu elementarem Stickstoff denitrifiziert werden kann. Es kommt beim Stickstoff noch hinzu, daß er als typischer Standortfaktor von erheblicher unmittelbarer Bedeutung für die Pflanzen eben dieses Standortes, also von lokaler Bedeutung ist.

Zwar sind auch die verfügbaren Kohlenstoffmengen (CO_2 der Luft), wie eingangs erwähnt, verhältnismäßig beschränkt; aber diese Kohlensäure tritt nicht in gleichem Maße wie der Stickstoff als unmittelbarer Standortfaktor auf, weil eine Versorgung aus der ganzen umgebenden Atmosphäre und durch Windströmungen ein weitgreifender Ausgleich möglich ist; es tritt deshalb die Bedeutung des Kohlenstoffs als unmittelbarer Standortfaktor für die höheren Pflanzen gegenüber der des Stickstoffs zurück. Aber von dieser lokalen Bedeutung abgesehen ist die mineralisierende Tätigkeit der Mikroorganismen in Hinsicht auf Kohlenstoff und Stickstoff für die gesamte Organismenwelt von entscheidender

Bedeutung, und die Wertigkeit beider Nährstoffe in dieser Hinsicht dürfte quantitativ etwa die gleiche sein.

Demgegenüber tritt der Kreislauf der übrigen lebensnotwendigen Nährstoffe in seiner Bedeutung für das gesamte Leben zurück. Zwar werden auch Phosphor, Schwefel, Kalium, Magnesium, Calcium, Eisen usw. in den Stoffkreislauf hineingezogen, wobei wiederum den Mikroorganismen die Hauptarbeit bei der Mineralisation zufällt; aber es besteht ein großer quantitativer Unterschied zu Kohlenstoff und Stickstoff darin, daß bei ihnen die für die grünen Pflanzen aufnehmbaren Mengen weitaus die organisch festgelegten überwiegen. So nimmt etwa die Pflanze 100mal soviel Stickstoff auf wie Eisen, im Erdboden ist aber etwa 100mal soviel Eisen vorhanden wie Stickstoff, woraus also die sehr verschiedene quantitative Bedeutung der Mineralisation in beiden Fällen ohne weiteres erhellt. Nicht ganz so kraß liegen die Verhältnisse bei den übrigen obengenannten Nährstoffen; insbesondere nimmt der Phosphor eine gewisse Mittelstellung ein zwischen den beiden erwähnten Gruppen von Nährstoffen.

Im einzelnen soll auf diese hier kurz skizzierten Verhältnisse des Stoffkreislaufes, mit denen sich insbesondere die Bodenbakteriologie eingehend beschäftigt, nicht eingegangen werden.

2. Unmittelbares Nacheinanderleben: Metabiose. Metabiose. Wir wollen uns nunmehr mit dem unmittelbaren Zusammenleben der Mikroorganismen beschäftigen und betrachten zunächst die Metabiose. Im Grunde genommen ist ja auch das Verhältnis von Mikroorganismen zu höheren Pflanzen und Tieren eine Metabiose; man könnte es sogar als Symbiose bezeichnen gemäß der oben gegebenen Definition, da sie sich ja gegenseitig mit ihren Stoffwechselprodukten das Leben ermöglichen. Aber man beschränkt diese Ausdrücke doch auf das Verhältnis nur zweier oder weniger Organismen. Es ist hierbei für extreme Fälle charakteristisch, daß 2 Vorgänge, die durch 2 verschiedene Mikroorganismen durchgeführt werden, völlig einheitlich erscheinen können wie ein einziger Vorgang. Wir wollen einige derartige Beispiele anführen.

Ammoniak wird im Erdboden zu Nitrat oxydiert, wobei 2 Bakterienarten beteiligt sind: Die eine (Nitrosamonas, S. 62) oxydiert Ammoniak zu Nitrit, die andere (Nitrobacter, S. 62) Nitrit zu Nitrat. Niemals aber ist unter den normalen Verhältnissen des Ackerbodens das Auftreten von Nitrit festzustellen. Ebenso würden wir im Boden etwa die Bildung von Schwefelsäure aus Eiweiß feststellen, aber keinen Schwefelwasserstoff, der das Durchgangsprodukt bilden muß, nachweisen können, weil er eben sofort von anderen Bakterien oxydiert wird. Man könnte zahlreiche Fälle ähnlicher Art aufführen.

Nicht immer aber ist das Nacheinander so unmittelbar verknüpft, daß das Zwischenprodukt nicht in Erscheinung tritt. So steigt z. B. bei der Eiweißzersetzung oder der Desulfurikation auf dem Grunde von Gewässern, also unter anaëroben Verhältnissen, der gebildete Schwefelwasserstoff nach oben und wird erst dort in einer gewissen Zone, bis zu welcher der Luftsauerstoff vordringen kann, oxydiert, wobei sich die oxydierenden Bakterien auf das günstigste Niveau der Schwefelwasserstoff-Sauerstoff-Versorgung einstellen. Hier ist also das Nacheinander infolge äußerer Umstände einfach, dem vorigen Beispiel gegenüber, auseinandergerückt. Ganz allgemein ergibt sich jedenfalls daraus, daß beim Kreislauf der Stoffe eine Metabiose die andere ablöst: Wenn wir uns den ganzen Stoffkreislauf in die Einzelreaktionen aufgelöst denken, so würden 2 oder mehr aufeinanderfolgende Stufen eine Metabiose darstellen müssen, die bald mehr bald weniger als ein einheitlicher Vorgang erscheinen je nach den betreffenden Bedingungen.

XXXII. Zusammenleben der Organismen (Fortsetzung).

Symbiose (Bakterien + Bakterien. Bakterien + Algen. Pilze + Algen. Mikroorganismen + Höhere Pflanzen. Mikroorganismen + Tiere).

**Symbiose.
Bakterien +
Bakterien.**   3. Unmittelbares Zusammenleben mit gegenseitiger Unterstützung: Symbiose. Noch enger erscheint das Verhältnis der Symbiose. Wir betrachten zunächst einen Fall, der nur Bakterien betrifft. Es handelt sich um die Zersetzung der Cellulose bei gleichzeitiger Denitrifikation, also unter anaëroben Verhältnissen. Es hat sich herausgestellt, daß es sich bei diesem früher als einheitlich angesehenen Vorgang um die Tätigkeit zweier Bakterienarten handelt (GROENEWEGE): Die eine anaërobe denitrifiziert und macht dabei Sauerstoff (wohl in Form von Stickstoffoxydul; s. S. 114) verfügbar für die andere aërobe, welche die Cellulose verarbeitet und ihrerseits Zwischen- oder Endprodukte des Abbaus jener als Kohlenstoffmaterial zur Denitrifikation zur Verfügung stellt. Ganz allgemein wird man das Zusammenleben von aëroben und anaëroben Mikroorganismen, wobei ja, wie S. 85 erwähnt, jene diesen das Gedeihen ermöglichen, als Symbiose auffassen können, wenn hier vielleicht auch sehr oft der Vorteil nur auf seiten der Anaëroben zu liegen scheint. Aber ein ganz strenges Auseinanderhalten der Begriffe ist ja nicht möglich.

Auch zwischen **Bakterien und Algen** kommen Symbiosen vor. Eine solche Lebensgemeinschaft bilden z. B. grüne Algen und Azotobacter, wobei die Alge diesem gebundenen Kohlenstoff liefert, so daß er elementaren Stickstoff binden kann, von welchem Stickstoff er wiederum der Alge zukommen lassen kann. Man hat denn auch in grünen Algenanflügen öfters schon eine erhebliche Stickstoffbindung festgestellt. Doch wird sich bei ähnlichen Fällen, deren viele bekannt sind, die Grenze zwischen Metabiose und Symbiose oft verwischen.

Die eigentliche Symbiose in ihrer charakteristischen Ausbildung kennzeichnet sich den erwähnten Fällen gegenüber dadurch, daß die beiden Organismen gewissermaßen zu einem neuen Organismus oder Organ verschmelzen so, daß in den allerextremsten Fällen sogar ein getrenntes Leben der Einzelkomponenten nicht oder nur in kümmerlichem Maße möglich ist.

Das klassische Beispiel dieser Art sind seit SCHWENDENER die **Flechten**, deren äußere Erscheinung kaum andeutet, daß es sich hier um ein Zusammenleben von **grünen Algen und Pilzen** handelt, wobei die autotrophe Alge die Kohlenstoffversorgung übernimmt, und dem Pilze wohl die Aufgabe der Lösung der sonstigen Pflanzennährstoffe aus dem Boden zufällt. Die betreffenden Pilze finden sich im allgemeinen nicht in freiem Zustand in der Natur, wenn sie auch künstlich ohne die Alge kultiviert werden können, wobei sie aber kümmerlich wachsen und auch keine Fortpflanzungsorgane bilden, wie das in der normalen Symbiose geschieht. (Durch weitere besondere Fortpflanzungsorgane sorgt die Flechte außerdem noch für die gemeinsame Fortpflanzung von Pilz und Alge.) Es ist außerdem noch bemerkenswert, daß die im freien Zustand gegen Austrocknung sehr empfindlichen Pilze und Algen eine ungeheuere Widerstandsfähigkeit als Flechte in dieser Hinsicht gewonnen haben, wie die zahlreichen Felsenflechten zeigen.

Charakteristische Symbiosen kommen weiterhin zwischen **höheren Pflanzen und Mikroorganismen** vor. Hierher gehören die schon S. 67 erwähnten Knöllchen der Leguminosen und Erle; doch ist das Zusammenleben hier nicht unbedingt notwendig: Die Pflanze gedeiht ohne Bakterien mit genügender Stickstoffversorgung, in der Form etwa von Nitraten, völlig normal. Auch erfolgt der Eintritt der Bakterien in die Pflanze gewissermaßen zufällig vom Boden aus in die junge Pflanze. Wenn jedoch die Symbiose ausgebildet ist, haben beide Organismen ihren Vorteil: Die Pflanzen von der Stickstoffbindung der Bakterien, die Bakterien von der Kohlenstoffzufuhr seitens der Pflanzen.

Wesentlich enger ist das Zusammenleben zwischen Bakterien und den ebenfalls schon (S. 67) erwähnten Pavetta-, Psychrotia- und Ardisiaarten; hier werden nämlich den Samen bereits Bakterien mitgegeben (zyklische Symbiose); auch scheinen die Pflanzen ohne Bakterien nicht gedeihen zu können.

Außerordentlich weit verbreitet (etwa bei 75 vH der einheimischen Pflanzen) ist das Zusammenleben von Wurzeln höherer Pflanzen mit Pilzen, die Mycorrhiza, mit der sich vornehmlich STAHL beschäftigte. Bald finden sich die Pilze nur äußerlich, indem sie die Wurzeln dicht umspinnen (ektotrophe M.), bald im Innern der Wurzel (endotrophe M.), wobei im letzten Falle auch eine Verdauung der Pilzelemente durch die Pflanze zu beobachten ist. Auch diese Typen gehen jedoch ineinander über; insbesondere ist das Vorkommen einer rein ektotrophen Mycorrhiza vielleicht zweifelhaft. Mycorrhiza von mehr ektotrophem Typus findet sich z. B. bei allen unseren Waldbäumen, solche von rein endotrophem Typus bei Lycopodiaceen, Orchideen, Ericaceen, Gentianaceen, Pinus montana usw. In diesen Fällen ist dann oft die infizierte Wurzel keulenförmig angeschwollen. Auch bei der Mycorrhiza finden sich alle Abstufungen der Notwendigkeit bis zur Entbehrlichkeit der Symbiose. Bei unseren heimischen Waldbäumen z. B. ist sie entbehrlich; auch die Pilze sind völlig selbständig; es handelt sich, wie jüngst MELIN zeigte, um die in den Wäldern verbreiteten Hutpilze (Lärche mit Boletus elegans, Kiefer mit Boletus luteus, Birke mit dem Fliegenpilz Amanita muscaria usw.). Bei den Pflanzen mit typisch endotropher Mycorrhiza dagegen ist die Symbiose anscheinend notwendig, wie z. B. auch die meist schwierige oder unmögliche Kultur dieser Pflanzen in Gärten (Orchideen) zeigt, was wohl wesentlich den für den Pilz ungeeigneten Bedingungen zuzuschreiben ist. Auch kommen hier die Pilze anscheinend nicht frei vor und sind auch schwierig oder nicht zu kultivieren. Doch gelangt der Pilz stets von außen bei der Keimung der Pflanze in diese, so daß es sich nicht um eine zyklische Symbiose handelt.

Die Frage nach der Bedeutung dieses Zusammenlebens in der Form der Mycorrhiza muß nach unseren heutigen Kenntnissen so beantwortet werden, daß der Pilz vermutlich vor allem die schwer löslichen Stickstoffverbindungen des Substrates (Humussubstanzen) aufschließt und auf diesem Wege der ihn verdauenden Pflanze zuführt. Ob eine Stickstoffbindung durch den Mikroorganismus in Frage kommt, ist in manchen Fällen durchaus wahrscheinlich, namentlich da, wo der Pilz gar nicht außerhalb der Wurzel vorkommt, aber noch nicht mit Sicherheit erwiesen.

Ferner ist auch eine Aufschließung der Mineralbestandteile des Bodens durch den Pilz möglich.

Endlich ist noch das Zusammenleben von **Mikroorganismen mit Tieren** zu erwähnen. Daß es sich bei leuchtenden Tieren sicher zum Teil (z. B. bei den Sepien des Golfes von Neapel) um eine Symbiose zwischen Leuchtbakterien und dem betreffenden Tier handelt, wurde S. 33 schon erwähnt.

Sehr interessant ist ferner das Zusammenleben von Insekten mit gewissen Pilzen wie z. B. bei den tropischen Blattschneiderameisen mit ihren Pilzgärten. Diese Ameisen schleppen große Mengen von Blattstücken in ihren Bau und zerkneten die Masse zu einem Brei, auf dem sich dann Pilze entwickeln, die als Besonderheit eiweißreiche Anschwellungen besitzen, welche den Ameisen als Nahrung dienen. In ähnlicher Weise leben andere Ameisen, Termiten, ferner die einheimischen Borkenkäfer und andere Insekten mit Pilzen zusammen. Offenbar lassen sich diese Insekten durch die Pilze den Stickstoff des Materials, auf dem sie die Pilze züchten, in bequemer Weise zugänglich machen.

Es scheint auch bei gewissen höheren Tieren ein Zusammenleben mit Mikroorganismen normal zu sein: Die Wiederkäuer z. B. können reine Cellulose so gut verwerten wie Stärke, haben jedoch kein celluloselösendes Enzym (dagegen in Speichel und Pankreassaft stärkelösende Enzyme). Die Verdauung der Cellulose läßt sich hier nur durch Mitwirkung der in den Verdauungsorganen häufigen cellulosezersetzenden Mikroorganismen verstehen, deren beim Celluloseabbau gebildete Zwischenprodukte die Tiere vielleicht abfangen; es liegt nahe, diese Annahme zu machen, da die Endprodukte der Cellulosezersetzung Essig- und Buttersäure, die gute Verwertung durch das Tier nicht erklären können. In dem oben mitgeteilten Beispiel der Cellulosezersetzung bei gleichzeitiger Denitrifikation war ja die Belieferung anderer Organismen mit Kohlenstoff seitens der Cellulosezersetzer offensichtlich. Auch Azotobacter z. B. vermag in Symbiose mit Cellulosezersetzern kräftig Stickstoff zu binden, während Cellulose für ihn allein absolut unverwertbar ist. Die Ausnutzung der Cellulose im Tierkörper durch die Hilfe von Cellulosezersetzern ist also durchaus verständlich.

Auch darauf sei noch hingewiesen, daß die höheren Tiere, die kein Eiweiß aus Ammoniak oder Nitraten zu bilden vermögen, dies in beschränktem Umfange über die in den Verdauungsorganen tätigen Mikroorganismen vermögen, indem diese mit Hilfe von Kohlenstoffmaterial die Synthese ausführen und nun zum Teil von dem Tier verdaut werden.

XXXIII. Zusammenleben der Organismen (Fortsetzung).

Parasitismus (Kampfstoffe. d'Herelle-Phänomen. Pyocyanase.
Parasitismus bei Pflanzen und Tieren. Immunität bei Pflanzen).

Parasitis-
mus.Kampf-
stoffe.

4. Unmittelbares Zusammenleben mit Ausnutzung des einen: Parasitismus. Die Grenzen zwischen Symbiose und der 4. Art des Zusammenlebens, dem Parasitismus, können sich leicht verwischen, wenn nämlich der eine Organismus den anderen ausbeutet, im reinen Parasitismus kann dies bis zur Vernichtung führen. Wir wollen vorher aber noch einige andere Fälle betrachten, die kein eigentlicher Parasitismus sind, sondern gewissermaßen primitive Vorstufen. Daß ein Organismus durch einen anderen geschädigt wird, kommt ja häufig vor, wir haben ja auch z. B. Alkohol und Säuren als Kampfstoffe betrachtet. Es mag auch noch einmal darauf hingewiesen werden, daß der Organismus sich durch zu große Anhäufung solcher Stoffwechselprodukte schließlich selbst schädigen oder sogar vernichten kann.

d'Herelle-
Phänomen.

Eine solche Selbstvernichtung tritt, wie wir ebenfalls schon erwähnt haben, bei der Autolyse (S. 91) ein. Wir wollen in diesen Zusammenhang noch eine weitere Frage bringen, das D'HERELLE - Phänomen. Es handelt sich dabei darum, daß z. B. in alten Kulturen in dem Bakterienrasen einer Platte Löcher auftreten, innerhalb deren die Bakterien abgestorben sind. Das Wesentliche aber ist, daß diese Erscheinung durch Impfung auf weitere Kulturen übertragbar ist und hier eine Weiterentwicklung zeigt, etwa in der Weise, wie ein parasitärer Organismus sich vermehren würde. Auch kann dieses Bakterien zerstörende Agens aus Kot, verunreinigtem Wasser usw. gezüchtet werden. Aus diesen Gründen hat man geglaubt, einen Organismus parasitärer Art vor sich zu haben, den Bacteriophagen. Da jedoch bei Filtration durch Filter mit bekannter Porengröße die Größe des Bacteriophagen zu etwa 30 $\mu\mu$ (S. 10) festgestellt wurde, was etwa die Größe eines Eiweißmoleküls ist, so ist diese Auffassung wenig einleuchtend und die andere wahrscheinlicher, welche dieses Phänomen als eine Gleichgewichtsstörung im Stoffwechsel vielleicht als eine Art „Enzymentfesselung" ähnlich der Autolyse auffaßt; doch kann das hier nicht weiter erörtert werden. Nur darauf sei noch hingewiesen, daß man das d'Herelle-Phänomen bisher nicht bei sporenbildenden Bakterien beobachtet hat, die eben durch Sporenbildung sich ungünstigen Verhältnissen entziehen können, was bei parasitärer Natur der Erscheinung nicht möglich wäre.

Die Erscheinung der Autolyse führt aber nicht nur zur Ver- Pyocyanase.
nichtung des der Autolyse anheimfallenden Organismus, sondern
es können dabei auch fremde Organismen zerstört werden. Der
bekannteste derartige Fall ist derjenige von Ps. pyocyaneus,
der im Alter der Autolyse anheimfällt, wobei aber der Autolysesaft eine erheblich zerstörende Wirkung auf eine ganze Reihe
weiterer Bakterien, auch pathogene Formen (Typhus-, Milzbrand-,
Pesterreger) hat. Man bezeichnet hier das wirksame Prinzip als
Pyocyanase. Auch bei vielen anderen Bakterien finden sich
derartige Erscheinungen.

Wir kommen nunmehr zu dem eigentlichen Parasitismus, Parasitis-
mus bei
Pflanzen
und Tieren.
der dadurch gekennzeichnet ist, daß ein lebender Organismus,
der Parasit, in oder auf einem anderen lebenden Organismus,
dem Wirt, vorkommt. In harmlosen Fällen handelt es sich lediglich um den sogenannten Raumparasitismus; d. h. der Wirt
wird nicht weiter geschädigt, sondern gewissermaßen nur als
Unterkunftsmöglichkeit benutzt. Beim eigentlichen Parasitismus dagegen wird der Wirt schwer geschädigt, so daß er unter Umständen zugrunde gehen kann. Ein weiteres Kennzeichen ist
die Specialisation, d. h. der Parasit kommt nur auf einem
Wirt vor, nicht auf mehreren Arten; sogar die verschiedenen
Rassen einer Art und selbst die einzelnen Individuen können
verschieden empfänglich sein. Die Widerstandsfähigkeit einem
Parasiten gegenüber bezeichnet man als Immunität, das Eindringen des Parasiten als Infection, das Stadium von der Infection
bis zum erkennbaren Ausbruch der Krankheit als Incubation.

Von den uns interessierenden Organismen kommen Bakterien
und Pilze in Betracht. Es sind die Erreger der Infectionskrankheiten von Tieren (einschließlich des Menschen) und Pflanzen.
Wir können jedoch einen beachtenswerten Unterschied feststellen:
Mykosen, durch Pilze hervorgerufene Erkrankungen, sind die
eigentlichen Erkrankungen der Pflanzen, während Bacteriosen,
durch Bakterien verursachte Krankheiten, bei Pflanzen verhältnismäßig selten sind; bei den Tieren ist es umgekehrt. Es
ist möglich, daß dies zum Teil daran liegt, daß die Bakterien
im allgemeinen kein saures Substrat lieben oder vertragen, im
Gegensatz zu den Pilzen; die Pflanzensäfte sind aber gewöhnlich
sauer, die tierischen Säfte etwa neutral. Sicher spielen aber noch
andere hier nicht zu erörternde Ursachen mit. Indessen gilt das
Gesagte nur für höhere Tiere. Bei niederen Tieren, wie z. B.
bei Insekten, sind durch Pilze verursachte Infectionskrankheiten
sehr häufig (Empusa muscae z. B. verursacht das epidemische
Sterben der Stubenfliege im Herbst).

Immunität
bei
Pflanzen.

Die Widerstandsfähigkeit einem Parasiten gegenüber bzw. die Reaktion des Wirtes auf den Angriff des Parasiten hat eine Reihe eigenartiger Verhältnisse zur Folge, die man unter dem Begriff der **Immunreaktionen** zusammenfaßt; in ihnen kann man eine vitale Abwehr des Parasiten durch den Wirt erkennen. Es ist jedoch noch nicht erwiesen, daß solche Immunreaktionen bei den parasitären Erkrankungen der Pflanzen vorkommen, während sie bei denen der Tiere in überraschender Mannigfaltigkeit entwickelt sind und das Verhalten des Tieres dem Parasiten gegenüber bedingen. Vielleicht ist ein solcher Unterschied durch die physiologisch-anatomische Struktur beider Organismenreihen bedingt; den Pflanzen fehlt ja der Säftekreislauf analog dem Blutkreislauf der Tiere; das Blut aber ist es, in dem sich die Immunreaktionen nachweisen lassen. Die Immunität der Pflanzen ist in vielen Fällen lediglich rein äußerlich anatomisch bedingt, also nicht in einer Widerstandsfähigkeit einem eingedrungenen Parasiten gegenüber. Z. B. werden gewisse Gerstensorten vom Flugbrand (Ustilago nuda) nur deshalb nicht inficiert, weil sie verdeckt blühen, ihre Narben nicht nach außen treten und so keine Infection stattfinden kann, die stets durch die Narben vor sich geht.

Sicher liegen die Verhältnisse nicht immer so einfach; man hat bei einer beobachteten Immunität bei Pflanzen auch an Verschiedenheiten im Säuregehalt der Pflanzen, im osmotischen Druck usw. als bedingende Ursache gedacht; doch ist noch nichts Sicheres bekannt. Bemerkenswert sind die Fälle, in denen eine befallene Pflanze ausheilt, wie z. B. beim Haferflugbrand (Ustilago Avenae); der Pilz inficiert hier die Pflanze im jüngsten Keimlingsstadium und wächst mit der wachsenden Pflanze aufwärts. Halten wir diese unter sehr günstigen Wachstumsbedingungen, so kann es vorkommen, daß der Pilz dem Wachstum der Pflanze nicht zu folgen vermag, gewissermaßen steckenbleibt, die Pflanze also parasitenfrei weiter wächst. Das würde natürlich im gewissen Sinne als Immunität aufgefaßt werden können, kann jedoch ganz andere Ursachen haben wie die eigentliche tierische Immunität, mit der wir uns jetzt etwas näher zu beschäftigen haben. Analogien zu dieser sind bei den Pflanzenkrankheiten jedenfalls noch nicht erwiesen.

XXXIV. Zusammenleben der Organismen (Fortsetzung).

Parasitismus (Immunität bei Tieren. Immunreaktionen. Immunisierung. Virulenz).

Immunität
bei Tieren.

Die tierischen Immunreaktionen sind auch für die praktische Behandlung der Krankheiten von größter Wichtigkeit geworden.

Jeder Tierkörper hat zunächst einem eingedrungenen Parasiten gegenüber eine gewisse natürliche Immunität. Es sind vornehmlich die weißen Blutkörperchen (Leukocyten), welche in dieser Richtung wirksam sind, da sie die Fähigkeit haben, die eingedrungenen Bakterien (auf deren Betrachtung wir uns hier beschränken) aufzunehmen und zu zerstören, aufzulösen; man nennt diesen Vorgang Phagocytose. Weiterhin kann eine natürliche Immunität durch das Fehlen von den Stoffen im resistenten Organismus zustande kommen, welche einem „Gift" als Angriffspunkte dienen. Auf weitere zum Teil veraltete Anschauungen sei hier nicht eingegangen. Jedenfalls aber ist die Wirkung der Phagocytose den Bakterien gegenüber unspezifisch.

Bei der erworbenen Immunität hingegen handelt es sich um spezifische Vorgänge; es ist also eine Immunität bzw. eine Immunreaktion, die spezifisch auf den jeweiligen Parasiten eingestellt ist. Ganz allgemein bezeichnet man jede Substanz, welche in den Körper eingeführt die Bildung eines spezifisch nur auf diese Substanz eingestellten Antikörpers (Abwehrstoff, Schutzstoff, Immunstoff) hervorruft, als Antigen (zusammengezogen aus Antisomatogen). Es handelt sich dabei im wesentlichen um Eiweißkörper. Das die Antikörper enthaltende Blutserum bezeichnet man als Immunserum.

Wenn wir z. B. das Eiweiß unserer Nahrung durch natürliche Verdauung in den Körper aufnehmen, so wird dieses Eiweiß durch die Enzyme der Verdauungsorgane weitgehend, bis zu den Aminosäuren, abgebaut und dabei seiner artspezifischen Struktur (die wir aber nicht kennen) entkleidet; nach dem Durchtritt durch die Darmwand werden dann die Spaltstücke von dem Organismus zu seinem arteigenen spezifischen Eiweiß aufgebaut. Anders ist es, wenn man artfremdes Eiweiß subcutan, intraperitoneal, intravenös usw. direkt in den Körper einführt. Es wird dann ebenfalls abgebaut (parenterale Verdauung), da es offenbar als Fremdkörper, als Gift, empfunden wird. Dabei werden nun spezifisch auf dieses artfremde Eiweiß eingestellte Antikörper gebildet; das artfremde Eiweiß wirkt als Antigen.

Auch die eingedrungenen Parasiten müssen also als artfremdes Eiweiß, als Antigene wirken, was auch der Fall ist. Als besondere außerdem noch von gewissen Bakterien gebildete Stoffe ebenfalls von Antigennatur sind dann die eigentlichen Toxine, Bakteriengifte, zu nennen. Gemäß ihrer Definition als Antigene rufen sie also die Entstehung spezifisch wirksamer Antikörper, von Antitoxinen, hervor. Es sei noch ausdrücklich darauf hingewiesen, daß die S. 145 erwähnten Ptomaine keine Antigene sind; sie sind auch thermostabil, die Toxine zumeist thermolabil. Das Unwirksammachen der Toxine erfolgt wohl durch chemische Bindung an die Antitoxine. Diese Antitoxine faßt EHRLICH als abgestoßene „Seitenketten“ des eigentlichen Leistungskerns der Zellen auf (Seitenkettentheorie).

Die Bakterientoxine treten als Endotoxine oder als Ektotoxine auf; die letzten werden von der lebenden Bakterienzelle nach außen abgeschieden wie bei den Diphtherie-, Tetanus- (Starrkrampf-), Botulismus- (Wurstgift-) Bakterien. Sie wirken daher auch an ganz anderer Stelle als an ihrer lokal begrenzten Infection; bei Tetanus z. B. sitzen die Bakterien nur lokal in der Wunde, das von ihnen gebildete Toxin gelangt durch die Blutbahn zum Zentralnervensystem und verursacht von dort aus die bekannten Krampferscheinungen an der Körpermuskulatur. Die intensive Wirkung des Tetanustoxins mag daraus ersehen werden, daß eine Menge von $0,0000002\,cm^3$ noch Mäuse von 15 g Gewicht tötet. Es ist noch von Wichtigkeit, zu erwähnen, daß die Bildung von Antitoxinen nur eine Immunität gegen das Toxin, nicht auch gegen die lebenden Bakterien bedingt.

Die eben erwähnten durch Bakterientoxine hervorgerufenen Erkrankungen bezeichnet man auch als Intoxikationskrankheiten, während man die übrigen, wie Cholera, Typhus, Pest, Tuberkulose, Milzbrand, Schweinerotlauf usw., als eigentliche Infectionskrankheiten bezeichnet, wobei vom Erreger keine löslichen Toxine ausgeschieden werden, sondern die Endotoxine durch Auflösen der Bakterien frei werden und so den Organismus vergiften. Ein ganz durchgreifender Unterschied besteht jedoch nicht. Bei Pocken, Maul- und Klauenseuche und anderen, bei denen die Erreger noch nicht bekannt sind, ist eine genauere Analyse zur Zeit noch nicht möglich.

Immun-
reaktionen. Wir wollen nun einige weitere Immunreaktionen betrachten. Als Agglutination bezeichnet man die Fähigkeit des Blutserums eines inficierten oder inficiert gewesenen Tieres oder Menschen, eines Immunserums also, die Infectionserreger aus ihrer Suspension auszuflocken. Zwar flocken auch Salze Bakterien aus, ähnlich wie Kolloide koaguliert werden; hier handelt es sich aber um eine spezifische Wirkung des Immunserums auf die jeweilige Bakterienart, mit welcher der Organismus vorher in Berührung war. Die ganzen Bakterienzellen haben hier also als Antigen gewirkt.

Demgegenüber ist die Präcipitation eine Reaktion auf gelöste Eiweißstoffe: Immunserum gibt mit einem zellfreien Extrakt des betreffenden Bakteriums einen Niederschlag. Diese

Reaktion erfolgt auch, wenn man einem Tier (oder Menschen) artfremdes Eiweiß beliebiger Herkunft, von Tieren oder Pflanzen, parenteral einführt, während arteignes Eiweiß natürlich zu keiner Immunreaktion führt. Auf diese Weise kann, nach der Stärke der Präcipitinreaktion, die Verwandtschaft der Organismen festgestellt werden.

Unter Bacteriolysinen versteht man Stoffe im Immunserum mit der Fähigkeit, die betreffende Bakterienart in wenigen Minuten aufzulösen. Die spezifische Wirkung charakterisiert diesen Vorgang. Hierbei hat sich noch eine weitere wichtige Erscheinung herausgestellt: Durch Erhitzen auf 56⁰ verliert das Immunserum seine bakterienlösende Eigenschaft vollständig; diese wird aber durch Zusatz irgendeines beliebigen, selbst artfremden, Serums regeneriert. Es folgt daraus, daß in der Reaktion 3 Komponenten beteiligt sind: der nur im Immunserum vorkommende und thermostabile Immunkörper, den man Amboceptor genannt hat, das thermolabile in jedem Serum vorkommende Komplement, wie man den thermolabilen Stoff nennt, und schließlich das Antigen. In vollständiger Reaktion bindet der Amboceptor also Komplement und Antigen. Es hat sich weiter herausgestellt, daß Komplement nicht nur bei den Bacteriolysinen, sondern auch bei einigen ähnlichen Immunreaktionen beteiligt ist.

Das ist auch der Fall bei den Hämolysinen, welche artfremde in das Blut eingeführte rote Blutkörperchen auflösen. Der sich hierbei abspielende Vorgang ist wichtig für den Nachweis einer sonst vielleicht nicht nachweisbaren Infection, wie am Beispiel der Wassermannreaktion zum Nachweis der Syphilis gezeigt sei. Man bringt hierbei Syphilisantigen, etwa einen wässerigen Extrakt aus der Leber eines syphilitischen Foetus mit dem Serum der Versuchsperson zusammen; war diese krank, so wird das Komplement gebunden durch den Syphilisimmunkörper der kranken Person. Das Syphilisimmunsystem (Amboceptor-Antigen-Komplement) ist also vollständig. War die Versuchsperson gesund, so ist das System wegen des Fehlens des Immunkörpers (Amboceptors) unvollständig, das Komplement bleibt also frei. Ob dies Komplement frei oder gebunden ist, weist man dann an einen zweiten Immunsystem, einem hämolytischen System, nach. Setzt man nämlich weitere artfremde rote Blutkörperchen hinzu und hämolysinhaltiges Blutserum (gewonnen von einem mit diesen Blutkörperchen behandelten Tier), das durch Erhitzen auf 56⁰ inaktiviert, also komplementfrei, gemacht wurde, so tritt keine Hämolyse ein, falls die Versuchsperson syphiliskrank war, da ja

in diesem Falle das Syphilisimmunsystem vollständig war und
das verfügbare Komplement gebunden hatte. Die roten Blutkörperchen bleiben unten unversehrt in der farblosen Flüssigkeit
liegen, die Reaktion war positiv. War die Versuchsperson gesund, so kann das unvollständige Syphilisimmunsystem kein
Komplement binden; das frei bleibende Komplement bleibt somit
für das hämolytische System verfügbar; es tritt Hämolyse, Austritt des roten Blutfarbstoffs, ein, die Flüssigkeit färbt sich lack-
rot, die Reaktion war negativ.

Sinngemäß können auch sonstige Infectionen (z. B. Rotz) mit
dieser Methode nachgewiesen werden.

Immunisierung. Von erheblich praktischem Interesse ist die Immunisierung
eines Organismus gegen Mikroorganismen. Eine aktive Immunisierung erfolgt z. B. bei vielen natürlichen Erkrankungen,
wobei nach erfolgter Infection der Körper Immunstoffe als
Schutzstoffe bildet, die eine spätere Erkrankung verhindern oder
abschwächen. Dieses Prinzip wendet man bei der künstlichen
Immunisierung (Schutz- und Heilimpfung; von JENNER zuerst bei den Pocken angewendet) an, um einer Erkrankung vor-
zubeugen.

Bei der Schutzpockenimpfung handelt es sich darum,
daß man die Virulenz (s. unten) des Erregers durch Kultur auf
Kälbern schwächt und dann die geschwächten Parasiten auf den
Menschen überimpft; es kommt dabei nur eine leichte Erkrankung
zustande, aber es werden genügend Schutzstoffe gebildet, die eine
spätere Erkrankung verhindern.

Gegen Typhus und Cholera spritzt man abgetötete Bakterien ein; sie werden auf Agar gezogen, mit steriler Kochsalzlösung abgeschwemmt, bei 54⁰ bis höchstens 56⁰ abgetötet;
die Aufschwemmung erhält noch einen Zusatz von 0,5 vH
Karbol.

Gegen Tuberkulose spritzt man die in die Kulturflüssigkeit
abgegebenen Sekretionsprodukte der Bakterien oder Emulsionen
von durch Trocknen abgetöteten und zerriebenen Bakterien ein
(Tuberkulin als Sammelbegriff für eine ganze Anzahl verschieden hergestellter Präparate); hier beruht jedoch die Bedeutung
weniger in dem zweifelhaften Heilerfolg als in der Möglichkeit,
Frühtuberkulose durch die Reaktion nach dem Einspritzen
(Fieber) zu erkennen.

Als passive Immunisierung bezeichnet man das Einbringen fertiger Schutzstoffe. Bei Diphtherie und Starrkrampf
inficiert man Pferde und spritzt das mit Schutzstoffen versehene
Serum dem Menschen ein. Bei Diphtherie kann diese Serum sowohl

vorbeugend wie auch heilend wirken, bei Starrkrampf nur vorbeugend.

Auch Kombinationen der beiden genannten Immunisierungstypen (Simultanschutzimpfung) kommen vor (Schweinerotlauf). Auf die Behandlung ferner von Infectionskrankheiten durch chemische Stoffe (Chemotherapie) sei hier nicht mehr eingegangen.

Die Wirkungsdauer der Impfung ist sehr verschieden; sie beträgt bei Diphtherie und Starrkrampf nur 2—3 Wochen, bei Cholera 1 Jahr, bei Pocken, Fleckfieber, Typhus mehrere Jahre, selbst unter Umständen das ganze Leben.

Zum Schluß sei noch erwähnt, daß nicht nur der befallene Virulenz. Organismus, sondern auch die Virulenz des Parasiten entscheidend ist. Durch Passage über den betreffenden Organismus kann die Virulenz unter Umständen sehr gesteigert, umgekehrt durch Kultur auf nicht so geeigneten Organismen, wie im obenerwähnten Falle der Pockenerreger auf Kälbern, abgeschwächt werden. Ein gleiches ist der Fall bei dauernder Kultur auf künstlichen Nährböden. Man sieht, es sind hier prinzipiell ganz ähnliche Verhältnisse wie bei dem Verhalten der nicht pathogenen Mikroorganismen bei dauernder künstlicher Kultur, wobei ebenfalls eine „Degeneration" eintreten kann. Jeder Organismus ist eben streng an die natürlichen Bedingungen seines Milieus angepaßt. Es ist nach dem Gesagten auch klar, daß ein allmählicher Übergang von harmlosen Mikroorganismen zu pathogenen Formen durchaus denkbar ist. Es ist jedoch zur Zeit noch nichts absolut Sicheres darüber bekannt, wenn man auch u. a. bei den Erregern der Kälberruhr mit einem solchen Übergang rechnet. Es ist hierbei jedoch, wie auch in ähnlichen Fällen, noch nicht zu entscheiden, ob es sich um einen wirklichen Übergang des sonst harmlosen Bakteriums zum Parasiten handelt oder etwa um das plötzliche Hervortreten eines vorher unterdrückten parasitären Stammes.

Ableitung der Fachausdrücke.

Vorbemerkungen: Dieses Verzeichnis der Ableitungen ist nicht durchaus vollständig; insbesondere ist die Ableitung von eigentlich chemischen Fachausdrücken (z. B. Tyrosin, Adsorption usw.) nicht aufgenommen oder nur so weit, als diese auf eigentlich bakteriologisches Gebiet hinübergreifen. lat. bedeutet aus dem Lateinischen, gr. aus dem Griechischen. Griechisches η ist als ē, ω als ō geschrieben. Die Betonung der Originalworte ist durch Akzent (') angedeutet. Bei Verben ist im allgemeinen der Infinitiv angegeben, bei Substantiven der Nominativ; wo im letzten Fall die Wortbildung besser aus dem Genetiv zu erkennen ist, ist dieser hinzugefügt, z. B. mýkēs, mýkētos.

Zur Schreibweise im Text sei noch bemerkt, daß auch bei solchen Worten, die aus dem gr. stammen, anstatt k ein c geschrieben wurde (z. B. Bacterium), wenn diese Worte latiniert sind, falls es sich um eigentliche Fachausdrücke handelt. Bei Vulgärbezeichnungen wurde dagegen in solchen Fällen k gesetzt (z. B. Bakterien).

aceti, lat. *acétum*, Essig.

Acceptor, lat. *accéptor*, Empfänger.

acidi, Acidität, lat. *ácidum*, Säure.

Acidodehydrase von *ácidum* und Dehydrase.

Actinomycetes, gr. *aktínos*, Strahl, *mýkēs*, *mýkētos*, Pilz.

aërob, gr. *aḗr*, Luft, *bíos* Leben.

aërogens, gr. *aḗr*, Luft, *génesis*, Erzeugung.

aestuaria, lat. *aestuárium*, Lagune

Affinität, lat. *affínitas*, Verwandtschaft.

Agaricus, gr. *agarikón*, Baumoder Zunderschwamm.

Agglutination, lat. *agglutináre*, zusammenkleben.

Aktivator, lat. *actívus*, tätig.

alba, lat. *álbus*, -a, -um, weiß.

Aldehydrase, zusammengezogen aus Aldehyd und Dehydrase.

Alkoholdehydrase, zusammengesetzt aus Alkohol und Dehydrase.

Allescheria von Personenname Allescher.

alloiomorph, gr. *alloíos*, anderartige, *morphḗ*, Gestalt.

Amanita, gr. *amaníta*, Erdschwamm.

Amboceptor, lat. *ámbo*, beiderseits, *cápere*, fassen.

Amöbe, gr. *amoibḗ*, Wechsel (von der wechselnden Gestalt).

amyliferum, gr. *ámylon*, Mehlbrei, übertragen als Name der Stärke, lat. *férre*, tragen.

amylobacter, aus *ámylon* wie vorher und *Bacterium*.

anaërob, gr. *an*, ohne und aërob (s. d.).

anomala, gr. *an*, un-, *homalḗs*, gleich.

Anoxybiose, gr. *an*, un-, *bíos*, Leben, *oxygénium* Sauerstoff (aus gr. *oxýs*, scharf, *génesis*, Erzeugung.

Antagonismus, gr. *antagonistḗs*, Gegner.

Anthomyces, gr. *ánthos*, Blüte, *mýkēs*, Pilz.

anthracis, gr. *ánthrax*, Glutkohle (übertragen Karbunkel, Milzbrand).

Antigen zusammengezogen aus Antisomatogen, gr. *antí*, gegen, *sóma*, Körper, *génesis*, Erzeugung.

Antikörper, gr. *antí*, gegen.

antirhachitisch, gr. *antí*, gegen, *rháchis*, Rückgrat.

Antitoxin, gr. *antí*, gegen, Toxin (s. d.).

apiculatus, lat. *apicátus*, mit der Mütze geschmückt (von der zugespitzten Form).

Arthrosporen, gr. *árthron*, Glied.

Ascus, plur. Asci, gr. *askós*, Schlauch.

Aspergillus, Gießkannenschimmel, lat. *aspérgere*, begießen.

asterosporus, gr. *astér*, *astéros*, Stern.

aurantiaca, lat. *aurántius*, -a, -um, goldgelb.

Autoklav, gr. *autós*, selbst, lat. *clávis*, Schlüssel.

Autolyse, gr. *autós*, selbst, *lýsis*, Lösung.

autotroph(ie), gr. *autós*, selbst, *trophé*, Ernährung.

Autoxydator, gr. *autós*, selbst (der von selbst oxydiert wird).

Avenae, lat. *avéna*, Hafer.

Azotobacter Azotum Stickstoff, gebildet aus gr. *a*, ohne, *zoé*, Leben.

Bacillus, lat. *báculus*, Stab.

Bacterium, gr. *baktéría*, Stab.

Bacteriochlorin, gr. *chlōrós*, grüngelb.

Bacterioerythrin, gr. *erythrós*, rot.

Bacterioiden aus Bacterium und gr. *eídos* (Stamm -*id*), Aussehen.

Bacteriolysine, gr. *lýsis*, Lösung.

Bacteriophage, gr. *phagein*, fressen.

Bacterioviridin, lat. *víridis*, grün.

balticum, zur Ostsee gehörig.

basál, gr. *básis*, Grundfläche, -linie.

Basidiomycetes, gr. *basídion*, kleine Säule, *mýkēs*, *mýkētos*, Pilz.

Beggiatoa nach F. S. Beggiato, Arzt in Vizenza.

bipolar, lat. *bis*, doppelt.

Boletus, lat. *bolétus*, ein eßbarer Pilz.

Botulismus, lat. *bótulus*, Darm, Wurst.

brevicaule, lat. *brévis*, kurz, *caúlis* Stengel.

calfactor, lat. *cálor*, Hitze, *fácere*, machen.

Carbohydrasen, lat. *cárbo*, Kohle, gr. *hýdōr*, Wasser.

Carboligase, lat. *cárbo*, Kohle, *ligáre*, verbinden.

Carboxylase, gr. *lýein*, lösen: Carboxylgruppen lösend.

Carotinoide, zusammengezogen aus Carotin und gr. *eídos* (Stamm -*id*). Aussehen: carotin ähnlich (lat. *caróta*, Mohrrübe; danach heißt der rotgelbe Farbstoff Carotin).

cerevisiae, lat. *cerevisia*, Bier.

Chemosynthese, -synthetisch, s. Synthese.

Chemotaxis, -taktisch, s. Taxis.

Chitin, gr. *chitón*, Hülle.

Chlamydobacteria, gr. *chlamýs*, Oberkleid.

Chlamydosporen, wie vorher.

Chromatin, gr. *chróma*, *chrómatos*, Farbe.

Chromatium, wie vorher.

Chromatophoren, gr. *chróma*, *chrómatos*, Farbe, *phorós* tragend.

Chromodehydrase, gr. *chróma*, Farbe, s. weiter Dehydrase.

chromogen, gr. *chróma*, Farbe, *génesis*, Erzeugung.

Chromooxydase, gr. *chróma*, Farbe und Oxydase.

chroococcum, gr. *chroós*, Haut.

Citromyces, lat. *cítrus*, Citrone, gr. *mýkēs*, Pilz.

Cladothrix, gr. *kladós*, Zweig, *thrix*, Haar.

Clonothrix, gr. *klónos*, Gedränge, *thrix*, Haar.

Clostridium, gr. *klōstér*, Knäuel.

Co-, lat. Vorsilbe, zusammen.

Coccus, gr. *Kókkos*, Kern.

coli, gr. *kólon*, Darm.

Columella, Verkleinerungsform von lat. *colúmna*, Säule.

Corynebactrein, gr. *korýne*, Keule.

Crenothirx, gr. *krḗnē*, Quell, Brunnen.

crustaceum, lat. *crústa*, Rinde, Kruste.

Cyanophyceen, gr. *kyáneos*, dunkelblau, *phýkos*, Tang.

Cyste, gr. *kýstis*, Blase.

Cytasen, Abteilung analog Cytoplasma.

Cytoplasma, gr. *kýtos*, Höhlung, Zelle, *plásma*, Gebilde.

Dehydrase, lat. *de*, weg, gr. *hýdōr*, Wasser.

Dehydrierung, wie voriges.

Dematium, gr. *demátion*, Bündel.

Denitrifikation lat. *defícere* von einer Gemeinschaft losmachen (mit eingeschobenem *nítrum*, Salpeter).

Desinfection, lat. *de(s)*, weg, *infícere*, anstecken.

Desmolasen, gr. *desmós*, Band, *lýsis*, Lösung.

desulfuricans, lat. *de*, weg, *súlphur*, Schwefel.

Desulfurikation, wie voriges.

Diastasen, gr. *diástasis*, Entzweiung.

dichotoma, gr. *dichótomos*, in 2 Teile gespalten.

Differenzierung, lat. *differre*, trennen.

diffus, lat. *diffúsus*, zerstreut.

Diffusion, lat. *diffúndere*, auseinandergiessen.

Dismutation, lat. *dis*, Partikel der Trennung, *mutátio*, Veränderung.

Ektoenzym, gr. *ektós*, außen, s. weiter Enzym.

ektotroph, gr. *ektós*, außen, *trophḗ*, Ernährung.

Ektotoxin, gr. *ektós*, außen, s. weiter Toxin.

elegans, lat. *élegans*, fein, elegant.

eluieren, Elution, lat. *elúere*, herauswaschen.

Emulsin, lat. *emúlgere*, abmelken, von dem milchigen Aussehen des Mandelextraktes, aus dem das Enzym gewonnen wird.

Endoenzym, gr. *éndon*, innen, s. weiter Enzym.

endogen, gr. *éndon*, innen, *génesis*, Entstehung.

Endomyzes, gr. *éndon*, innen, *mýkēs*, Pilz.

Endotoxin, gr. *éndon*, innen, s. weiter Toxin.

endotroph, gr. *éndon*, innen, *trophḗ* Ernährung.

Enzym, gr. *en*, im, *zýmē*, Sauerteig.

Enterokinase, gr. *énteron*, Darm, *kínēsis*, Bewegung.

Erepsin, gr. *ereípein*, einreißen (Particip *éreipsa*).

ergastisch, gr. *ergastikós*, arbeitend.

Eubacteria, gr. *eu*, wohl, eigentlich.

Eumycetes, *eu*, wie vorher, *mýkēs*, *mýkētos*, Pilz.

Eusacchraromycetes, *eu* wie vorher, s. weiter Saccharomycetes.

Exine, gebildet von lat. *ex*, außen.

Exkret, lat. *excrétum* von *excérnere*, ausscheiden.

exogen, lat. *éxo*, außen, gr. *génesis* Entstehung.

Exosporen, aus *éxo* wie vorher und Sporen.

extorquens, lat. *extorquére*, entreißen.

fakultativ, lat. *facúltas*, Möglichkeit, Fähigkeit.

Ferment(ation), gebildet aus lat. *fervére*, sieden.

ferrugineus, lat. *ferrugíneus, -a, -um*, eisenfarbig.

fixieren, lat. *fíxus*, fest.

Foetus, lat. *fóetus*, Leibesfrucht.

fraktioniert, lat. *fráctum*, gebrochen.

Frohberg, Fabrikname.

fusca, lat. *fúscus, -a, -um*, dunkelfarbig, schwärzlich.

Gasphlegmone, gr. *phlegmonḗ*, Entzündung.

Genotypus, gr. *génos*, Geschlecht.

giganteum, lat. *gigánteus, -a, -um*, riesenhaft von gr. *gígas*, Riese.

glaber, lat. *gláber*, glatt, kahl.

Glykogen, gr. *glykýs*, süß (Ableitung wie Glukose), *génesis*, Entstehung.

Glykolyse aus Glukose (Glykose) und gr. *lýsis*, Lösung.

Gonidien, gr. *goné*, Erzeugung.

Gram-Färbung nach Personennamen Gram.

halophil, gr. *hals, halós*, Salz, *phílein*, lieben.

Hämolysin, gr. *haíma*, Blut, *lýsis*, Lösung.

Heterogamie, gr. *héteros*, verschieden, *gámos*, Ehe.

heterotroph(ie), gr. *héteros*, verschieden, *trophé*, Ernährung.

Heterozygoten, gr. *héteros*, verschieden, *zygón*, Joch, Verbindung.

homogen, gr. *homós*, gleich, *génesis*, Entstehung.

Homozygoten, gr. *homós*, gleich, *zygón*, Joch, Verbindung.

Huminstoffe, lat. *húmus*, Boden.

Humus s. vorher.

hyalin, gr. *hyálinos*, gläsern.

Hydrierung, gr. *hýdōr*, Wasser.

Hydrolasen, gr. *hýdōr*, Wasser, *lýsis*, Lösung.

hypertonisch, gr. *hypér*, über, *tónos*, Spannung.

Hyphe, gr. *hyphé, Gewebe.*

hypotonisch, gr. *hypó*, darunter, *tónos*, Spannung.

Immunität, lat. *immúnis*, tributfrei.

Immunkörper, s. vorher.

Infection, lat. *inficere*, vergiften.

Infuse, lat. *infúsum*, Aufguß.

Incubation, lat. *incubáre*, über etwas brüten.

Intine, lat. *íntus*, innen.

Intoxikationskrankheit, s. Toxin.

intramolekular, lat. *íntra*, innerhalb.

intraperitoneal, lat. *íntra*, innerhalb, gr. *peritónion*, Bauchfell.

intravenös, lat. *íntra*, innerhalb, *véna*, Ader.

Involutionsformen, lat. *involútus*, schwer verständlich.

Iogen, gr. *ios*, derselbe, *génesis*, Entstehung (d. h. von gleicher Entstehung wie das Glykogen).

irreversibel, lat. *in*, un-, s. weiter reversibel.

Isogamie, gr. *ísos*, gleich, *gámos*, Ehe.

isotonisch, gr. *ísos*, gleich, *tónos*, Spannung.

Kardinalpunkt, lat. *cárdo, cárdinis*, Grenzlinie, Haupt- und Wendepunkt.

Katalase, wie folgendes.

Katalyse, katalytisch, gr. *katálysis*, Auflösung.

Ketonaldehydmutase, s. Dismutation.

Kinetik, gr. *kínesis*, Bewegung.

Klon, gr. *klōn*, Schößling.

Koefficient, lat. *con*, zusammen mit, *efficere*, bewirken.

Komplement, lat. *compleméntum*, Ergänzungsmittel.

Konidien(-träger), gr. *kónis*, Staub.

Konjugation, lat. *conjugáre*, verbinden.

Konjunktion, lat. *conjúnctio*, Verbindung.

Konvergenz, lat. *convérgens*, sich zusammenneigend.

Kopulation, lat. *copuláre*, verbinden.

korrelativ, lat. *cor-* (*con-*), zusammen, *relátio*, Verhältnis.

lact-, lat. *lac, láctis*, Milch.

Leptothrix, gr. *leptós*, zart, *thrix*, Haar.

leuko-, gr. *leukós*, weiß.

Leukocyten, gr. *leukós*, weiß, *kýtos*, Zelle.

Leukonostoc, gr. *leukós*, weiß, Nostoc Name einer Blaualgengattung.

Lipase, gr. *lípos*, Fett.

Lipoide, gr. *lípos*, Fett, *eidos* (Stamm -*id*), Aussehen.

liquefaciens, lat. *liquefácere*, flüssig machen.

lophotrich, gr. *lóphos*, Haarschopf, *thrix, trichós*, Haar.

lutea, lat. *luteus, -a, -um*, gelb.

μ gr. m.

macerans, at. *maceráre*, erweichen.

makro-(skopisch), gr. *makrós*, groß.

malignen, lat. *malígnus, -a, -um*, bösartig.

mallei, lat. *málleus*, Hammer.

Maximum, alt. *máxime*, am meisten.

Megatherium, gr. *mégas*, gewaltig, *thēríon*, Tier.

Melanin, gr. *mélas*, schwarz.

melleus, gr. *méleos*, unglückselig.

Membran, lat. *membrána*, zarte Haut.

Merismopedium, gr. *merismós*, Teilung, lat. *pes, pedis*, Fuß.

mesentericus, gr. *mésos*, mittlere, *énteron*, Eingeweide, Gekröse (nach Aussehen der Kolonien).

mesenterioides, wie vorher, und gr. *eídos* (Stamm *-id*), Aussehen.

mesophil, gr. *mésos*, mitten, *philein*, lieben.

Metabiose, gr. *metá*, nach, *bíos*, Leben.

metachromatisch, gr. *metá*, nach, *chrōma, chrōmatos*, Farbe.

Micrococcos, gr. *mikrós*, klein, und Coccus.

Mikrobiologie, gr. *mikrós*, klein, *bíos*, Leben, *lógos* Lehre.

Mikrorganismus, gr. *mikrós*, klein, *órganon*, Werkzeug.

Mikroskop, gr. *mikrós*, klein, *skopein*, sehen.

Minimum, lat. *mínime*, am wenigsten.

mirabilis, lat. *mirábilis*, wunderbar.

Modifikation, lat. *modificáre*, gehörig abmessen.

mono-, gr. *mónos*, einzig.

monotrich, gr. *mónos*, einzig, *thrix, trichós*, Haar.

Morphologie, gr. *morphé*, Gestalt, *lógos*, Kunde.

Mucor (-ineen), lat. *múcor*, Schimmel.

murisepticum, lat. *mus, múris*, Maus, gr. *sépsis*, Fäulnis.

muscae, muscaria, lat. *músca*, Fliege.

Mutation, lat. *mutátio*, Veränderung.

mycoides, gr. *mýkēs*, Pilz, *eídos* (Stamm *-id*), Aussehen.

Mycobacteria, gr. *mýkēs*, Pilz.

Mycoderma, gr. *mýkēs*, Pilz, *dérma*, Haut.

Mykorrhiza, gr. *mýkēs*, Pilz, *rhíza*, Wurzel.

Mykosen, gr. *mýkēs*, Pilz.

Mxyobacteria, gr. *mýxa*, Schleim.

Myxomycetes, wie vorher, *mýkēs*, *mýkētos*, Pilz.

Myzel, gr. *mýkēs*, Pilz, *hélios*, Sonne (nach der Wuchsform der Kolonien).

niger, lat. *níger*, schwarz.

Nitrobacter, gr. *nítron* (lat. *nítrum*), Laugensalz, übertragen Salpeter.

Nitrosomonas, wie vorher, und gr. *monás*, vereinzelt (Einzelzelle).

nitroxus aus *nítron*, wie vorher und *oxy-* (wegen des in Stickstoff und Sauerstoff zerfallenden Stickstoffoxyduls).

nuda, lat. *núdus, -a, -um*, nackt.

obligat, lat. *obligáre*, verpflichten.

ochracea, gr. *ōchrós*, gelb.

Oidien, Oidium, Verkleinerungsform, gr. *ōón*, Ei.

Oedem, gr. *oídēma*, Geschwulst.

ökonomisch, gr. *oikonomía*, Verwaltung.

oligocarbophilus, gr. *olígos*, wenig, lat. *cárbo*, Kohle, gr. *philein*, lieben.

oligodynamisch, gr. *olígos*, wenig, *dýnamis*, Gewalt, Einfluß.

Oogamie, gr. *ōón*, Ei, *gámos*, Ehe.

Oomycetes, gr. *ōón*, Ei, *mýkēs*, *mýkētos*, Pilz.

Optimum, lat. *óptime*, am besten.

oryzae, *orýza*, Reis.

Osmose, gr. *ōsmós*, Stoß.

osmotisch, wie vorher.

Oxybiose *oxygenium*, Sauerstoff, gr. *bíos*, Leben.

Oxygenase, aus *oxygenium* (Sauerstoff) gebildet.

Pankreas (Bauchspeicheldrüse), gr. *pan*, ganz, *kréas*, Fleisch (ganz aus Fleisch bestehend).

Paralysator, gr. *parálysis*, Lähmung.

Paramaecium, gr. *paramékes*, länglich.

Parasit, parasitär, gr. *parásitos*, Tischgenosse.

Parenchym, aus dem Gr. gebildet, bedeutet etwa Füllsel.

parenteral, gr. *pará*, neben, *énteron*, Darm (unter Umgehung des Darmes).

parvum, lat. *párvus*, -a, -um, klein.

Passage, franz. *passage*, Durchgang.

pasteurianum, pasteuri, pasteurisieren, von Personenname Pasteur.

pathogen, gr. *páthos*, Leiden, *génesis*, Erzeugung.

pediculatum, lat. *pedículus*, Stiel.

Penicillium, lat. *penicíllum*, Pinsel (Pinselschimmel).

Pepsin, gr. *péptein*, verdauen.

peritrich, gr. *perí*, um, herum, *thrix*, *trichós*, Haar.

Permeabilität, lat. *permeáre*, durchgehen.

Peroxydase, lat. *per*, über.

Perception, lat. *percéptio*, Begreifen.

Phagozytose, gr. *phageín*, fressen, *kýtos*, Zelle.

Phänotypus, gr. *phaíno*, ich erscheine.

Photogen, gr. *phōs*, *phōtós*, Licht, *génesis*, Erzeugung.

Photosynthese (-synthetisch), wie vorher und gr. *sýnthesis*, Zusammensetzung.

phototaktisch, wie vorher und gr. *táxis*, Aufstellung.

phototrop, wie vorher und gr. *trópos*, Wendung.

Phykomycetes, gr. *phýkos*, Tang, *mýkēs*, *mýkētos*, Pilz.

Pigment, lat. *pigméntum*, Farbe.

Plasma, gr. *plásma*, das Gebildete.

Plasmodium, wie vorher und gr. *hódios*, den Zug betreffend.

Plasmolyse, wie vorher und gr. *lýsis*, Lösung.

Plasmoptyse, wie vorher und gr. *ptyein*, ausspucken, *ptyso*, ich spuckte aus.

Plectascineae, gr. *plektós*, geflochten, s. weiter Askus.

Plectridium, gr. *pléktron*, Schlegel.

Pleomorphismus, gr. *pléon*, mehr, *morphé*, Gestalt.

Polyangiden, gr. *polýs*, viel, *angeíon*, Gefäß, Kapsel.

Poly-, gr. *polýs*, viel.

Präcipitation, lat. *präcipitáre*, herabfallen.

probatus, lat. *probátus*, -a, -um, erprobt.

prodigiosus, lat. *prodigíosus*, -a, -um, unnatürlich.

Proteus, gr. vielgestaltiger Meeresgott.

Protoplasma, gr. *prótos*, erste, *plásma*, Gebilde.

Protoplast, gr. *prótos*, erste, *plastós*, gebildet.

Prunase, von Prunus, Gattungsnamen, der das Enzym führenden Mandel.

Pseudomonas, gr. *pseudós*, Trug, *monás*, vereinzelt (Einzelzelle).

psychrophil, gr. *psychrós*, kalt, *phílein*, lieben.

Ptomaine, gr. *ptōma*, Leichnam.

pulcherrima, Superlativ von lat. *púlcher*, herrlich.

pullulans, lat. *pulluláre*, hervorsprossen.

putrificus, lat. *putrefácere*, in Fäulnis übergehen lassen.

pycnoticus, gr. *pyknós*, häufig.

pyocyaneus, Pyocyanin, gr. *pýon*, Eiter, *kyáneos*, blau.

pyogens, gr. *pyon*, Eiter, *génesis*, Erzeugung.

radicicola, lat. *rádix*. *rádicis*, Wurzel, *cólere*, bewohnen.

reversibel, lat. *revérsio*, Umkehr.

Rhizopus, gr. *rhíza*, Wurzel, *pus* Fuß.

Rhodophyceen, gr. *rhódon*, Rose, *phýkos*, Tang.

rubrum, lat. *rúber*, *rubra*, *rubrum*, rot.

Saaz, Fabrikname.

Saccharomycetes, gr. *sákcharon*, Zucker, *mýkēs*, *mýkētos*, Pilz.

Saprophyten, Saprophytismus, gr. *saprós*, faul, *phýton*, Pflanze.

Sarcina, lat. *sarcína*, Paket.

Schizomycetes, gr. *schízein*, spalten, *mýkēs*, Pilz.

Schizophyten, gr. *schízein*, spalten, *phýton*, Pflanze.

Schizosaccharomycetes, gr. *schízein*, spalten, s. weiter Saccharomycetes.

Sekret, lat. *secrétum*, Absonderung.

semipermeabel, lat. *sémi*, halb, *permeáre*, durchgehen.

Septikämie, gr. *sépsis*, Fäulnis (latinisiert *sépticans*, Fäulnis erregend), *haíma*, Blut.

Serum, lat. *sérum*, Molken (auf Blut übertragen).

Simultanschutzimpfung, lat. *símul*, zugleich.

Siphoneen, gr. *síphōn*, Röhre.

Specialisation, specifisch, lat. *spécies*, Erscheinung.

Spirillum, lat. *spirílla*, kleine Windung.

Spirochaete, gr. *speíra*, Windung, *chaítē*, Haar.

Spirophyllum, gr. *speíra*, Windung, *phýllon*, Blatt.

spontan, lat. *spontáneus*, freiwillig.

Sporangien, Spore und gr. *angeíon*, Gefäß, Kapsel.

Spore, gr. *sporá*, Keim, Saat.

Staphylococcen, gr. *staphylé*, Traube.

Sterigmen, gr. *stérigma*, Stütze.

steril, Sterilisation, sterilisieren, lat. *stérilis*, unfruchtbar.

Streptococcus, gr. *streptós*, Kette, s. weiter Coccus.

subcutan, lat. *sub*, unter, *cútis*, Haut.

Substrat, lat. *substrátum*, das darunter Gebreitete.

subtilis, lat. *subtílis*, fein gewebt (Muster der feinen Zellfäden).

sulphureum, lat. *sulphúreus*, -a, -um, schwefelig (in Hinsicht auf die Farbe).

Symbiose, gr. *syn*, zusammen, *bíos*, Leben.

Syncyanin, gr. *syn*, zusammen, *kyáneos*, blau.

Synthese, gr. *sýnthesis*, Zusammensetzung.

Systematik, gr. *sýstema*, geordnetes Ganze.

Taxis, gr. *táxis*, Aufstellung.

Tetanus, gr. *teínein*, ·spannen.

thermolabil, gr. *thermós*, warm, lat. *lábi*, gleiten.

thermophil, gr. *thermós*, warm, *phílein*, lieben.

thermostabil, gr. *thermós*, warm, lat. *stábilis*, feststehend.

Thio-, gr. *theíon*, Schwefel.

thiophysa, gr. *theíon*, Schwefel, *physalis*, Blase.

Thiothrix, gr. *theíon*, Schwefel, *thrix*, Haar.

Torula, lat. *tórus*, Knoten (Diminutivform).

Toxin, gr. *toxikón*, Pfeilgift.

Trophoplast, gr. *trophé*, Ernährung, *plastós*, gebildet.

Trypsin, gr. *thrýpsis*, das Zerreiben.

tumescens, lat. *tuméscere*, zu schwellen beginnen.

ultravisibel, lat. *últra*, jenseits, *visere*, sehen.

ureae, Urease, Urobacillus, gr. *úron*, Harn.

Vakuole, lat. *vácuus*, hohl.

Variabilität, lat. *variábilis*, veränderlich.

vegetativ, lat. *vegetáre*, wachsen.

vernális, lat. im Frühling wachsend.

Vibrio, lat. *vibráre*, zittern.

Virulenz, lat. *vírus*, Gift.
Virus, lat. *vírus*, Plural *víra*, Gift.
vital, lat. *víta*, Leben.
Vitamin, lat. *víta*, Leben und Amin.
volutans, lat. *volutáre*, herumwälzen.
vulgaris, lat. *vulgáris, -e*, gemein.

Willia nach Personenname Will.

xylinum, gr. *xýlinos*, hölzern.

Zoogloea, gr. *zóon*, Tier, *gloía*, Schleim.
Zygomycetes, gr. *zygón*, Joch, Verbindung, *mýkēs*, *mýkētos*, Pilz.
Zygosaccharomycetes, wie vorher, s. weiter Saccharomycetes.
Zygote, gr. *zygón*, Joch, Verbindung.
Zymase, gr. *zýmē*, Sauerteig.
zyklisch, gr. *kýklos*, Kreis.